Klaus Kaiser

Anemonen

Klaus Kaiser

Anemonen

58 Farbfotos und
46 Zeichnungen

E.U.
VERLAG
EUGEN
ULMER

Titelbild: *Anemone hupehensis.*
Rückseitenbild: *Hepatica nobilis.*
Farbfoto Seite 2: *Anemone vitifolia.*

Die Deutsche Bibliothek – CIP-Einheitsaufnahme

Kaiser, Klaus:
Anemonen / Klaus Kaiser. –
Stuttgart. Ulmer 1995
ISBN 3-8001-6570-8

Wollgrasweg 41, 70599 Stuttgart (Hohenheim)
Printed in Germany
Lektorat: Gerhard Bley
Herstellung: Steffen Meier
Einbandgestaltung: Alfred Krugmann, Freiberg am Neckar
Satz: Satzstudio Späth GmbH, Birenbach
Druck und Einband: Graph. Betriebe Pustet, Regensburg

Vorwort

Schwer zu sagen, ob es die Schneeteppiche der *Anemone nemorosa*, die verzaubernde Schönheit der Herbstanemonen oder die himmelstrebenden blauen (oder gelben) Kerzen der Eisenhüte und Rittersporne – Blaue Schätze in Natur und Garten – waren, die mich für die Hahnenfußgewächse etwas mehr begeistern ließen, als für andere Staudenschönheiten. Irgendwann brach das Sammelfieber aus. Und so füllte sich der Garten mit immer mehr – zunächst – Eisenhut- und Ritterspornarten und – später – Anemonen und Kuhschellen.

Erst einmal wurden alle Staudengärtnerkataloge durchforstet; die Samentauschliste der »Gesellschaft der Staudenfreunde« brachte allerlei Schätze zutage. Kontakte zu Botanischen Gärten und Fachleuten halfen die Sammlung ebenfalls mehren.

Nicht aus blieben die Enttäuschungen, wenn sich herausstellte, daß die (oft teuren) Einkäufe etwas ganz anderes waren und der Inhalt einer Samentüte sich als nicht echt offenbarte. Bestimmungsliteratur mußte her! Längst reichten die deutschen und europäischen Florenwerke und Bestimmungsbücher nicht mehr aus. Über die Coburger Landesbibliothek war es meist kein Problem, entsprechende Literatur zu beschaffen. Den Bibliothekaren gelang es sogar, den Band 1 der »Flora Hupehensis« von der Chinesischen Nationalbibliothek in Peking zu besorgen – und das in nur drei Wochen! Für die Hilfsbereitschaft möchte ich an dieser Stelle meinen Dank ausdrücken.

Doch nicht alles, was da an Literatur zu mir kam, konnte ich selber lesen. Ohne Jianwei Lui, der wichtige Teile der »Flora Republicae Popularis Sinicae« übersetzte, wären mir die chinesischen Florenwerke Bücher mit sieben Siegeln geblieben. Marie-Luisa Magalhaes-Warnek und Marlen Uter übersetzten aus dem Spanischen bzw. dem Holländischen.

Wichtige Informationen kamen auch per Fax aus Kapstadt von Els Greshoff. Den Kontakt zu ihr hat mir dankenswerter Weise Helga-Dorothea Hackl hergestellt.

Und daß ich das Manuskript für dieses Buch nicht mit einer Schreibmaschine schreiben mußte, dafür hat mein guter Freund Peter Altmann gesorgt, indem er mir seinen Computer zur Verfügung stellte. Und damit der Computer auch immer das tat, was ich wollte, dafür haben Robert Thomas, Lothar Derr und Thomas Löbner gesorgt.

Danken möchte ich auch Thea Unzner, die mich einerseits mit amerikanischer Fachliteratur zum Thema versorgte, andererseits mir über ihre amerikanische Brieffreundin Bildmaterial zukommen ließ. Und schließlich hat sie den Kontakt zu dem Graphik-Designer Dieter Heidenreich hergestellt, der die ausgezeichneten Zeichnungen für dieses Buch anfertigte.

Wichtige Informationen erhielt ich durch die Leiter verschiedener »National Collections« aus England. Ihnen einen ganz besonderen Dank: Tony Lowe, Sekretär des National Councils for the Conservation of Plants and Gardens, der die Verbindung zu den einzelnen »collection holders« hergestellt hat: Dr. John R. Burwell, Margaret McKendrick und David G. Barker für Herbstanemonen, Philip A. Cotton für *Anemone-nemorosa*-Sorten, Mathew Bishop für *Hepatica* und Michael M. Myers für *Hepatica* und *Anemone-nemorosa*-Sorten (sein Besuch und die viele Literatur von ihm waren sehr anregend und hilfreich).

Unterstützung verschiedener Art ließ mir Dr. h.c. Fritz Köhlein angedeihen.

Zuguterletzt möchte ich auch Agnes Pahler und ihrem Nachfolger Gerhard Bley vom Lektorat sowie weiteren Mitarbeitern des Ulmer-Verlages für ihre Unterstützung und dem Verleger, Herrn Roland Ulmer, für die Bereitschaft, dieses Buch zu veröffentlichen, meinen Dank aussprechen.

Coburg 1995
Klaus Kaiser

Inhaltsverzeichnis

Der silbrige Pelz von Pulsatilla halleri kommt im Gegenlicht richtig zur Geltung.

Botanik und Nomenklatur

Botanische Einführung

Zu den Hahnenfußgewächsen gehören zumeist Stauden, selten Einjährige (z.B. *Myosurus minimus*) oder Sträucher (z.B. die Gattung *Clematis*) mit wechselständigen, häufig geteilten Blättern und lebhaft gefärbten Zwitterblüten. Diese tragen auf einem gewölbten Blütenboden zahlreiche Staubblätter und ein chorikarpes Gynoeceum aus vielen bis mehreren (selten nur eines) Fruchtblättern. Letztere entwickeln entweder mehrere Samenanlagen beidseitig der Bauchnaht oder eine an der Querzone und bilden sich entsprechend entweder zu mehrsamigen Balgfrüchten oder zu einsamigen Schließfrüchten, besonders zu Nüssen um. Die Entstehung der Schließfrüchte ist abgeleitet. Häufig können an den Fruchtblättern anfänglich noch mehrere Samenanlagen erkennbar sein. In vielen Fällen sind die Nüsse durch behaarte und verlängerte Griffel *(Clematis, Pulsatilla)*, hakige Auswüchse *(Ranunculus arvensis)*, häutige Flügel oder Schwimmgewebe der Ausbreitung durch Wind, Tiere oder Wasser angepaßt. In Ausnahmefällen werden Beeren *(Actaea)* ausgebildet.

Die Blüten können sehr verschieden gestaltet sein. Ursprünglich radiär, wurden sie bei einigen Gattungen *(Aconitum, Delphinium)* dorsiventral. Ihre Glieder sind bei vielen Arten zahlreich und schraubig, bei einigen auch in fünf-, drei- oder zweizähligen Kreisen. Das Perianth ist häufig nur ein einfaches Perigon (z.B. bei *Caltha*, bei *Anemone nemorosa* oder bei *Pulsatilla*); bei anderen Gattungen/Arten ist es doppelt, in Kelch und Krone getrennt (Beispiele: *Adonis, Ranunculus*). Die Perianthglieder können mit den Laub- und Hochblättern (*Helleborus, Trollius*, z.T. *Eranthis*) oder aber mit den Staubblättern (manchmal bei *Hepatica nobilis*) durch Übergänge verbunden sein. Häufig wandelten sich Staubblätter in Nektarblätter, wobei der Nektar entweder in Gruben oder spornartigen Auswüchsen gebildet wird, die wiederum unauffällig *(Helleborus, Trollius)* oder blumenblattartig *(Ranunculus, Aquilegia)* entwickelt sind.

Die Stellung im botanischen System

Die hier behandelten Gattungen werden im botanischen System zur Familie der Hahnenfußgewächse (Ranunculaceae) gestellt. Diese wiederum wird in die Ordnung Ranunculales der Klasse Dicotyledoneae (= Magnoliopsida), den Zweikeimblättrigen Pflanzen, eingereiht.

Die Hahnenfußgewächse unterteilen sich in 50 bis 70 Gattungen mit insgesamt etwa 4000 Arten. Allerdings herrscht über die Untergliederung der Familie unter den Botanikern nicht immer Einvernehmen.

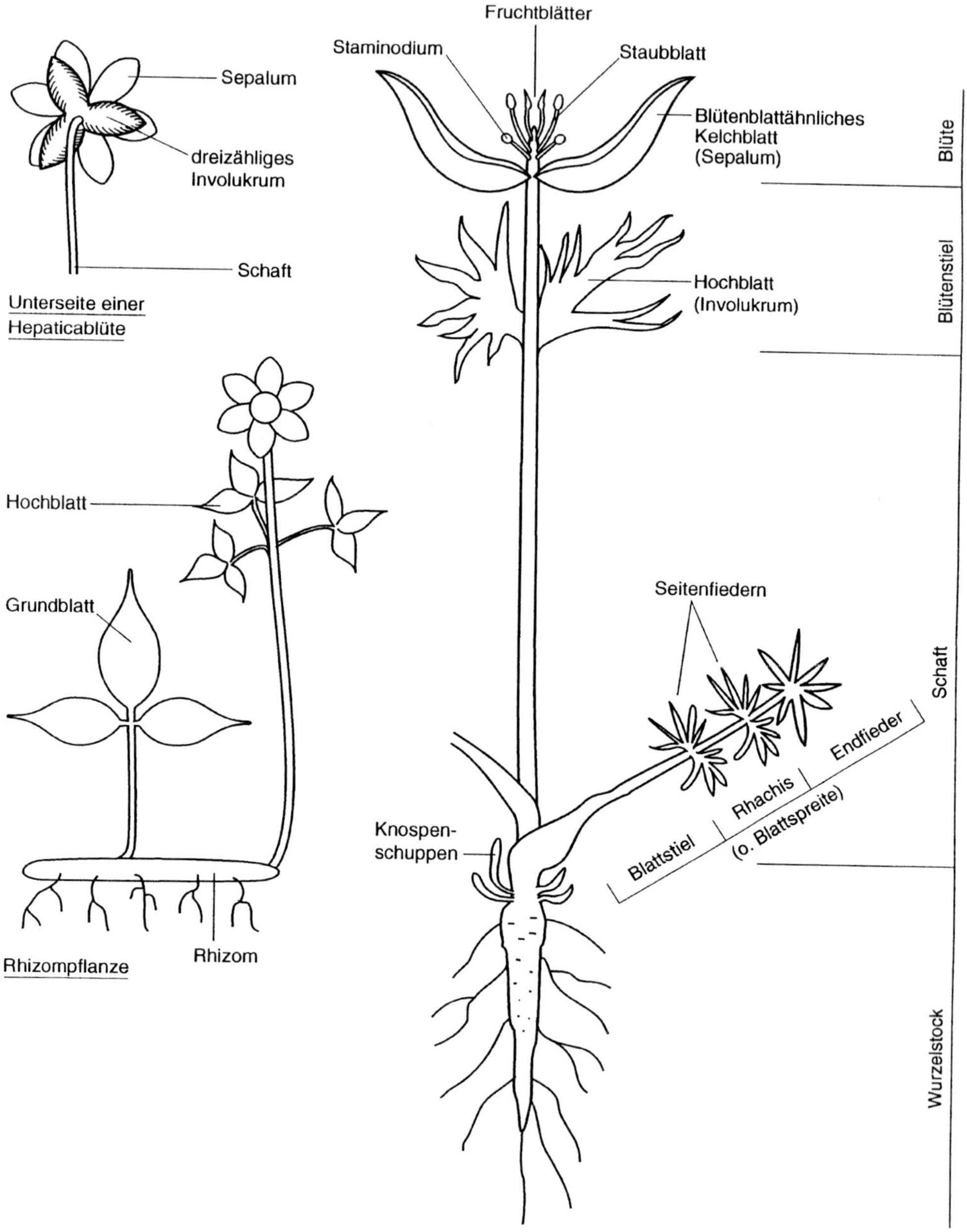

Schematischer Aufbau.

Unterteilung der Ranunculaceae nach Hegi

Subfamilia **Ranunculoideae**
Tribus **Helleborae**
(Fruchtblätter mehrsamig, Chromosomen: Basiszahl meist 8, groß)
  Subtribus **Calthinae**
  Subtribus **Helleborinae**
  Subtribus **Nigellinae**
  Subtribus **Cimicifuginae**
  Subtribus **Delphiniinae**
Tribus **Ranunculeae**
(Fruchtblätter einsamig, Chromosomen: Basiszahl meist 8, groß)
  Subtribus **Anemoninae**
  Subtribus **Clematidinae**
  Subtribus **Ranunculinae**
  Subtribus **Adonidinae**
Tribus **Thalictreae**
(Fruchtblätter mehr- oder einsamig, Chromosomen: Basiszahl meist 7, klein)
  Subtribus **Isopyrinae** (Fruchtblätter mehrsamig)
  Subtribus **Thalictrinae** (Fruchtblätter einsamig)

Subfamilia **Hydrastoidea**

Für die Gattung *Paeonia* wird im Hegi eine eigene Familie Paeoniaceae aufgestellt.

Unterteilung der Ranunculaceae nach »Flora R. P. Sinicae«

Subfamilia **Paeonioideae**

Subfamilia **Helleboroideae**
Tribus **Trollieae**

Subfamilia **Thalictroideae**
Tribus **Isopyreae**
Tribus **Thalictreae**
Tribus **Coptideae**

Subfamilia **Ranunculoideae**
Tribus **Anemoneae**
  Subtribus **Anemoninae**
  Subtribus **Clematidinae**
  Subtribus **Kingdoniinae**
Tribus **Ranunculeae**
  Subtribus **Adonidinae**
  Subtribus **Ranunculinae**

Die Unterteilung des Subtribus Anemoninae
(Bestimmungsschlüssel nach Ulbrich und Hegi, ergänzt)

1 Blütenstengel nur mit wirtelständigen Hochblättern, die den Laubblättern ähnlich oder von ihnen verschieden, bei *Hepatica* kelchartig sein können.
2 Hochblätter kelchartig der Blüte anliegend, ungeteilt, grün, innen unbehaart. *Hepatica* Miller
2 Hochblätter nicht kelchartig und nicht ungeteilt.
3 Griffel zur Fruchtzeit stark verlängert. Hochblätter in seidig behaarte lineale Zipfel aufgelöst oder laubblattartig. *Pulsatilla* Adanson
3* Griffel zur Fruchtzeit nicht verlängert. Hochblätter den Laubblättern ähnlich.
4 Involukrum meist von der Blüte entfernt, Blüten einzeln oder mit cymösen, oft ziemlich reichblütigen Infloreszenzen, selten genähert, dann stets hochblattartig, und Blüten stets einzeln und Rhizom nicht knollig; Griffel ziemlich kurz und regelmäßig, gerade oder gebogen, bisweilen fehlend. *Anemone* Linné
4* Involukrum stets von der Blüte entfernt, stets laubig, und verhältnismäßig groß, Blütenstand wenigblütig, Blütenstengel am Grunde beschuppt, Schließfrüchte viel größer als bei *Anemone* mit an der Basis unregelmäßig knieförmig gebogenem, sonst geradem, langem Griffel, nur an der Basis mit sehr langen, weißen, geraden Haaren besetzt, sonst kahl, Rhizom knollig, Pflanzen stets zweiachsig. Nur in den Anden etwa 5 Arten. *Barneoudia* Gay
1* Blütenstengel mit wirtelständigen Hochblättern und Kelch.
5 Einachsige Pflanzen von sehr geringer Höhe mit ungeteilten Blättern, Infloreszenz einblütig, Schließfrüchte mit holzigem Mesokarp, mit an der Basis gebogenem, sonst geradem Griffel. Wenig bekannte Hochgebirgsarten (1 oder 2 Arten) der Anden von Peru und Bolivien. *Capethia* Britton
5* Zweiachsige, stattliche Stauden mit gefiederten Blättern, reichverzweigten, doppeldoldigen Blütenständen und kleinen, grünen, seltener gelben Blüten, Früchte eine Beere. 6 bis 8 Arten im Kapgebiet und im Nyassaland. *Knowltonia* Salisbury

Da nach Ulbrichs Monographie offensichtlich keine Bearbeitung der Gattung *Anemone* L. s. str. mehr erfolgte, in Florenwerken aber immer nur ein Teil der Gattung vorkommen wird, kann eine Gliederung der Gesamtgattung *Anemone* (derzeit) nur nach Ulbrich erfolgen. Seine Gliederung soll hier nachfolgend wiedergegeben werden, allerdings mit kleinen Änderungen. So wird *Hepatica* nicht mehr als Untergattung von *Anemone* sondern als eigene Gattung betrachtet. Ebenso wird die Series *Anemoclema*, der »Flora R. P. Sinicae« folgend, als eigene Gattung aufgeführt. Ulbrichs Nummer 58 – *Anemone kostyczewii* Korshinsky – gehört zur Gattung *Pulsatilla*. Ansonsten erfolgten zwischenzeitlich einige Umbenennungen und Neuzuordnungen innerhalb der Gattung.

Unterteilung der Gattung Anemone
(nach Ulbrich, überarbeitet)

Sectio **Anemonanthea** DC. 1818
Subsectio **Sylvia** Gaud.
Series **Hylalectryon** Irmisch 1856
(A. altaica, A. amurensis, A. coerulea, A. debilis, A. deltoidea, A. keiskeana, A. nemorosa, A. nikoensis, A. pseudoaltaica, A. quinquefolia, A. raddeana, A. ranunculoides, A. trifolia, A. udensis, A. umbrosa, A. yezoensis)
Series **Reflexa** Ulbr. 1906
(A. reflexa)
Subsectio **Tuberosa** Ulbr. 1906
(A. apennina, A. blanda, A. caucasica)
Subsectio **Stolonifera** Ulbr. 1906
(A. baicalensis, A. brevistyla, A. davidii, A. delavayi, A. erythrophylla, A. exigua, A. flaccida, A. griffithii, A. prattii, A. saniculiformis, A. scabriuscula, A. stolonifera, A. takasagomontana)

Sectio **Rivularidium** Jancz. 1892
Series **Rivularis** Ulbr. 1906
(A. antucensis, A. helleborifolia, A. filisecta, A. glazowiana, A. mexicana, A. rivularis, A. sellowii)
Series **Crassifolia** Ulbr. 1906
(A. crassifolia)
Series **Richardsoniana** Ulbr. 1906
(A. richardsonii)
Series **Rigida** Ulbr. 1906
(A. rigida)
Series **Hepaticifolia** Ulbr. 1906
(A. hepaticifolia)

Sectio **Pulsatilloides** DC. 1818
Subsectio **Longistylae** Ulbr. 1906
Series **Pinnatifoliae** Ulbr. 1906
(A. tenuifolia)
Series **Alchimillifoliae** Ulbr. 1906
(A. caffra, A. fanninii)
Subsectio **Brevistylae** Ulbr. 1906
Series **Kilimandscharicae** Ulbr. 1906
(A. thomsonii)
Series **Himalayicae** Ulbr. 1906
(A. imbricata, A. liangshanica, A. lutienensis, A. patula, A. obtusiloba, A. rockii, A. rupestris, A. subindivisa, A. subpinnata, A. trullifolia)
Series **Begoniifolia** Ulbr. 1906
(A. begoniifolia, A. hokouensis, A. howellii, A. orthocarpa)

Sectio **Anemone**
(= *Eriocephalus* Hook. f. & Thoms.)
Subsectio **Longistylae** Ulbr. 1906
Series **Baldensis** Ulbr. 1906
(A. baldensis, A. drummondii, A. pavoniana)
Series **Oriba** Adanson
(A. biflora, A. coronaria, A. eranthoides, A. gortschakovii, A. hortensis, A. kusnetzovii, A. palmata, A. pavonina, A. petiolulosa, A. seravshanica, A. somaliensis, A. tschernjaewii)
Series **Parviflora** Ulbr. 1906
(A. parviflora)
Subsectio **Brevistylae** Ulbr. 1906
Series **Anemonospermos** DC. 1818
(A. hupehensis, A. laceratoincisa, A. rupicola, A. sylvestris, A. tibetica, A. tomentosa, A. vitifolia)
Series **Virginiana** Ulbr.
(A. cylindrica, A. riparia, A. virginiana)
Series **Multifida** Ulbr.
Subseries **Etuberosa** Ulbr.
(A. multifida)
Subseries **Tuberosa** Ulbr.
(A. caroliniana, A. decapetala, A. spenophylla)

Sectio **Anemonidium** Spach
(A. canadensis, A. dichotoma)

Sectio **Homalocarpus** DC.
(A. cathayensis, A. chosenicola, A. demissa, A. elongata, A. imbricata, A. narcissiflora, A. polyanthes, A. robusta, A. smithiana, A. taipaiensis, A. tetrasepala)

Nicht nur Gartenpflanzen …

Arten und Sorten in der Floristik

Von den vielen Anemonen und Kuhschellen kommen durchaus einige Arten bzw. Sorten als Schnittblumen in Frage.

Im Frühjahr eignen sich die langstengeligen Kuhschellen *(P. vulgaris, P. grandis, P. halleri, P. montana)* als erste Vasenblumen. *Anemone sylvestris* mit ihren großen weißen Blüten soll eine besonders lang haltbare Schnittblume ergeben, währenddessen die ähnlich aussehenden Herbstanemonen weniger dankbar sein sollen. Es könnten noch weitere genannt werden. Doch alle kommen nur als Schnittblume aus dem Garten in Frage; für den Blumenhandel sind sie nicht brauchbar.

Dessen Kriterien erfüllen nur die *A.*-Mona-Lisa-Hybriden. Mit ihren leuchtenden Farben gelten sie als beliebte Frühlingsblumen, die sich in der Vase gut eine Woche halten. Ausgangsarten für die Züchtung waren *A. coronaria, A. pavonina* und *A. hortensis*. Aus letzteren beiden entstand die Hybride *A.* × *fulgens*, die wie *A. pavonina* leicht kultivierbar ist, während sich *A. hortensis* (trotz des Artnamens) wenig gartenwillig zeigt. In der Schnittblumenproduktion dominiert heute die Farbmischung 'Mona Lisa'.

A.-Mona-Lisa-Hybriden ist ein Sammelbegriff für die drei nachfolgend aufgeführten Rassen:

St. Bavo-Anemonen wurden früher *A. fulgens* zugeordnet, werden jetzt aber zu *A. pavonina* gestellt. Sie sind wuchsfreudig, blühen reich und früh über einen Zeitraum von 6 Wochen. Sie sind für Schnittblumengewinnung von Bedeutung. Allerdings gelten sie als weniger tolerant gegen kalte Winde.

St. Brigid-Anemonen werden, wie die De Caen-Anemonen, zu *Anemone coronaria* gerechnet. St. Brigid-Anemonen umfassen die halbgefüllten und gefüllten Sorten mit etwas kleineren Blüten wie: 'Lord Lieutenant' (tiefblau mit samtigem Schein), 'Mount Everest' (reinweiß mit einem roten Ring um die schwarze Mitte), 'The Admiral' (kräftiges Magentaviolett) und 'Gouvernor'(rot) – alle halbgefüllt; 'Cornflower' (kornblumenblau), 'Don Juan' (scharlachrot), 'Purity' (weiß), 'Queen of the Brilliance' (intensiv kirschrot mit einem dunkleren Ring um die Mitte), 'Queen of the Violetts' (violett) – alle gefüllt und von schwächerem Wuchs. 'Creagh Castle' soll ebenso zur St. Brigid-Gruppe gehören.

De Caen-Anemonen blühen einfach und haben leuchtende Farben, oft mit einem kleinen weißen Ring in der Mitte und einem dicken Kranz tief violetter bis blauschwarzer Staubgefäße. Die Rasse wächst kräftig und wird viel angebaut. Namenssorten sind: 'Gertrude' (früher 'Lady Seton', erdbeerrosa mit schwarzer Mitte), 'His Excellency' (kräftig samtrot, mit einem weißen Ring um die Staubgefäße, bei kaltem Wetter nur spärlich blühend), 'Hollandia' (leuchtend scharlachrot, über Winter nur spärlich blühend), 'Mr Fokker' (leuchtendes, tiefes Purpurblau, innen zur Mitte hin heller werdend, die wüchsigste Sorte bei kaltem Wetter), 'Sylphide' (weiches Magentarosa, mit schwarzer Mitte), 'The Bride' (reinweiß mit schwarzer Mitte).

Hinweise für die Kultur

Ihre Kultur muß in Nord- und Mitteleuropa völlig oder teilweise unter Glas erfolgen. Ein Freilandanbau ist zwar möglich, doch darf die Blüte nicht zu spät einsetzen, denn die Anemonenblüten sind empfindlich gegen hohe Temperaturen. Da es aber ab Mitte Mai reichlich nicht winter- und frostempfindliche Schnittblumen gibt, lohnt ihr Anbau in nördlichen Gefilden angesichts der gestiegenen Heizungskosten wenig. Zumeist werden sie in Südfrankreich gezogen und als Schnittgut ins restliche Europa transportiert.

Trotz der Herkunft der Elternarten von nördlichen Mittelmeerküsten sind die Arten der Hortensis-Gruppe keine Durstkünstler. Für die Mona-Lisa-Anemonen ist ein gleichmäßig frischer Boden Voraussetzung für gutes Gedeihen. In mageren, sandigen Böden fühlen sie sich nicht wohl. Sie wollen einen basenreichen, lehmigen Boden. Je schwerer allerdings der Boden ist, desto besser muß die Dränage sein. Beste Dränage bei gleichmäßiger Wasserversorgung sowie Lehm und Kalk sind die Grundlage für gesunde und reichblühende Pflanzen.

Für die Schnittblumengewinnung aus Knollenkultur werden gelagerte Knollen verwendet, da sie eher blühen als frische. Die Knollen werden entweder in Handkästen oder direkt in den Boden gelegt, entweder im Freien oder in Frühbeetkästen. Vor Wintereinbruch sind die gelegten Knollen gut mit trockenem Material abzudecken, denn durchfrieren dürfen sie nicht.

Gelegt wird in Handkästen in zwei- bis dreiwöchigem Abstand ab Anfang September, direkt in Kalte Kästen oder ins Freiland ab Ende Oktober, damit die Knollen nicht vor Winterbeginn zu treiben beginnen. Die Legetiefe beträgt je nach Knollengröße 5 bis 8 cm bei 12 cm Abstand. Die für Handkästen und heizbare Frühbeete bestimmten Knollen werden günstigerweise 24 Stunden in lauwarmem Wasser eingelegt, da sie dann leichter treiben.

Gegossen wird erst, wenn die Pflanzen ihre Blätter entfalten. Die in Kästen stehenden Partien können ab Anfang bis Mitte Januar ins Gewächshaus geholt werden, bzw. die Kultur in den Häusern kann beginnen. Die Temperatur soll bei 6 bis 8 °C liegen. Damit die Stengel fest werden, ist bei Sonnenschein gut zu lüften. Mit zunehmender Größe der Pflanzen steigt der Wasser- und Düngerbedarf. Schädlingsbefall, beispielsweise Läuse, können bei zu hohen Temperaturen und zu trockener, stehender Luft auftreten.

Geschnitten werden die knospigen Stengel, die den Transport so gut

Eine prächtige Mona-Lisa-Anemone: 'The Admiral'.

überstehen. Je nach Legetermin und Kulturmethode beginnt die Ernte gegen Ende März bis Anfang April. Sie dauert über mehrere Wochen. Sortiert wird nach Qualität der Blüten und Länge der Stengel. Nach der Blüte wird zunehmend weniger gegossen, so daß das Laub allmählich vergilbt. Danach werden die Bestände gerodet (häufig mit der Siebmethode).

Auch die Anzucht aus Samen ist bei Sorten für die Knollenkultur möglich, doch dauert es mindestens eine Vegetationsperiode, bis die Knollen blühfähig sind. Im März wird in ein lauwarmes Frühbeet oder an einen geschützten Freilandplatz gesät.

Im Erwerbsanbau hat sich die Sorte 'Mona Lisa' wegen ihrer einfachen Sämlingskultur durchgesetzt. Sie wird von Februar bis April mit 1200–1500 Korn für 1000 Pflanzen ausgesät. In der ersten Woche sollte die Temperatur bei 4 °C liegen, danach bis zur Keimung 12 bis 15 °C. Die Keimzeit liegt bei 3 bis 4 Wochen. Nach 8 bis 10 Wochen wird pikiert und nach 3 Monaten im Abstand von 25 × 15 cm ausgepflanzt. Erträge sind ab Oktober/November bis etwa März zu erwarten. Die Blüten sollten zur Ernte etwa 2 Tage offen sein, die Kelchblätter etwa 3 cm unter der Blüte liegen.

Arten von medizinischer Bedeutung

Viele Hahnenfußgewächse gehören zu den Giftpflanzen; die Gattungen dieses Buches machen hier keine Ausnahme. Die Ranunculaceae bilden in ihrer Wirkung sehr verschiedene Verbindungen: Alkaloide (z.B. Aconitin), herzwirksame Heteroside (z.B. Adonitoxin), Saponine und flüchtige, ungesättigte Lactone, die Ranunculoside. Das Ranunculin beispielsweise ist ein Glykosid, das durch Hydrolyse in Protoanemonin, ein ungesättigtes Fünftring-Lacton und Glucose gespalten wird. Die antibiotisch wirksame Substanz ist sehr flüchtig. Durch Trocknen wandelt sie sich sehr rasch zunächst in Anemonin, ein Dimerprodukt und dann weiter in die therapeutisch unwirksame Anemoninsäure. Daher können aus dieser Gruppe nur frische Pflanzen verwendet und daraus alkoholische Extrakte (Tinkturen) hergestellt werden. Durch den Alkohol wird der enzymatische Abbau der wirksamen Protoanemonine unterbunden.

Der Saft der Hahnenfußgewächse riecht scharf und schmeckt brennend. Auf der Haut verursacht er Rötung, Schwellung und schließlich Blasenbildung. Deshalb sollten Sträuße aus Hahnenfußgewächsen nicht zu lange in der Hand gehalten werden. Am besten Sie pflücken mit Handschuhen bzw. waschen sofort nach dem Pflücken gründlich die Hände.

Der Saft, in hohen Dosen verinnerlicht, kann eine von Koliken begleitete Stomatitis oder eine Gastroenteritis mit blutiger Diarrhöe zur Folge haben. 10 bis 30 gegessene Buschwindröschen sollen tödlich sein.

Frische Pflanzen von *A. nemorosa* und *A. ranunculoides* enthalten Protoanemonin und Anemonin; *A. sylvestris* enthält Protoanemonin und in der Wurzel Saponin. In der Homöopathie wird Windröschenextrakt – ähnlich *Pulsatilla* – bei nervösen Leiden und Menstruationsbeschwerden eingesetzt; die Volksmedizin verwendet das frische, zerquetschte Kraut bei Rheuma- und Gelenkleiden; in der allopathischen Medizin ohne Bedeutung. Geerntet wird die Pflanze vor der Blüte im März/April.

Auf der Iberischen Halbinsel kennt die Volksmedizin verschiedene äußere Anwendungen von *A. palmata* (giftig, wenn eingenommen). Nach Schauenberg/Paris sollen die Bewohner Kamtschatkas ihre Jagdpfeile mit Anemonensaft vergiften. In China wird der Wurzelstock von *A. rivularis* offizinell verwendet. Er wirkt bauchwärmend, gegen Übelkeit und wurmtötend.

Die Bewohner des Himalaja kennen *A. obtusiloba* als Gift- und Heilpflanze; sie nennen sie »Ratanjot«.

Für *Pulsatilla* gilt ähnliches wie für *Anemone*. So enthalten beispielsweise auch *P. vulgaris* und *P. pratensis* im frischen Zustand Protoanemonin (früher Anemonen- oder Pulsatillenkampfer genannt), sowie eine Vorstufe davon, das Ranunculin, außerdem Saponine und Gerbstoffe. Die Handelsdroge besteht meist aus einer Mischung beider Arten. Die Eigenschaften der Kuhschellen werden mit schmerzstillend, diaphoretisch, diuretisch, hautrötend und antispasmodisch beschrieben. Da sich, wie gesagt, durch Trocknung und Wärmebehandlung die Wirkung verliert, findet nur der alkoholische Extrakt der frischen, blühenden Pflanze Anwendung. In der Homöopathie wird sie als Allheilmittel bei Spasmen, Neuralgien, Herzstörungen, Migräne, Bronchitiden, Polyarthritiden, Rheumatismus und Hauterkrankungen eingesetzt. *Pulsatilla* wird in der Homöopathie einem bestimmten Konstitutionstyp zugeschrieben, der gekennzeichnet ist durch helle Haare, blaue Augen und weiblich gerundete Formen.

Joan Ward-Harris berichtet in ihrem Buch »More than meets the eye«, daß die amerikanischen Schwarzfuß- und Kootenay-Indianer die Blätter des »Prairie Crocus« *(Pulsatilla patens)* für kurze Zeit über Blutgeschwüre und Entzündungen legen, um die Infektion herauszuziehen. Schafe sollen sich vergiften, wenn sie Kuhschellen fressen.

Hepatica nobilis enthält ein dem Ranunculin ähnliches Glycosid und Protoanemonin, im Wurzelstock Saponin und das Heterosid Hepatilobin sowie das Enzym Emulsin. Das einstmals offizinelle Herba Hepaticae wird heute nur noch in der Homöopathie verwendet. Eine Tinktur aus frischen, im Mai bis Juli gesammelten Blättern wird verabreicht bei Bronchitis mit starker Sekretion und bei chronischen Entzündungen von Rachen und Luftröhre. Die Volksmedizin gebraucht das frische, zerquetschte Kraut äußerlich als Wundmittel, im übrigen bei Leber- und Gallenleiden, sowie als Diureticum und bei Steinleiden.

Die Gattungen und Arten von A–Z

Anemoclema (Franchet) W.T. Wang 1974

Eine monotypische Gattung.

A. glaucifolia (Franchet) W.T. Wang 1972, Blaublättrige Anemone
Die in den Gebirgen Yunnans und Szechuans endemische Art dürfte außerhalb botanischer Gärten kaum zu finden sein. Als alpine Art trockener Weideflächen bildet sie eine Pfahlwurzel, wodurch ihre Kultur schwierig sein soll. Außerdem kann sie in unserem Klima wohl nur bei Unterbringung im Kalthaus oder Frühbeet überwintert werden.

Die silbrig behaarten, bis 90 cm hohen Stengel sind ein- bis wenigblütig. Die blaugrünen Blätter ähneln in der Form denen von Löwenzahn. Die im Juni sich öffnenden Blüten mit einem Durchmesser bis 10 cm bestehen aus 5 Sepalen von tiefblauer bis blaß purpurblauer Farbe.

Anemoclema glaucifolia.

Anemone Linné 1753 Windröschen, Anemone

Das griechische Wort anemos bedeutet Wind. Zur Gattung *Anemone* L. s. str. gehören 100 bis 110 Arten.

Die Gattung kommt zumeist in den gemäßigten und kalten Zonen und in Hochgebirgen vor, vor allem auf der nördlichen Halbkugel mit Verbreitungsschwerpunkten in Süd- und Ostasien. Nur wenige Arten finden sich verstreut auf der südlichen Halbkugel: etwa 10 bis 14 in Südamerika, etwa 6 aus der wohl ursprünglichen Sektion Pulsatilloides in Afrika und je eine in Tasmanien und Neuseeland.

A. altaica Fischer ex C.A. Meyer 1830, Altai-Windröschen
Diese im nördlichen europäischen Rußland, dem Ural, dem Altai und in Ostasien heimische Art besiedelt, ähnlich unserem heimischen Buschwindröschen, Nadel- und Mischwälder, Waldränder, jedoch seltener frischfeuchte Wiesen.

Mit *A. nemorosa* nahe verwandt unterscheidet sie sich durch gelbe, mit Knöllchen bedeckte, meist kräftigere Rhizome und stumpfere Blattzipfel. Die gleichfalls weißen, innen jedoch blau oder violett geaderten Blüten erstrahlen ab März bis in den April vor der Blattentfaltung.

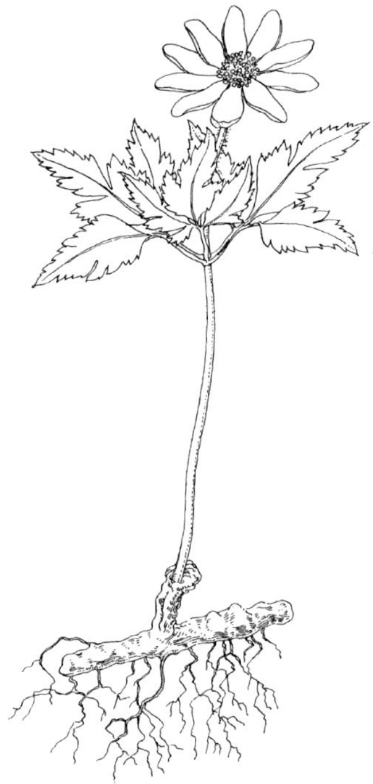

Anemone altaica.

A. amurensis (Korshinsky) Komarov 1903, Amur-Windröschen
Wie die vorige Art steht *A. amurensis* ebenfalls *A. nemorosa* nahe. Sie ähnelt dem Buschwindröschen in Aussehen und ihrem Vorkommen. Sie wächst im Fernen Osten Rußlands (am Ussuri, Kamtschatka), in China (Mandschurei) und Nordkorea in Laub- und Nadelwäldern, in Gebüschdickichten und eher selten auf offenen Hängen.

Das lang-zylindrische, glatte Rhizom trägt dreiteilige Blätter mit langgestielten Abschnitten, diese wiederum bis zur Basis dreiteilig mit sitzenden oder kurzgestielten Lappen. Das Involukrum ist zur Blütezeit oft wenig entwickelt. Die Blütenstiele sind dicht abstehend-aufrecht oder sich berührend behaart. Ende April bis Mitte Juni erscheinen die weißen Blüten von 2,5 bis 3 cm Durchmesser. Sepalen 5 bis 8 (meist 6 oder 7), ziemlich schmal und länglich, halb so lang wie die Staubgefäße. Früchtchen dicht behaart.

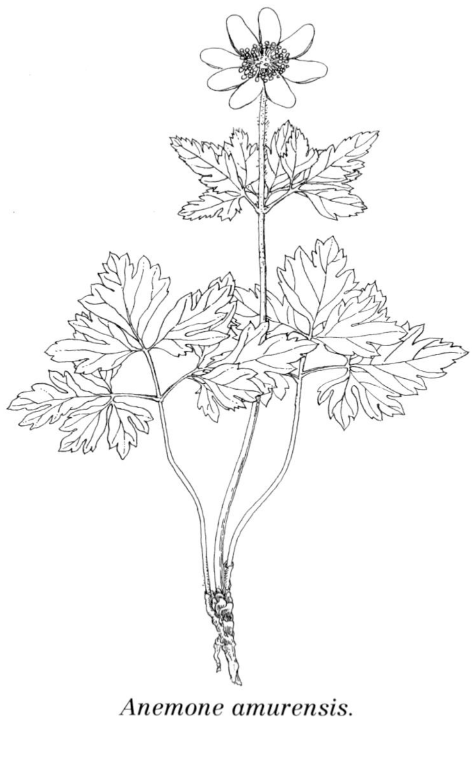

Anemone amurensis.

In der Toskana fand der Autor meist wasserblaue Apennin-Windröschen (Anemone apennina); hier in einem Kastanien-Eichenwald nahe Sasso Pissano.

Dichte Matten bildet das Baikal-Windröschen (Anemone baicalensis).

Das Monte Baldo-Windröschen (Anemone baldensis) wächst nicht nur am Monte Baldo; dieser Bestand wurde in den Karnischen Alpen fotografiert.

A. antucensis Poeppig 1833
Ein Endemit der zentralen Kordilleren Patagoniens in Chile und Argentinien. Die Art wächst in lichten Südbuchenwäldern der alpinen Region in Höhen über 4000 m.

Das Rhizom hat einen Durchmesser bis 4 mm. Die halbkreisförmigen oder fast fünfeckigen, dreiteiligen Blätter haben bis 22 cm lange Stiele. Der Blütenstengel ist ein- oder zweiblütig. Das Involukrum hat einen Durchmesser bis 12 cm und ist ungestielt mit dreifach gelappten Abschnitten. Die 5 Sepalen sind elliptisch, mehr oder weniger zugespitzt und mehr oder weniger flaumhaarig.

Die Art ist wohl nicht in Kultur und mit ihren kleinen Blüten nur wenig gartenwürdig.

Anemone antucensis.

A. apennina Linné 1753, Apennin-Windröschen
Das schwarze und zylindrische Rhizom ist länger und kräftiger als das von *A. blanda*. Obwohl in Südeuropa (von den Pyrenäen über Italien bis nach Bulgarien) heimisch, ist das Apennin-Windröschen winterhart, zumal es als Wald- und Gebüschbewohner durch das herbstliche Fallaub eine schützende Decke erhält.

15 bis 20 cm hoch wachsen die einblütigen Blütenstiele. Sie tragen lila, hellblaue, weiße oder rosafarbene Blüten mit bis zu 18 länglichen, außen schwach behaarten Sepalen. Blütezeit April bis Mai. Die Blätter sind grundständig, schwach behaart, stumpf grün, dreiteilig, wobei die Anschnitte gleichfalls dreiteilig und am Rande gezähnt sind. Die weiße Form wird als 'Alba', die rotviolett blühende als 'Purpurea' angeboten. Auch eine gefüllte Abart ('Plena') ist bekannt.

Für den Garten wertvolle Art, die sich aber weniger stark als *A. blanda* ausbreitet.

A. baicalensis Turczaninow 1842, Baikal-Windröschen
Die Art wird in 3 Varietäten unterteilt:
A. baicalensis var. *baicalensis*,
A. baicalensis var. *kansuensis* (W.T. Wang) W.T. Wang 1980,
A. baicalensis var. *glabrata* Maxim. 1859.
Der Typ ist in Ostsibirien, China (Szechuan, Giuzhou, Shaanxi) und Korea verbreitet. Schattige, krautreiche Laubwälder, Nadelwälder und lichte Gebüsche, selten offene, felsige Standorte sind die Heimat des Baikal-Windröschens.

Der schlanke Wurzelstock bildet viele fadenförmige Ausläufer. Stengel und Blattstiele bedecken, mehr oder weniger dicht, abstehende weiche Haare. Die sehr lang gestielten Grundblätter sind nierenförmig oder breit herzförmig oder fast kreisrund und bis zum Grund dreifiedrig. Die oval-rhombischen, zum Grund verschmälerten Abschnitte sitzend oder kaum erkennbar gestielt; Seitenfiedern bis zur Mitte zweiteilig, ihre Lappen wie auch die der Mittelfieder dreispaltig; Blattspreite beidseitig entfernt bis ziemlich dicht weichhaarig. Die Involukralblätter viel schmäler als die Grundblätter, sitzend, dreiteilig bis $^3/_4$ ihrer Länge.

Bei uns ab April bis Mai (in der Heimat Mai bis Juli) erscheinen die weißen, im Durchmesser 2 bis 2,5 cm großen Blüten. Sie haben 5 (7), länglich-ovale, oft etwas ungleiche, oberseits (oft nur an der Basis) behaarte Sepalen.

Aufgrund der reichlichen Ausläuferbildung bedeckt die Art rasch große Flächen. Allerdings soll im 2. oder 3. Jahr die Blühwilligkeit nachlassen. Wegen des Wucherns nur für Parkanlagen zu empfehlen. Anfang Juli bereits eingezogen.

A. baicalensis var. *glabrata* ist, wie der Name sagt, vor allem weniger behaart, sonst nur gering verschieden. Sie wächst an Waldrändern, im Gebüsch, in Flußtälern, seltener auf Wiesenhängen – insgesamt wohl auf feuchteren Böden – im Fernen Osten Rußlands und der Mandschurei.

A. baldensis Linné 1767, Tiroler oder Monte Baldo Windröschen
Das Tiroler Windröschen besiedelt als alpin (selten subalpin) vorkommende Art steinige, lückige Rasen, aber auch Felsspalten und Kalkfeinschutt – dabei Kalk bevorzugend. Sie wächst in Seslerion- und Salicetea herbaceae-Gesellschaften der Alpen, der Crna Gora (Kroatien) und eventuell der Südkarpaten.

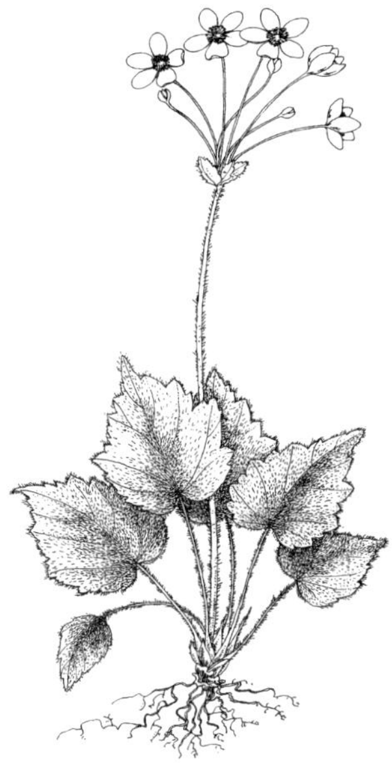

Anemone begoniifolia.

Die flaumig behaarten Stengel erreichen eine Höhe von 5 bis 15 cm. Die Grundblätter sind doppelt dreizählig mit drei- bis fünfteiligen Abschnitten. Die Hüllkelchblätter sind laubblattartig mit einem verbreiterten Stiel. Die weißen, außen rötlich überlaufenen Blüten erscheinen von Juni bis August. Ihr Durchmesser beträgt 2,5 bis 4 cm. Die 8 bis 10 Sepalen sind eiförmig und unterseits weißfilzig behaart.

Die Art wächst auf kalkreichen, humosen und schottrigen Böden. *A. baldensis* gilt als (nicht immer echt zu erhaltende) Liebhaberpflanze.

A. begoniifolia Léveillé & Vaniot 1902
Mit den Blättern welcher Begonienart haben wohl Léveillé und Vaniot diese Anemone verglichen? Sie wächst an

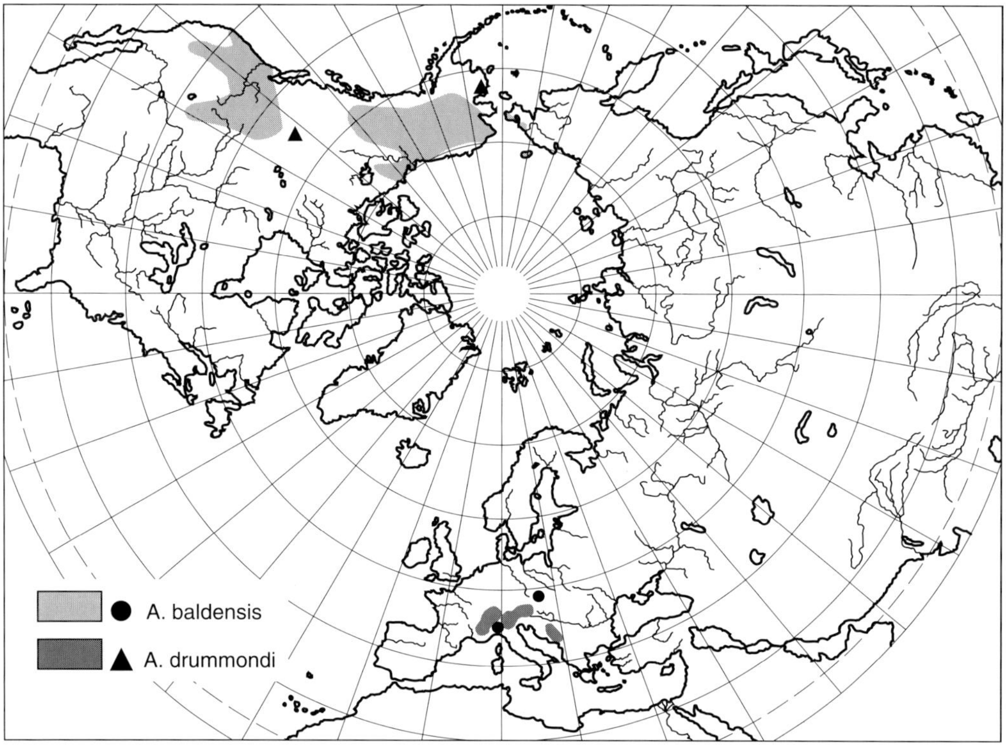

Verbreitungsgebiete von Anemone baldensis und Anemone drummondii.

Bachufern und auf feuchten, geschützten Felsen in Höhen von 650 bis 1000 m.

Die Grundblätter sind ungeteilt, herzförmig, zugespitzt, mit nur ganz schwach angedeuteten Lappen und grob kerbig gesägtem Rand, gewimpert, unterseits kahl bis auf einzelne Haare auf den flachen Adern und heller grün, oberseits zerstreut behaart. Die sehr langen Blattstiele wie auch den Blütenstengel bedecken dicht zottige Haare. Ihre weißen Blüten, bestehend aus 5 bis 6 Sepalen, sind zu einem doldenartigen Blütenstand arrangiert. Die Achäne ist völlig kahl, klein, und spitzt sich allmählich zu. Der Griffel ist kurz, die Narbe kopfig.

Die Chinesin dürfte höchstens in botanischen Gärten anzutreffen sein.

A. biflora A.P. de Candolle 1818
Von den Gebirgen am Nordostufer des Persischen Golfes durch Süd- und Mitteliran, Afghanistan, Pakistan bis Kaschmir erstreckt sich das Verbreitungsgebiet der Zweiblütigen Anemone. Sie bewohnt in diesen Gebieten steinige, meist trockene Hänge des Berglandes.

Sie ist nahe mit *A. petiolulosa* verwandt, hat jedoch größere und andersfarbige Blüten. Die Art bildet gleichfalls eine Knolle. Der zwei- bis dreiblütige Stengel erreicht eine Höhe von 10 bis 25 cm. Manchmal zeigt sie ihre hochroten über karminroten bis orangefarbenen und bronzegelben Blüten schon Ende Februar, sonst von März bis April. Der Blütendurchmesser beträgt 4 bis 5 cm.

Anemone blanda im klassischen Gelb-Blau-Kontrast mit Scheinhasel und einer Sorte der Alpenveilchennarzisse.

Anemone blanda var. scythinica ist eine zartere Ausgabe des Schönen Windröschens.

Da *A. biflora* auf Sommertrockenheit angewiesen ist, wird sie im Topf kultiviert und im Alpinenhaus überwintert. Sie gedeiht unter diesen Bedingungen recht leicht.

A. blanda Schott & Kotschy 1854, Schönes oder Reizendes Windröschen
Dieses wohlbekannte und in vielen Farbvarianten kultivierte Windröschen wächst auf felsigen Standorten, im Trockengebüsch, an Waldrändern und in Eichenwäldern. Als ihre Heimat nennt sie Südeuropa (von den Pyrenäen über Italien bis Griechenland, Mazedonien und Bulgarien) und Kleinasien.

Die schwärzliche, zylindrische und verästelte Knolle treibt stark dreigeteilte, meist dem Boden aufliegende, unterseits behaarte Blätter. Die Blattabschnitte sind sitzend und im Umriß mehr rundlich. 10 bis 25 cm hoch wird der Stengel, der mit einer einzelnen Blüte abschließt. Diese ist meist himmelblau (Blütezeit März bis April) und die Sepalen sind völlig kahl und breiter als die von *A. apennina*.

Auf humosen Böden fühlt sie sich besonders wohl. Ein halbschattiger, warmer Standort vor oder unter lichten Gehölzen, deren Blätter im Herbst eine schützende Decke über die ruhenden Knollen ausbreiten, sorgt für eine sichere Überwinterung. An ungestörtem Platze erfolgt reiche Selbstaussaat.

A. blanda var. *scythinica* Jenkinson 1892 soll etwas weniger lebensstark sein. Ihre Aprilblüten sind weißlichblau.

Sorten von A. blanda (Auswahl)
'Blue Shades' die gängigste blaue Sorte; 'Bridesmaid', Blüte reinweiß und

ziemlich groß; 'Charmer' blüht dunkelrosa; 'Ingramii' (= 'Atrocoerulea') blüht tief blauviolett; 'Pink Star', Blüte hellrosa und ziemlich groß; 'Radar' erstrahlt in leuchtendem Karminrot mit weißer Mitte; 'Rosea' erblüht besonders früh in strahlendem Rosa; 'Violet Star', Blüte hellviolett mit hellerer Mitte und groß; 'White Splendour', die reinweißen, sehr großen Blüten halten länger als bei anderen Sorten.

A. brevistyla Chang ex W.T. Wang 1974, Kurzgriffelige Anemone
Eine nicht kultivierte chinesische Art aus Szechuan mit nierenförmig-fünfeckigen, tief dreispaltigen Grundblättern und kriechendem Wurzelstock. Wird 10 bis 20 cm hoch.

A. caffra (Ecklon & Zeyher) Harvey 1868
Eine Anemone aus Südafrika (Natal, östliches Kapgebiet, Basutoland), die dort auf grasbestandenen Hügeln wächst. Von der sehr nahe verwandten *A. fanninii* durch die viel kleinere Gestalt und die stets einblütigen Stengeln verschieden. Die von Huth und Ulbrich unterschiedenen Varietäten werden in neueren Arbeiten nicht mehr als solche anerkannt, sondern in die Art mit einbezogen.

A. canadensis Linné 1768, Kanada-Anemone
In ihrer nordamerikanischen Heimat wächst die Art auf Feuchtwiesen, in Gebüschen nahe der Küstenlinie, in Sümpfen und auf Überschwemmungsland. So wächst sie zum Beispiel in Hochgrasprärien zusammen mit *Andropogon gerardii, Sorghastrum avenaceum* (= *S. nutans*)*, Panicum virgatum, Schizachyrium scoparium* (= *Andropogon scop.*)*, Bouteloua curtipendula, Liatris pycnostachya, Echinacea purpurea, Helianthus mollis, H. grosseserratus, H. scaberrimus, Ratibida pinnata, Monarda fistulosa, Asclepias syriaca, Fragaria virginica, Heliopsis helianthoides, Lysimachia ciliata, Rudbeckia hirta, Veronicastrum virginicum, Viola papillionacea, Silphium perfoliatum und S. integrifolium, S. laciniatum, S. terebinthinaceum* und *Asperula tinctoria.*

Ein kriechender Wurzelstock verleiht der Kanada-Anemone die Fähigkeit, sich rasch auszubreiten. Die ziemlich kräftige, besonders im unteren Bereich behaarte Pflanze erreicht eine Höhe von 60 bis 80 cm. Ihre Blätter sind breit handförmig geteilt und etwas rauh. Die Grundblätter haben lange Stiele; sie sind drei- bis fünfteilig, mit länglichen, spitzen und verschieden gespaltenen und gezähnten Abschnitten. Die sitzenden Involukralblätter gleichen den Laubblättern. Von Juni bis Juli erscheinen die weißen, bei einem Durchmesser von 2,5 bis 3,8 cm nicht unattraktiven Blüten. Die flache, fast kreisrunde Achäne ist flaumhaarig geflügelt und an der Spitze mit einem kurzen, bleibenden Griffel von etwa gleicher Länge wie die eigentliche Frucht.

Als eine Feuchtwiesenbewohnerin möchte die Kanada-Anemone auch im Garten in einem frischen bis feuchten Boden (pH-Wert 6,0 bis 7,0) wachsen. Dabei bevorzugt sie leicht schattige Plätze, verträgt jedoch bei genügend feuchtem Stand mehr Sonne.

Ihr starker Ausbreitungsdrang verlangt eine überlegte Standortwahl. In einem amerikanischen Pflanzenbuch wird empfohlen, die Pflanzen in ein unten offenes, unverottbares Gefäß zu pflanzen. Zusammen mit passenden Nachbarpflanzen lassen sich mit der Kanada-Anemone ansprechende Gartenbilder schaffen.

Gewisse Probleme gibt es mit der Nomenklatur. Der Artrang scheint allerdings inzwischen allgemein anerkannt zu sein. Ulbrich (1906) hatte die Art (amerikanische Sippe) nämlich als Unterart zu *A. dichotoma* L. (asiatische Sippe) gestellt, und zwar unter dem alten, ungültigen Namen *A. pensylvanica* L. Verwirrung entstand durch Ledebour, der die asiatische Sippe in der »Flora Rossica« als *A. pennsylvanica* Ledeb. bezeichnet hat. Einen gleichen Fehler machte Michaux, als er die amerikanische Sippe *A. dichotoma* Michx. nannte.

A. canadensis L. und *A. dichotoma* L. sind sehr eng verwandt, die Unterschiede nur gering. Würden die beiden Arten im Sinne Ulbrichs vereinigt, so käme *A. dichotoma* L. auf jeden Fall der Artrang zu.

A. caroliniana Walter 1788
Trotz ihres Namens kommt die Art nicht in Carolina vor. Ihre Verbreitung reicht von Illinois bis Wisconsin und South Dakota, südlich bis Florida und Texas. Auf Weiden, Golfplätzen und Friedhöfen breiten sich im Frühjahr ihre Blütenteppiche aus.

Nach der Samenreife jedoch zieht die Pflanze ein, überdauert die sommerliche Trockenzeit als (wurzellose) Knolle, um im Herbst erneut Wurzeln und Blätter zu treiben. Die Knolle treibt kurze, waagrechte Ausläufer, so daß sie an ihr zusagenden Plätzen (mäßig trockene, nährstoffreiche Lehmböden) rasch größere Bestände bilden kann.

Anemone caroliniana.

Die spärlich behaarte Pflanze wird 10 bis 25 cm hoch. Die dünn gestielten Grundblätter sind dreiteilig mit fast sitzenden, verschieden gezähnten, gelappten und geteilten Abschnitten. Die Involukralblätter sind ähnlich, sitzend oder nur kurz und dann breit gestielt, dreifach eingeschnitten.

Die aus 8 bis 20, lineal-länglichen Sepalen bestehenden, einzelnen, aufrechten Blüten mit einem Durchmesser von 1,9 bis 3,8 cm blühen meist weiß, aber auch in verschiedenen Blautönen bis purpurfarben, selten in strahlendem Saphirblau oder in Rosa. Die Blüten schließen sich nachts und bei bewölktem Wetter. Der Fruchtstand verlängert sich; die Achänen sind dicht wollig behaart.

A. cathayensis Kitagawa 1939, Cathay-Windröschen
Eine nahe Verwandte der *Anemone demissa*, aber auch der *A. narcissi-*

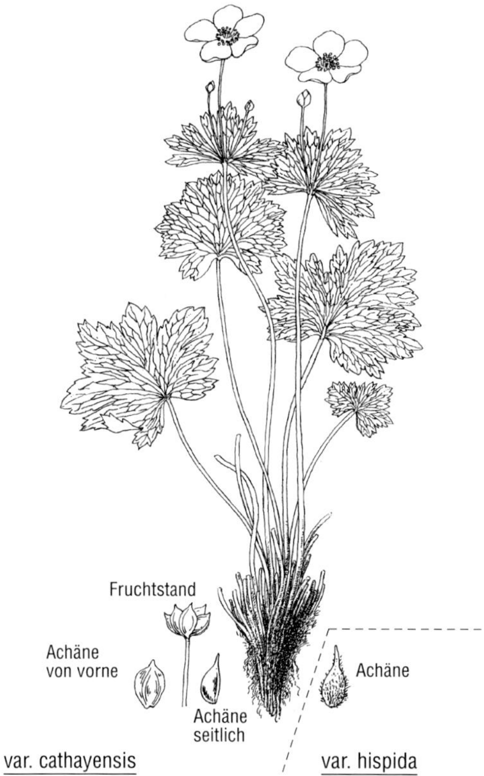

Anemone cathayensis.

flora, worauf die Synonyme hinweisen (siehe Verzeichnis der Synonyme). Es werden 2 Varietäten unterschieden: *A. cathayensis* var. *cathayensis* (aus Shanxi und Hebei) und *A. cathayensis* var. *hispida* Tamura 1958 (aus Nordwest-Henan und Hebei). Erstere hat einen kahlen, die Varietät einen behaarten Fruchtknoten.

Von der ähnlichen *A. robusta* unterscheidet sich das Cathay-Windröschen durch den niederen Wuchs (Höhe 10 bis 35 cm) und der kleineren Blütendolde (Durchmesser 2 bis 5 cm, Länge 3,5 bis 5 cm).

Sie besiedelt ähnliche Standorte wie *A. narcissiflora*. Sofern überhaupt in Kultur, dürfte sie dieser in den Ansprüchen gleichen.

A. caucasica Willdenow ex Ruprecht 1869, Kaukasus-Windröschen
Nicht nur im Kaukasus, sondern auch in der Nordosttürkei und im Nordiran gedeiht diese zarte Schwester der *Anemone blanda*. Sie ist zuhause auf alpinen Wiesen und im Gebüsch in Höhen von 500 bis 2000 m.

Die eiförmige Knolle ist mit 5 bis 13 mm Durchmesser sehr klein. Die Hüllkelchblätter sind sehr kurz gestielt und ähneln den Grundblättern, jedoch sind die Lappen ganzrandig oder nur mit einzelnen Zähnen versehen. Die Blütenfarbe ist häufig ein blasses, zur Mitte hin helleres Blau.

Ihre kleineren Blüten und ihre zartere Natur lassen sie als Liebhaberpflanze ansprechen. Ansonsten stellt sie die gleichen Ansprüche wie *A. blanda*.

A. chosenicola Ohwi
Die Art wird unterteilt in *A. chosenicola* var. *chosenicola* und *A. chosenicola* var. *schantungensis* (Hand.-Mazz.) Tamura 1956.

Ohwi, der der Art den Namen gab, ist auch der Autor der »Flora of Japan«. Jedoch taucht der Name in diesem Florenwerk nicht auf. Ebensowenig wird er in der »Flora of the USSR«, in »Illustrated Flora of Korea« und in der »Flora R. P. Sinicae« genannt. Letztere Flora führt nur *A. chosenicola* var. *schantungensis* als in China heimisch (Ost-Sandon, in 600 bis 1100 m Höhe). Dem Autor liegen keinerlei Hinweise über das Vorkommen des Typs vor. Eine Rätselpflanze also, die in Europa nicht kultiviert und so ihr Geheimnis für sich behalten wird.

Über die Varietät kann nur gesagt werden, daß sie dem Bestimmungsschlüssel in der »Flora R. P. Sinicae«

Die großen weißen Blütenschalen der Kanadischen Wiesenanemone (Anemone canadensis) rechtfertigen ihre Gartenverwendung, auch wenn sie sich recht stark ausbreitet.

nach große Ähnlichkeit mit *A. tetrasepala* haben muß. Der Blütenstand ist eine doppelte Dolde; die Blätter sind dreiteilig und Blütenstengel und Blattstiel sind mit ausgebreiteten, 1 bis 2,2 mm langen weichen Haaren besetzt; Kelchblätter 6 bis 10 mm lang und 3 bis 6 mm breit; Antheren leicht gelblich.

A. coerulea A.P. de Candolle 1818, Blaues Windröschen
Von dieser Art werden 2 Varietäten unterschieden: *A. coerulea* var. *coerulea* und *A. coerulea* var. *uralensis* (Fisch.) Korshinsky 1896.

Der Typ ist vom Ural bis zum Altai und den östlich angrenzenden Gebirgen, südlich bis zum Himalaja, südöstlich bis zu den Kiu-Shiu-Inseln und nordöstlich bis zur Beringstraße verbreitet. Er kommt in lichten Nadel-, Misch- und Laubwäldern sowie deren Rändern, in Gebüschen und in Wald- und manchmal in Auenwiesen vor.

A. coerulea steht *A. ranunculoides* nahe und sieht daher ähnlich aus. So sind die Grundblätter denen des Gelben Windröschens gleich, doch hat *A. coerulea* keilförmige, fast sitzende und sehr fein zerteilte Abschnitte. Die 3 unterseits weichhaarigen, wimpernrandigen Involukralblätter sind ziemlich groß (fünf- bis sechsmal so lang wie der Stiel), mehrfach zerteilt mit lineal-lanzettlichen, mehr oder weniger zugespitzten Abschnitten (die seitlichen zweiteilig, der mittlere Abschnitt dreifiedrig, im oberen Teil eingeschnitten-gezähnt). Die Blüten sind keineswegs so blau, wie der Name vermuten läßt: weiß und nur außen blau (nie rötlich!). Blütezeit April bis Juni. Die 5 Sepalen sind breit elliptisch, sehr stumpf, außen angedrückt-weichhaarig und die Epidermiszellen der Innenseite warzig. Früchtchen weichhaarig mit einem an der Spitze gekrümmten Schnabel.

A. coerulea var. *uralensis* kommt nur im europäischen Teil des Ural vor. Ihr Vorkommen ähnelt dem des Typs: in Gebüschen, an Bachufern, in Auenwiesen, in Wiesenmooren. Wahrscheinlich handelt es sich hier um das Bindeglied zwischen *A. coerulea* und *A. ranunculoides*. So hat Korshinsky sie zunächst als Hybride zwischen den beiden Arten betrachtet, später als Unterart zu *A. ranunculoides* und schließlich als Varietät zu *A. coerulea* gestellt.

Die schmäler lanzettlichen Blattsegmente und die meist andersfarbigen Tepalen (rosarot, weiß, selten azurblau, gelb oder Zwischentöne) unterscheiden die Art von *A. ranunculoides*. Vom Typ variiert sie durch die meist halbstumpfen oder gerundeten Zähne und die oft andersfarbigen Blüten.

A. coronaria Linné 1753, Kronen- oder Gartenanemone

Der Umfang der Art steht noch nicht sicher fest. Einige Autoren vereinen die zentralasiatischen *A. baissunensis* Juz. und *A. bucharica* Regel ex Fin. & Gagnep. mit der typischen *A. coronaria* L. s. str. des Mittelmeergebietes und Kleinasiens. Komarov führt sie als eigene Arten. Der Artstatus wird wegen der zu geringen Unterschiede sicher nicht aufrecht zu halten sein. Eine endgültige Klärung muß noch erfolgen. Da die zentralasiatischen Typen gelegentlich angeboten werden,

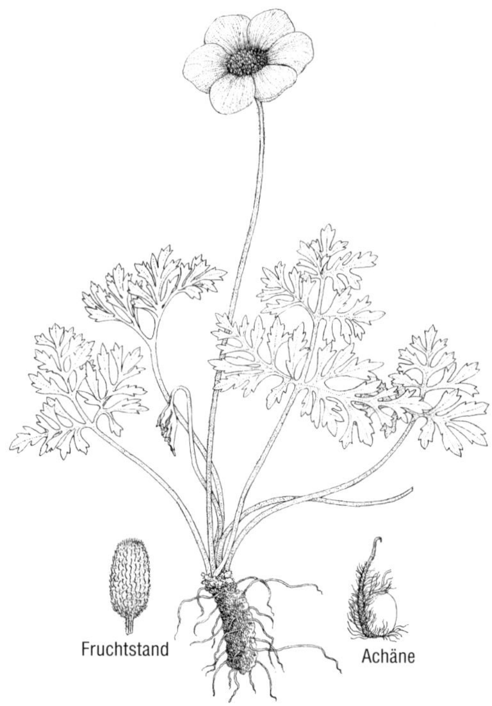

Anemone coronaria.

sollen sie hier, Regel (1884) folgend, als Varietäten von *A. coronaria* geführt werden. Somit wird *A. coronaria* in dieser Arbeit in *A. coronaria* L. var. *coronaria, A. coronaria* var. *bucharica* Regel 1884 und *A. coronaria* var. *intermedia* Regel 1884 eingeteilt.

In Feldern, Weingärten und Olivenhainen des Mittelmeerraumes leuchten im Frühjahr die Blüten der typischen Kronenanemone. Je nach Standort werden die Pflanzen mit dem schwärzlichen, flach knolligen Wurzelstock 15 bis 45 cm hoch. Die frischgrünen Grundblätter sind zweifach dreizählig, die Abschnitte tief gelappt. Die Stengelblätter sind tief in schmale Abschnitte gespalten. Der Stengel trägt eine Blüte von 3,5 bis 6,5 cm

Durchmesser, bestehend aus 5 bis 8 elliptischen Sepalen. Deren Farbe kann rot, purpurfarben, rosa, blau oder weiß sein. Die Antheren sind blau. Der Samenstand ist wollhaarig; der Griffel kurz, schwärzlich-violett, stark abstehend und aufrecht.

A. coronaria var. *bucharica* wächst an Hängen im Pamir Alai in Zentralasien. Der Blütenstengel wird nur 6 bis 30 cm hoch, etwas länger oder zweimal so lang wie die kahlen Stiele der Grundblätter. Diese sind dreiteilig mit fast sitzenden oder sehr kurz gestielten seitlichen, fast bis zum Grund zweigeteilten Abschnitten und einem 4 bis 15 mm lang gestielten, bis zur Basis dreispaltigen Mittelabschnitt. Der mittlere Unterabschnitt der Mittelfieder besitzt meist einen auffälligen Stiel, so daß das ganze Blatt meist fiederschnittig wirkt. Die (2) 3 Involukralblätter sind im unteren Bereich schmal bis ziemlich breit keilförmig – einem breit geflügelten Stiel ähnelnd, wimpernrandig, außen bis zum Grund dreiteilig mit zwei- bis dreigeteilten und zwei- bis dreispaltigen Abschnitten und mit ganzrandigen oder zwei- bis dreizähnigen Lappen.

Die 3 bis 4 cm große, aufrechte Blüte besteht aus 5 verkehrt-eiförmigen bis fast kreisförmigen, an der Spitze meist gerundeten Sepalen von purpurner Farbe mit einem schwärzlichen Schnabel. Außen sind die Sepalen dicht angedrückt-flaumhaarig. Die Antheren sind purpurfarben.

A. coronaria var. *intermedia* soll sich von voriger durch gelbe Blüten mit gelbem Schnabel und einem mehr westlichen Vorkommen unterscheiden.

Von der Kronenanemone gibt es zahlreiche Sorten, die in erster Linie als Schnittblumen von Bedeutung sind (siehe Kapitel: Arten in der Floristik). Die einfachblühenden Sorten werden als De Caen-Hybriden, die halbgefüllten und gefüllten als St. Brigid-Hybriden bezeichnet.

In milden Gegenden können die Kronenanemonen im Freien an einem sonnigen (bis licht-schattigen), warmen Ort kultiviert werden. Dann werden die Knollen im September bis Oktober etwa 4 bis 8 cm tief in lockeren Humusboden gelegt. Zur Sicherheit bekommen sie einen lockeren Winterschutz aus Reisig oder (trockenem) Laub.

In den kälteren Gegenden, wo der Boden stärker durchfriert, erfrieren die Knollen meist. Außerdem fehlt die Wärme für einen guten Blütenansatz; die Knollen treiben nur Blätter und im folgenden Jahr sind sie oft ganz verschwunden. Hier kann nur Topfkultur im Gewächs- oder Kalthaus empfohlen werden.

A. crassifolia Hooker 1840, Dickblatt-Anemone

Im Gebirge in offener Vegetation aus mattenbildenden Pflanzen und niedrigen, schmalblättrigen Sträuchern auf torfigen Böden kommt die Dickblatt-Anemone nur in West-Tasmanien vor. Die dickledrig-fleischigen, langgestielten Grundblätter stehen rosettenartig dicht gedrängt. Sie sind handförmig gelappt oder geteilt in 3 bis 5 grobzähnige Abschnitte. Die Blattoberseite glänzt dunkelgrün, die Unterseite ist purpurn überlaufen. Die etwas sukkulenten, zerbrechlich wirkenden, 8 bis 30 cm langen Stengel tragen im oberen Bereich ein Paar oder einen Quirl aus 3 Hüllkelchblättern. Wie viele Anemonen blüht die Art weiß.

Feuerrotes Farbspektakel der Anemone coronaria 'Hollandia'.

Anemone cylindrica, zum Vergleich die Fruchtstände bzw. Achäne von Anemone riparia und Anemone virginiana.

Kulturerfahrungen für Europa scheinen nicht vorzuliegen. Fraglich, ob die Dickblatt-Anemone in unseren Breiten überhaupt erhältlich ist?

A. cylindrica A. Gray 1836
Diese Nordamerikanerin – eine Bewohnerin der offenen Prärien – ist in Gärten weiter verbreitet, als sie es eigentlich wegen ihrer unscheinbaren Blüten verdient. Häufig schmuggelt sich *A. cylindrica* unter falschem Namen in die Saatgefäße der Gartenliebhaber. So erhielt auch der Autor Anemonenraritäten, die sich als *A. cylindrica* herausstellten. Die seidenhaarige Pflanze entwickelt langgestielte, in Büscheln stehende, drei- bis fünfteilige Blätter mit keilförmigen bis verkehrt eiförmigen, genäherten Abschnitten. Die etwa 2,5 cm lang gestielten Involukralblätter ähneln den Grundblättern. Von Juni bis August erscheinen auf verlängerten, immer kahlen Stielen die grünlichweißen Blüten von kaum 2 cm Durchmesser. Die 5 bis 6 Sepalen sind von länglicher Form und immer stumpf. Der Fruchtstand verlängert sich auf etwa 2,5 cm zu einer zylindrischen Form – daher der Name. Die zusammengedrückte, wollige Achäne ist an ihrer Spitze mit einem winzigen Griffel versehen.

Dieser Bestand von Anemone cylindrica in Kew Gardens zeigt unterschiedliche Wuchshöhen.

<table>
<tr><th colspan="3">Unterscheidungsmerkmale von A. cylindrica, A. riparia und A. virginiana</th></tr>
<tr><td>Blütenstiele meist blattlos; Griffel karmesinrot, etwa 0,5 mm lang, dicht weichhaarig; Pflanze dicht mit grauen Flaumhaaren bedeckt.</td><td colspan="2">Blütenstiele selbst meist mit einem Involukrum 2. Ordnung;
Griffel blaß oder nur an der Spitze karmesinrot, bis 1,5 mm lang, kurz flaumhaarig;
Pflanze im Aussehen mehr grün.</td></tr>
<tr><td></td><td>Antheren höchstens 1,2 mm lang; Fruchtköpfchen zylindrisch, weniger als 12 mm dick; reifer Griffel aufwärts gekrümmt; Grundblätter kaum flaumhaarig, ihre Abschnitte keilförmig.</td><td>Antheren mindestens 1,2 mm lang; Fruchtköpfchen eiförmig, mindestens 12 mm dick; reifer Griffel stark auseinander gebogen; Grundblätter stärker behaart, ihre Abschnitte oft breiter und am Grund weniger keilförmig.</td></tr>
<tr><td>A. cylindrica</td><td>A. riparia</td><td>A. virginiana</td></tr>
</table>

A. cylindrica wächst noch auf trockenen Böden; ihre Kultur ist völlig unproblematisch. Werden die Fruchtstände nicht vor der Fruchtreife entfernt, sät sich die Anemone selber aus.

Zusammen mit *A. riparia* und *A. virginiana* bildet sie einen Artenkomplex, dessen gründliche Bearbeitung noch aussteht.

A. davidii Franchet 1886, Davids Anemone
Grasbestandene Plätze an Bächen in Höhen um 2000 m in den chinesischen Provinzen Szechuan und West-Hupeh besiedelt Davids Anemone. Durch ihr unterirdisch kriechendes Rhizom bildet sie lockere Kolonien. Die weißen, im Mai–Juni sich öffnenden Blüten haben einen Durchmesser von 4 bis 7 cm. In feuchtem, torfigem Boden gedeihen sie ganz leicht, wie die Bestände in Kew Gardens zeigen.

A. debilis Fischer 1854
Debilis heißt übersetzt »schwach« und recht zart wirkt dieses Windröschen auch. Die Art gehört in den Formenkreis der *A. ranunculoides*. Wie ihre gelb blühende Verwandte gedeiht sie in feuchten Nadelwäldern, an Waldrändern, im Gebüsch, aber auch auf trockenen Hängen im Bergland ihrer japanischen (Hokkaido, Honshu) und russischen (Kurilen, Sachalin, Kamtschatka) Heimat.

An einem ziemlich kurzen und dünnen, kriechenden Rhizom entwickeln sich einzelne, langgestielte, dreischnittige Blätter. Deren Abschnitte sind verkehrt-eiförmig-rhombisch oder breit verkehrt eiförmig, sehr stumpf und wimpernrandig. Die 5 bis 15 cm langen, entfernt behaarten

Anemone debilis.

oder kahlen Blütenstengel tragen eine (selten 2) weiße, außen grünliche Blüte auf kurzen aufrechten, dünnen und oben behaarten Blütenstielen. Die Hüllkelchblätter sind kurz gestielt und bis zur Basis dreizählig in lineal-lanzettliche oder lanzettliche, halbspitze oder stumpfe Segmente mit meist ganzem Rand geteilt. Blütezeit von Ende Mai bis Ende Juni. Die 5 (selten 6) Sepalen sind kahl, länglich-elliptisch und stumpf. Das fast ovale, etwa 3 mm lange, spitze Früchtchen bedecken dicht gräulichweiße Haare. Die Art wird kaum angeboten.

A. decapetala Arduino 1764
In den gemäßigten und kühl-gemäßigten Regionen Amerikas (südliche USA, Mexiko, zentrale Kordilleren Patagoniens) kommt die Zehn-Kronenblät-

Anemone decapetala.

ter-Anemone (so die wörtliche Übersetzung von decapetala) vor. Sie wächst in Steppen. Diesen Bedingungen ist sie gut angepaßt, in dem sie eine verkehrt eiförmige oder fast zylindrische Knolle von 18 mm Durchmesser ausbildet. Die 10 bis 50 cm aufrecht wachsende Pflanze ist gleichmäßig angedrückt behaart, verkahlt aber.

Die Grundblätter von fast kreisrundem bis nierenförmigem Umriß (10,5 bis 55 × 10,5 bis 73 mm) sind dreifach gefiedert oder geteilt; die Seitenfiedern sind unterteilt, alle verschieden gelappt, feinkerbig.

Der bis zur Spitze flaumhaarige Stengel bildet 1 bis 3 Blüten aus. Die Hüllkelchblätter sind den Laubblättern ähnlich. Die zur Blüte 15 cm langen Blütenstiele verlängern sich zur Fruchtreife auf 30 cm.

Von Juni bis Juli erscheinen die aus 10 bis 12 (selten mehr), weißen, mehr oder weniger grünlich oder purpurn gestreiften, länglich elliptischen (2 bis 9 × 14 bis 21 mm), außen flaumhaarigen Sepalen. Weiterhin gehören zur Blüte 50 bis 60, 3 bis 6 mm lange Filamente und 200 bis 600, etwa 1,5 mm lange, fast eiförmige, asymmetrische, flaumhaarige Fruchtblätter. Der Griffel verjüngt sich, ist schief und etwas gekrümmt.

Die Achänen sind etwa 2,5 mm lang, sehr lang, fast bis verkehrt-eiförmig-asymmetrisch, netzadrig, an der Spitze leicht gekrümmt und dicht weichhaarig (Haare 1 cm, seidig, weiß oder gelblich).

Unterschieden wird eine Varietät: *A. decapetala* var. *foliolosa* Eichl. 1864. Sie kommt vor in den gemäßigten und subtropischen Regionen Patagoniens, wo sie kurzrasige Abhänge und Triften auf mäßig trockenen, lehmigen oder sandigen Böden besiedelt. Vom Typ unterscheidet sie sich, da sie in allen Teilen größer ist und dreizählige oder gefiederte Blätter hat. Wird nur selten angeboten.

A. delavayi Franchet 1886
Delavays Anemone stammt aus dem Nordwesten Yunnans und dem Südwesten Szechuans, wo sie in Höhen von 2400 bis 3000 m wächst.

Sie bildet, wie die nahe verwandte und somit ähnlich aussehende *A. baicalensis*, dünne Ausläufer und wird (4,5 bis) 7 bis 20 cm hoch. Im Gegensatz zur Baikal-Anemone entwickelt der Wurzelstock nur ein oder gar kein Grundblatt. Die Involukralblätter sind rauten-eiförmig bis eiförmig und mehr oder weniger zugespitzt. Die Narbe ist kreiselförmig. Die Art wird in Europa wohl nicht kultiviert.

A. deltoidea Douglas 1830
Schattige Koniferen- und Mischwälder des pazifischen Nordamerika beherbergen diese Art.

Ein sehr dünnes, fadenförmiges Rhizom entwickelt dreiteilige Grundblätter mit eiförmigen, zweilappigen und unregelmäßig gekerbten Abschnitten und 15 bis 30 cm hohe einblütige Stengel, an deren oberen Bereiche den Grundblättern ähnliche Hüllkelchblätter sitzen. Die weißen Blüten, bestehend aus 5 bis 6, eiförmigen Sepalen, haben einen Durchmesser von 1,5 bis 3 cm und sind lang gestielt. Der Griffel ist kurz und pfriemlich. Die Achänen sind dicht flaumhaarig.

Bezugsquellen für diese Art sind dem Autor nicht bekannt.

A. demissa Hooker f. & Thomson 1855
Die Art aus dem weiteren Verwandtschaftskreis der *A. narcissiflora* teilt sich in 4 Varietäten auf.
A. demissa var. *demissa*: Von Nepal bis Bhutan, China (West-Szechuan, Südwest-Gansu, Südost- und Ost-Qinghai, Ost- und Südtibet) in Höhen von 3200 bis 4600 m. Blätter ei- bis lang eiförmig, 1,1 bis 3,5 cm breit, Mittelabschnitt oft gestielt, Endabschnitte der Blätter scharf zugespitzt. Sepalen 5 (bis 6), blau-purpurn, selten weiß.
A. demissa var. *yunnanensis* Franch. 1886: Nordwest-Yunnan, Südwest-Szechuan, in Höhen von 3200 bis 4600 m. Blätter ei- bis lang eiförmig, 1,1 bis 3,5 cm breit, Mittelabschnitt oft gestielt, Endabschnitte der Blätter stumpf bis abgerundet. Sepalen 5 bis 7, weiß.
A. demissa var. *major* W.T. Wang 1980: Nordwest-Yunnan, West-Szechuan, Südtibet, in Höhen von 3200 bis 4100 m. Blätter herzförmig kreisrund oder herz-eiförmig, 4 bis 6,5 cm lang und 6 bis 10 cm breit, Mittelabschnitt (fast) ungestielt, Blätter unterseits spärlich behaart; Blattstiel relativ dicht mit langen, weichen Haaren bedeckt.
A. demissa var. *villosissima* Brühl 1896: Sikkim, Yunnan, in Höhen von 3000 bis 4000 m. Pflanze mehr oder weniger dicht lang zottig behaart; Blätter nierenförmig-fünfeckig, Mittelabschnitt (fast) ungestielt.

A. dichotoma Linné 1753, Gabel-Anemone
Im Gegensatz zur amerikanischen Sippe, die jetzt als eigene Art *A. canadensis* L. geführt wird, wird die Gabel-Anemone kaum kultiviert. Das nomenklatorische Problem wurde bereits unter *A. canadensis* besprochen.

A. dichotoma hat ein recht großes Verbreitungsgebiet: Rußland (vom Ural über Westsibirien bis Ostsibirien und den Fernen Osten einschließlich Kamtschatka und Sachalin), Nordkorea, die japanische Insel Hokkaido und die Mandschurei. Sie besiedelt Auen- und feuchte Waldwiesen, Grassümpfe, feuchte Gebüsche und lichte Wälder; in Japan kommt sie vor allem in meeresnahen Wiesen vor.

Wegen der nahen Verwandtschaft zu *A. canadensis* und dem dadurch bedingten ähnlichen Aussehen soll sie hier nicht ausführlich beschrieben werden. Im Gegensatz zu *A. canadensis* fehlen die Grundblätter stets zur Blütezeit, das Involukrum ist meist zweiblättrig, die Abschnitte der Involukralblätter sind meist schmäler und decken sich weniger, im Gegensatz dazu sind die Tepalen breiter und

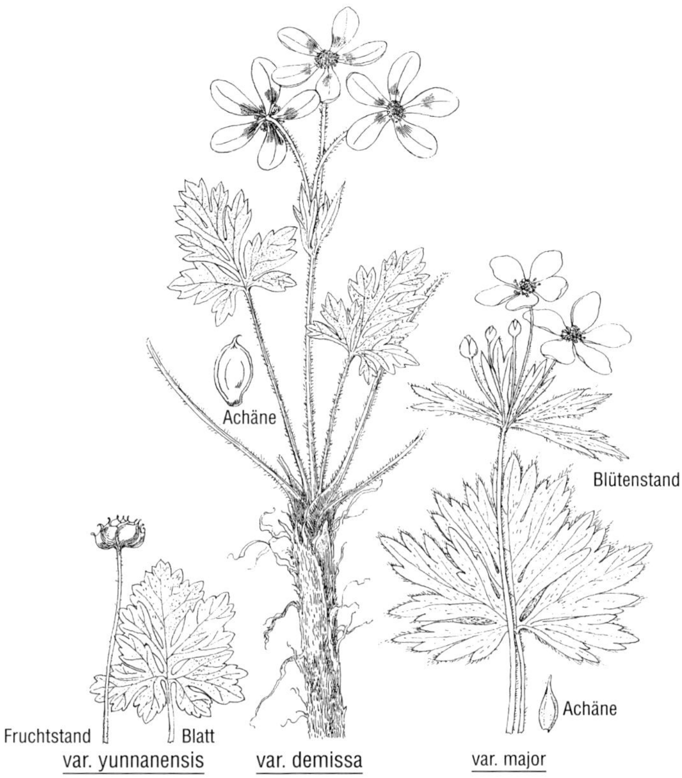

Anemone demissa.

decken sich mehr, die Blüten sind meist etwas kleiner, die Achänen sind kahl und (schräg) eiförmig mit einem etwa 1,5 mm langen Griffel.

Im Gegensatz zu *A. canadensis* wird die Gabel-Anemone nicht kultiviert.

A. drummondii S. Watson 1880, Drummonds Windröschen
Diese amerikanische Sippe ist der *A. baldensis* sehr ähnlich, vielleicht sogar mit ihr identisch. Ulbrich (1906) hat in seiner Monographie *A. drummondii* in *A. baldensis* mit einbezogen. Der endgültige Status bedarf der Klärung, die im Rahmen dieses Buches nicht erfolgen kann.

Die Gebirge des pazifischen Nordamerika (von Alaska bis zur Sierra Nevada) sind die Heimat der Drummonds Anemone. Sie wächst auf alpinen und subalpinen Hängen, meist feucht und kiesig, aber auch auf trockenen Felsenriffen; in Alaska gedeiht sie auf artenreichen Fjellrasen. An Nachbarpflanzen treten auf: *Androsace ochotensis, Campanula aurita* und *C. lasiocarpa, Dianthus repens, Erigeron grandiflorus* und *E. hyperboreus, Polemonium pulcherrimum, Potentilla biflora, Saxifraga reflexa, Silene repens* u.a.

Es wird noch eine Varietät unterschieden: *A. drummondii* var. *lithophila* (Rydb.) Hitchc. Die Blattsegmente sind meist 1,5 bis 2,5 mm breit (beim Typ 1 bis 1,5 (2) mm) und der Griffel ist 2,5 (3) mm lang (beim Typ bis 4 mm).

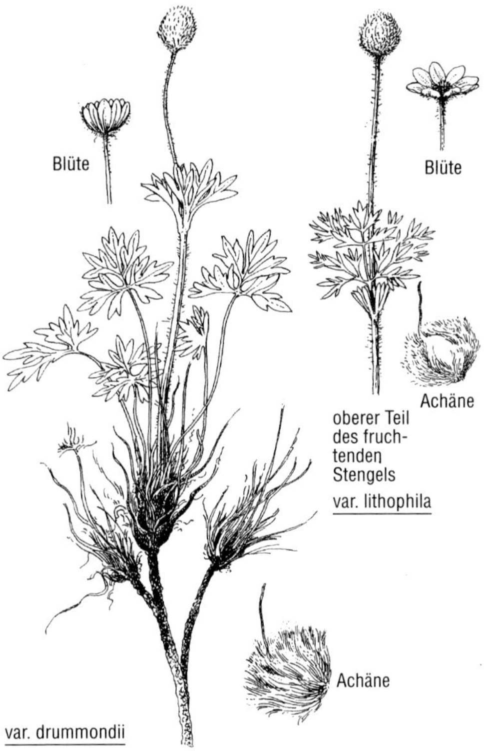

Anemone drummondii.

A. elongata D. Don 1825
Die Art ähnelt *A. rivularis* und daher wurde sie von einigen Autoren unkorrekterweise mit diesem Namen belegt. Sie ist in der montanen, selten subalpinen Stufe des Himalaja und in Nordburma beheimatet, wo sie in Wäldern wächst.

Aus dem holzigen, dicken, spindelförmigen Rhizom entwickeln sich sehr langgestielte Grundblätter von nieren- bis halbkreisförmigem Umriß mit wenig hervortretenden Nerven. Die Blätter sind meist seicht herzförmig, tief dreiteilig, 4 bis 12 cm lang, unterseits blasser, fast kahl oder wenig flaumhaarig (besonders entlang der Nerven). Ihre Seitenfiedern haben einen trapezförmigen oder asymmetrisch verkehrt eiförmigen Umriß (oft halb herzförmig) und sind ungleich zweiteilig, wobei die äußere Teilung zweispaltig, die innere unregelmäßig dreispaltig ist. Die Abschnitte 2. Ordnung sind keilförmig und grob und unregelmäßig gezähnt. Die dünnen, am Grund kurzscheidigen Blattstiele sind zwei- bis sechsmal so lang wie die Blattspreite und fast kahl oder mäßig behaart.

Der aufrechte, kahle oder etwas flaumhaarige Blütenstengel wächst über die Blätter hinaus. Er trägt eine große, lockere, halbdoldige Trugdolde. Die aus 5 verkehrt eiförmigen, 9 bis 20 mm langen und $^1/_2$ bis $^2/_3$ so breiten, kahlen, weißen Sepalen bestehenden Blüten erscheinen im Juli. Die Blüten haben 50 bis 70 ungleiche Staubfäden.

Meist werden nur wenige Achänen reif (1 bis 3, selten 6). Diese sind flach, elliptisch oder elliptisch-länglich, fast symmetrisch zum Ende der Reife, ziemlich schmalrandig, etwa 1 cm lang und mit einem bleibenden, ziemlich mittigen Griffel. Samen und Seite der Achäne der Länge nach gerippt.

A. eranthoides Regel 1884
Aus den Steppen Turkestans, wo sie in 1500 bis 1800 m Höhe entlang von Gebirgsbächen wächst, kommt die Winterlingähnliche Anemone.

Die 2 bis 8 (bis 12) cm hohe Pflanze hat einen knolligen Wurzelstock, der 1 oder 2, drei- oder meist fünfteilige Grundblätter treibt. Die Segmente sind kurz gestielt oder sitzend, an der Spitze seicht dreischnittig; die Läppchen meist mit 2 bis 3 Sägezähnen. Die 3 sitzenden Involukralblätter haben einen keilförmig verkehrt eiförmigen Umriß. Sie sind ziemlich tief (manchmal bis zur Mitte) dreischnittig, mit 2 bis 3 gezähnten Lappen und stumpfen Zähnen. Die Blattspreite ist oberseits kahl oder mit vereinzelten kurzen, angedrückten Haaren besetzt. Die Blütenstiele – einzeln, gelegentlich 2 oder 3 – sind oft kürzer oder gleichlang, selten wenig länger als das Involukrum und angedrückt behaart.

Die Blüten von 1 bis 2,5 cm Durchmesser bestehen aus 5 (bis 8), eiförmig-länglichen, meist stumpfen, innen goldgelben, außen grünlichen oder rötlichen, flaumhaarigen, manchmal kahlen Sepalen. Blütezeit April. Die Antheren sind elliptisch oder länglich und gelb; Fruchtknoten und Griffel sind kahl. Die Früchtchen sind lang wollhaarig mit einem halb so langen Griffel.

Wohl kaum in Kultur, zumal diese nicht ganz einfach sein dürfte.

A. erythrophylla Finet & Gagnepain 1906, Rotblättrige Anemone
In 2100 bis 2700 m Höhe in West-Szechuan wächst die nur 7 bis 15 cm hohe Chinesin. Die Art aus dem Verwandtschaftskreis der *A. baicalensis* ist von den ihr nahestehenden Arten verschieden durch die 3 Abschnitte der Grundblätter, die bis zur Mitte gespalten sind. Die Blüte besteht aus 6 bis 7 Sepalen und erscheint im Mai; der Fruchtknoten ist weich behaart. Sie wird in Europa nicht kultiviert.

A. exigua Maximowicz 1877, Chinesische Zwerganemone
Eine Bewohnerin zentralchinesischer Gebirge (Nordwest-Yunnan, Ost-Qinghai, West-Szechuan, Süd-Gansu, Shanxi, Shaanxi), die in Europa nicht angeboten wird.

Ihr kurzer Steckbrief lautet: Höhe 5 bis 25 cm; Involukralblätter dreispaltig; Blütenstengel 1 bis 3 cm lang; 5 weiße Sepalen von 5,5 bis 9,5 mm Länge; Blütezeit Juni bis August; Fruchtknoten behaart.

A. fanninii Masters 1886
Diese in den Gebirgen Natals, des Ostkaps und des Basutolandes heimische Art wird als recht attraktiv beschrieben. Merkwürdigerweise soll sie außerhalb ihres natürlichen Verbreitungsgebietes in Südafrika schwer zu kultivieren sein, während sie in England mit Erfolg gezogen wird.

Aus einem kräftigen, holzigen Wurzelstock entwickeln sich mehrere handförmige fünf- bis siebenlappige, dicke, oben samtig, unten zottig behaarte Blätter von 25 bis 35 cm Durchmesser. Die Blattadern treten unterseits stark hervor; der Blattrand ist doppelt gesägt, wobei die Zähne eine auffallende, rötliche Stachelspitze aufweisen. Der aufrechte, starre, zottig behaarte Blattstiel wird 50 bis 70 cm, der zwei- bis dreiblütige Blütenstengel wird 35 bis 80 cm lang. Die 4 bis 6 sitzenden, unterschiedlich geformten, 5 bis 10 cm langen Hüllkelchblätter mit ganzer oder eingeschnittener Spitze gleichen manchmal den Grundblättern.

An einem 13 bis 42 cm langen Stiel stehen die cremeweißen, violett überhauchten und duftenden Blüten. Sie bestehen aus 10 bis 20 dachziegelartig angeordneten, (fast) elliptischen, 4,5 bis 7 cm langen und 1 bis 3 cm breiten, oben kahlen, unten seidenhaarigen Sepalen. Deren Spitze ist spitz-gerundet, ganzrandig oder unregelmäßig gezähnt und manchmal etwas kappenförmig. Die zahlreichen

Staubblätter stehen in mehreren Reihen dicht gedrängt um den Griffel. Fruchtblätter zahlreich, Fruchtknoten zottig behaart und halb so lang wie der immer kahle und hakenförmige Griffel.

Von der nahe verwandten *A. caffra* durch den verzweigten Blütenstand, die viel größeren, samtartig dicht behaarten und größeren Blüten unterscheidbar.

A. filisecta C.Y. Wu & W.T. Wang 1974
Die im Juli blühende Art aus dem Jin-Hong-Gebiet in Yunnan steht *A. rivularis* nahe. Im Unterschied zu dieser hat sie nur 4 Sepalen und die Blätter sind drei- bis vierfach geteilt mit sehr schmalen Abschnitten. Nicht in Kultur.

A. flaccida Fr. Schmidt 1868
Der Artstatus der Schlaffen Anemone wird nicht immer anerkannt, dann wird sie als Unterart zu *A. baicalensis* gestellt. Jedenfalls gleicht sie dieser sehr stark – im Aussehen wie in ihren Ansprüchen.

Die Art besiedelt in Japan, in Rußland (Amurgebiet und Ferner Osten, Sachalin) und in China (Nordwest-Yunnan, Szechuan, Giuzhou, Hunan, Jiangxi, Nordwest-Zhejiang, Jiangsu) feuchte, schattige Stellen entlang von Bächen und Schluchten im Hügelland.

Im Gegensatz zu *A. baicalensis* ist der Wurzelstock bei *A. flaccida* dick und kurz und die Involukralblätter sind sehr kurz gestielt und in Größe und Art der Blatteilung nur wenig verschieden von den Grundblättern, mit tief eingeschnitten-gezähnten Lappen und meist stumpfen Zähnen.

Die Schlaffe Anemone wird 9 bis 30 cm hoch und blüht etwas früher im Mai–Juni mit gleichfalls weißen (außen grünlichen) Blüten.

A. × fulgens (A.P. de Candolle) Gayer 1824 (*A. hortensis* × *A. pavonina*)
Diese auch in der Natur in Südfrankreich vorkommende Hybride wird – ebenfalls wie die hierzu gestellten Sorten – nicht allzu häufig kultiviert. Hinter der als Sorte oder Varietät zu *A. × fulgens* gerechneten 'Annulata-Grandiflora' verbirgt sich *A. pavonina* var. *ocellata*.

Leider wurde das Epithet »fulgens« von einigen Autoren falsch angewendet, so daß sich zusätzliche Verwirrungen um die ohnehin komplizierten Namensverhältnisse der Arten *A. hortensis* und *A. pavonina* ergaben. Bowles und Stearn (1948) kommt der Verdienst zu, hier Klarheit geschaffen zu haben.

Unterschiede zwischen *A. × fulgens* und ihren Eltern (nach Stearn 1948)

A. hortensis	A. × fulgens	A. pavonina
Sepalen 12 bis 15, schmal elliptisch, lila oder rosalila ohne blassen Nagel.	Sepalen meist 15 und mehr, schmal, scharlachrot.	Sepalen 7 bis 12 (nur in der gefüllten Form 20 und mehr), elliptisch, ziemlich breit, rosa oder purpurfarben.

Anemone flaccida.

Aus dem verdorrten Vorjahresgras schieben sich die feuerroten Blüten der Anemone ×fulgens 'Annulata Salmon'.

Die echte *A. ×fulgens* hat rein leuchtend scharlachrote Sepalen. Blütezeit Mai. 'Multipetala' ist die halbgefüllte Form mit einer doppelten Reihe von Sepalen. 'St. Bavo' – neuerdings unter *A. pavonina* eingereiht – stellt eine von Van Tubergen in den Handel gebrachte Farbmischung (von weiß über rosa bis lachsfarben, leuchtend- und dunkelrot bis violettblau) dar. Sie blühen von Frühlingsmitte bis Sommeranfang.

A. fuscopurpurea Hara 1973
Die in Ostnepal in 3600 bis 4400 m Höhe vorkommende Art dürfte nicht in Kultur sein.

A. glazowiana I. Urban 1880–82
Ulbrich schreibt, die Art komme nur am Serro do Itatiaia in Südbrasilien in Höhen von 4400 bis 4500 m Höhe vor, wo sie in Wäldern wächst. Sie soll sehr nahe mit *A. rivularis* (aus dem Himalaja) verwandt sein. Nach letzten

Informationen soll die Art identisch mit *A. sellowii* sein. Siehe Nachträge S. 165.

A. gortschakovii Karelin & Kirilow 1842

An felsigen Hängen bis in eine Höhe von 2000 m in Zentralasien (besonders im Tienshan und Alatau) gedeiht Gortschakovs Anemone. Von der sehr ähnlichen *A. petiolulosa* unterscheidet sie sich durch den sehr langen (4 bis 15 cm) Blütenschaft und sitzende Fiederabschnitte der Grundblätter.

Der Stengel ist zu Beginn der Blütezeit leicht höher bis zweimal so hoch wie die Grundblätter; er verlängert sich schließlich auf die dreifache Höhe. Die Blätter sind, wie ihre Stiele, kahl und handförmig dreiteilig. Die Fiedern sind (fast) sitzend; die mittlere Fieder ist selten kurz gestielt. Die Seitenfiedern sind tief zweigespalten; die Lappen bis zur Mitte in 2 bis 3 keilförmige Läppchen eingeschnitten.

Die 3 keilförmigen Involukralblätter sind bis zur Mitte dreigespalten. Deren Lappen sind zwei- bis dreischnittig mit 2 bis 3 gezähnten oder ganzen Läppchen. Die Hüllkelchblätter stützen 1 oder 2 Einzelblüten. In letzterem Fall bringt der seitliche Blütenstiel im unteren Teil oder in der Mitte 2 den Involukralblättern ähnliche, aber kleinere und reduzierte Hochblätter hervor.

Die Blüten stehen zunächst aufrecht oder sind niedergebogen; nach der Blüte hängen sie. Sie bestehen aus 5 länglich-elliptischen, stumpfen, blaßgelben, bzw. zur Fruchtreife außen rötlichen, dicht angedrückt-behaarten Sepalen. Blütezeit April bis Mai. Zur Basis hin verbreiterte Filamente, lineal-längliche oder lineale

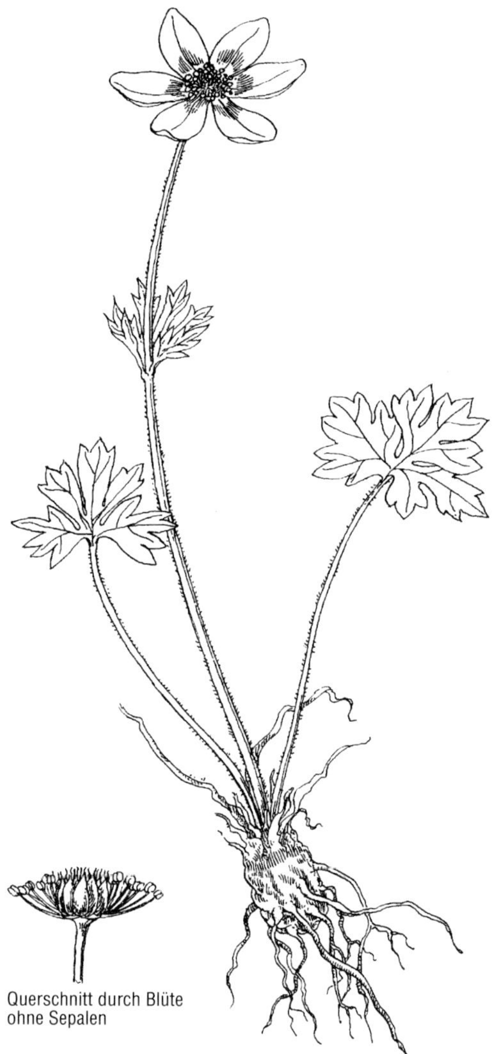

Anemone gortschakovii.

Antheren und gelbliche Griffel sind weitere Merkmale der Blüte. Die 2 bis 2,5 mm langen, elliptischen Früchte bedecken dicht Wollhaare, die so lang wie die Früchte selber sind.

A. griffithii Hooker f. & Thomson 1855

Als Heimat von *A. griffithii* wird Tibet und Szechuan (in 1650 bis 3000 m

Höhe) angegeben. Auch sie dürfte jenseits der chinesischen Grenze nicht kultiviert werden.

Die charakteristischen Merkmale sind dicke Ausläufer mit sehr kurzen Internodien und zahlreichen Knoten, dreifach gefiederte Gundblätter, wobei die Fiederblätter an dünnen, langen Stielen (die Endfieder ist 4,5 bis 9 mm, die Seitenfiedern 2 bis 3,5 mm lang gestielt) stehen, die kahlen Fruchtblätter und die Pollen weisen unregelmäßige Gruben auf. Blütezeit Mai bis Juni. Wuchshöhe 5,5 bis 20 cm.

A. helleborifolia A.P. de Candolle 1818, Christrosenblättrige Anemone
Dieser Endemit der subalpinen Region (von 2000 bis 3700 m) der peruanischen Anden wird wohl nicht kultiviert. Sie wächst in der Grassteppe mit eingestreuten Sträuchern, in Gebüschen und in engen, feuchten Felsschluchten zwischen Kräutern und Sträuchern. Siehe Nachträge S. 165.

A. hemsleyi Britton 1892
. . . ist vielleicht nur eine Varietät von *A. mexicana*.

A. hepaticifolia Hooker 1836, Leberblümchenblättrige Anemone
Ein weiterer südamerikanischer Endemit der Gattung, zuhause in Wäldern der südchilenischen Anden.

30 bis 50 cm hoch werden die aufrechten, gespreizthaarigen Stengel. Die gestielten, spießförmigen, dicken, dreilappigen (die Lappen spitz und gezähnt) Grundblätter stehen rosettenartig gedrängt. Die lanzettlichen, tief gelappten Involukralblätter sitzen am Stengel. Die hellgelben Blüten aus 5 elliptischen Sepalen von 2 bis 4 cm Durchmesser bilden eine Dolde. Das Früchtchen ist elliptisch mit einem kurzen, zurückgebogenen Griffel. Auch sie dürfte in Europa nicht in Kultur sein.

A. hokouensis C.Y. Wu ex W.T. Wang 1974
Aus der chinesischen Provinz Yunnan kommt diese Anemone. Die 40 bis 60 cm hoch werdende Pflanze blüht im Mai–Juni purpurfarben. Die Art ist nicht in Kultur und wird von Gärtnereien nicht angeboten.

A. hortensis Linné 1753, Sternamenone
Die Sternanemone und ihre Schwester, die Pfauenanemone *(A. pavonina)*, wurden immer wieder verwechselt. Die Konfusion wurde vergrößert, als die Pfauenanemone aus südfranzösischen Gärten verwilderte und spontan Hybriden mit der Sternanemone bildete *(A. × fulgens)*. Immer wieder wechselten die Namen. Gina Luzatto (1932) hat endlich Klarheit geschaffen. Danach überschneiden sich die natürlichen Areale von *A. hortensis* und *A. pavonina* nicht; erstere kommt im westlichen Mittelmeergebiet, die zweite im östlichen Mittelmeerraum vor. *A. hortensis* wird in 2 Unterarten unterteilt.

Die Sternanemone ähnelt aber auch *A. coronaria*, jedoch sind ihre Grundblätter weniger geteilt (oft nur gelappt), mit breiteren Segmenten.

Das knollige Rhizom treibt drei- bis fünfschnittige Grundblätter, deren äußere Bereiche breite, eingeschnitten-gekerbte, die inneren tief fiederteilige Abschnitte aufweisen. Die Involukralblätter sind lineal-lanzettlich, meist ungeteilt. Die sternförmig aus-

Zum Frühling in den (westlichen) Mittelmeerländern – hier in der südlichen Toskana – gehört unbedingt Anemone hortensis.

Unterarten von A. hortensis

A. h. ssp. hortensis

Südfrankreich, Italien, Dalmatien und Albanien
Blütendurchmesser 3 bis 4 cm
Sepalen oft mehr als 14, meist rosapurpurfarben.

A. h. ssp. heldreichii (Boiss.) Rech. f. 1943

Kreta, Karpathos
Blütendurchmesser 2 bis 3,5 cm
Sepalen bis 14, schmäler, weiß, unterseits bläulich oder zartrosa.

gebreiteten (Name!) Sepalen haben eine schmal elliptische Form. Die Blütezeit variiert je nach Standort von März bis Mai (bis Juni). Die etwa 2 mm langen, länglich-eiförmigen Achänen sind dicht wollig behaart.

A. howellii J.F. Jerr. & W.W. Smith 1916
Das Synonym *A. begoniifolioides* deutet auf die enge Verwandtschaft mit *A. begoniifolia* hin, aber auch *A. orthocarpa* steht beiden sehr nahe.

Die Art wächst in 1200 bis 2300 m Höhe in den Bergen Yunnans. Unterscheidungsmerkmal sind die bis zur Mitte dreigespaltenen Grundblätter, deren seitliche Abschnitte fast ungespalten sind. Die Pollen weisen 3 Gruben auf. Die Wuchshöhe der von März bis August blühenden Art beträgt 20 bis 30 cm.

Wie viele andere chinesische Anemonen kommt sie in außerchinesischen Gärten nicht vor.

A. hupehensis (Lemoine) Lemoine 1910, Hupeh-Herbstanemone
Leider haben die Botaniker dadurch für einige Verwirrung gesorgt, daß sie zuerst die gefüllte Form (*A. japonica* (Thunb.) Sieb. & Zucc.) als Art und die ungefüllte Wildform als Varietät (*A. japonica* var. *hupehensis* Lem.) bezeichnet haben, was jedoch später umgekehrt wurde.

Die Wildform ist im mittleren und südwestlichen China zuhause. Sie wächst dort im Grasland oder an Gräben in der submontanen und kollinen Stufe (von 400 bis 1800 m Höhe).

Je nach Standort kann die schwach behaarte Pflanze mit ihrem schrägen oder senkrechten, bis 10 cm langen Wurzelstock eine Wuchshöhe von (20 bis) 50 bis 90 (bis 120) cm erreichen. Die 3 bis 5, langgestielten, beiderseits dünn rauhhaarigen Grundblätter sind meist dreifach gefiedert (selten ein- bis zweifach oder ungeteilt). Das mittlere Fiederblatt ist 1 bis 6,5 cm lang gestielt. Die Fiederblätter sind eiförmig oder breit eiförmig, grob gezähnt, 4 bis 11 cm lang und 3 bis 10 cm breit und haben eine scharfe bis weniger scharfe Spitze und einen runden oder herzförmigen Blattgrund. Die Seitenfiedern sind kleiner als die Endfieder und asymmetrisch. Der 3 bis 6 cm lange Blattstiel hat an der Basis eine kurze Scheide.

Die aufrechten Blütenstengel sind dünn weichhaarig; sie tragen eine zwei- bis dreifach verzweigte Trugdolde mit nur 3 Blüten. Die Involukralblätter (etwas kleiner als die Grundblätter) sind dreifach gefiedert

Oben: Den ganzen Herbst über präsentiert Anemone hupehensis 'Splendens' ihre Blütenfülle.
Unten: Dieses merkwürdige Gebilde ist das Samenköpfchen einer Herbstanemone (hier: Anemone hupehensis 'Praecox').

und 0,5 bis 6 cm lang gestielt. Dicht bis weniger dicht stehende weiche Haare bedecken die 3 bis 10 cm langen Blütenstiele. 5, selten 6, außen kurzhaarige, 2 bis 3 cm lange und 1,3 bis 2 cm breite Sepalen bilden auffallende, von Juli bis Oktober erscheinende Blüten von purpurroter bis rosa Farbe. Die Staubblätter sind $^1/_4$ so lang wie die Sepalen, die Antheren elliptisch und gelb und die Staubfäden drahtig. Auf dem kugelförmigen Fruchtstand von etwa 1,5 cm Durchmesser sitzen dicht behaarte Achänen von 3,5 mm Länge.

Sorten von A. hupehensis

Für die Gartenkultur wurden einige Sorten ausgelesen, deren Unterscheidung wohl nicht immer leicht fällt. Jedenfalls erhielt der Autor unterschiedliches Pflanzenmaterial gleichen Namens von verschiedenen Bezugsquellen.

'Bowles Pink' soll den anderen Sorten in Blütenform und vegetativem Habitus sehr ähnlich sein, jedoch mit viel dunkler purpurfarbenen Blüten. Die 5 Sepalen sind außen dunkler und in ihrer Form einheitlicher als bei den anderen Sorten.

'Praecox' (Arends 1935) erhielt 1976 in Boskoop ein »sehr gut«. Die sehr wüchsige Pflanze, die viel *A.-vitifolia*-Blut enthalten soll, erreicht eine Höhe von 60 bis 80 (100) cm. Die schalenförmigen, purpurrosafarbenen, außen violett getönten Blüten erscheinen von Ende August bis Oktober in großer Fülle. Ihrem Ausbreitungsdrang ist durch eine überlegte Standortwahl Rechnung zu tragen.

'Rosenschale' ist eine kräftige Ausgabe der Art mit sehr großen Blüten und einer Wuchshöhe von 60 bis 80 cm. Die Sepalen sind blaß orchideenpurpurfarben, außen blaß- bis mittellilapurpurfarben. Sie sind gerundet und verschmälern sich zum Grund hin nur wenig, so daß sie sich überdecken.

'Septembercharme' (Bristol Nurseries 1932) gilt als reichblütige Sorte von guter Standfestigkeit, trotzdem wurde sie 1976 in Boskoop nur als »sehr gut« eingestuft. Sie wird 60 bis 80 (100) cm hoch. Die flachen, hellrosafarbenen Blüten von bis 8 cm Durchmesser hängen oft über.

'Splendens' (Lindner, vor 1920) hat einen sehr lockeren Aufbau und die 60 bis 80 (100) cm hohen Stengel gelten als wenig standfest. Wohl (auch) deshalb erhielt sie 1976 in Boskoop nur die Note »gut«. Die Farbe der spät erscheinenden Blüten wird mit lebhaft purpurrosa mit eigentümlich violetter Tönung (besonders außen) beschrieben.

Als ähnlich voriger wird 'Hadspen Abundance' (E. Smith, um 1960) beschrieben, jedoch soll die Sepalenfarbe deutlicher zweifarbiger getönt sein, ein mittleres bis dunkles Lilapurpur, außen dunkler, die kleineren Sepalen sind dunkler. Wuchshöhe 80 cm.

Varietäten und Formen von A. hupehensis

A. hupehensis var. hupehensis f. alba W.T. Wang 1974: In der »Flora R. P. Sinicae« neu beschrieben wurde eine weiß blühende Form. Um diese dürfte es sich meistens bei als »*A. vitifolia*« angebotenen weißblühenden Pflanzen mit jedoch gefiederten Blättern handeln. Als Heimat für diese Form werden die chinesischen Provinzen Yunnan, West-Szechuan und Giuzhou sowie Taiwan genannt. Einziges Unterscheidungsmerkmal zur Art scheint nur die unterschiedliche Sepalenfarbe zu sein, weiß oder weiß mit leicht rosarotem Hauch. Die Grundblätter sind normalerweise dreifach gefiedert, selten ungeteilt.

A. hupehensis var. japonica (Thunb.) Bowl. & Stearn 1947: Soll nach Bowles und Stearn (1947) (und anderen Autoren) eine alte Kulturform sein, deshalb erhielt sie den Rang einer Varietät. Heimburger (1959) hingegen vertritt die Auffassung, daß dieser Anemone der Rang einer Art zugebilligt werden müßte, da sie sich von *A. hupehensis* in den Chromosomensätzen unterscheidet. Dann müßte sie *A. nipponica* Merr. heißen.

Vom Typ unterscheidet sie sich dadurch, daß die Blüten stets mehr als 20 Sepalen von purpurner oder purpurroter Farbe aufweisen. Blütezeit August bis Oktober. Die Grundblätter sind dreiteilig. Fortune verdanken wir die Einführung im Jahre 1844.

Dieser Varietät werden einige Sorten mit sepalenreichen Blüten zugeordnet:

'Bodnant Burgundy', in den frühen 80er Jahren in Bodnant Garden gefunden; von der Stammform wenig verschieden, aber höher (bis 100 cm) werdend; Blütenfarbe ein mittleres Rosapurpur, außen ganz blaß. Sie wurde 1988 mit dem Award of Merit ausgezeichnet.

'Bressingham Glow' von Alan Bloom vor 1962 in den Handel gebracht; Höhe 65 bis 110 cm; Blüte: Durchmesser 5,0 bis 7,5 cm, bestehend aus 13 bis 27 Sepalen. Bei der Bewertung 1976 in Boskoop als entbehrlich eingestuft.

'Herzblut' (Lindner, um 1936), Pflanze stark verzweigt, 65 bis 90 (150) cm hoch; Blütezeit August bis Oktober, Blüte von 5,0 bis 8,5 cm Durchmesser, bestehend aus 13 bis 30 hellroten Sepalen. In Boskoop 1976 ebenfalls als entbehrlich eingestuft.

'Prinz Heinrich' (Lindner 1902), Pflanze stark verzweigt bei 55 (120) cm Höhe; Blüte aus 13 bis 19 (22), kräftig magentaroten Sepalen bestehend und mit einem Durchmesser von 5,5 bis 8,0 cm. In Boskoop 1967 als »ausgezeichnete«, 1976 nur als »sehr gute« Sorte bewertet.

A.-Japonica-Hybriden

Hybriden zwischen den Varietäten und mit *A. tomentosa* und/oder *A. vitifolia* werden als *A.*-Japonica-Hybriden bezeichnet. Viele der Sorten gingen inzwischen verloren, einige mögen vielleicht unerkannt in alten oder verwilderten Gärten noch existieren.

Sorten von A.-Japonica-Hybriden

(in der Reihenfolge ihrer Entstehung)

'Elegans' (von Gordon 1849 gezüchtet), Decaisne beschrieb sie 1852 wie folgt: Blätter dreizählig; Blüten etwa 6 cm im Durchmesser, mit 9 verkehrt eiförmigen, außen seidig behaarten, rosafarbenen Sepalen. In Boskoop 1967 als »sehr gute«, 1976 nur noch als »gute« Sorte eingestuft.

'Honorine Jobert' wurde 1863 von Lemoine in den Handel gebracht. Entstanden war sie um 1858 im Garten eines Herrn Jobert. Ihre Wuchshöhe wird mit 50 bis 75 cm angegeben, doch werden die von deutschen Gärtnereien angebotenen Pflanzen bis 90 cm hoch; die 5 bis 7 cm großen Blüten besitzen 8 bis 9 weiße Sepalen; die Außenseite der Knospe ist grün. Die Sorte ist recht winterhart. Sie wurde 1960 mit dem Award of Merit ausgezeichnet. In Boskoop erhielt sie 1967 das Prädikat »ausgezeichnete Gartenpflanze«, 1976 nur noch »sehr gut«.

Strahlend weiß leuchten die Blüten der Anemone-Japonica-Hybride 'Whirlwind' vor dem Frühherbsthimmel.

Die Anemone-Japonica-Hybride 'Pamina' ist eine relativ neue Sorte, die sich als sehr winterhart erwiesen hat.

'Whirlwind' (James Vick & Sons 1887) wird manchmal unter den falschen Namen 'Luise Uhink' oder 'Coupe d'Argent' gehandelt. Alle alten Beschreibungen erwähnen den niedrigen Wuchs, in dem sie sehr *A. hupehensis* var. *japonica* gleichen soll. Nach Hensen (1972) sollen die heute in den Niederlanden gezogenen Pflanzen höher werden und lockerer im Wuchs sein und so mehr 'Coupe d'Argent' ähneln. Die Blüten sind halbgefüllt und einige der äußeren Sepalen sind mehr oder weniger laubblattartig. Diese umgeben wie ein grüner Kranz – mehr oder weniger vollständig – die weißen inneren Sepalen. Bewertung in Boskoop 1967 und 1976 mit »sehr gut«.

'Lady Ardilaun' (Campell 1892), diese Sorte gilt als verschollen. Sie soll ein Sämling von 'Honorine Jobert' sein. Somit gleicht sie dieser, ist jedoch in allen Teilen größer. Wuchshöhe bis 120 cm. Die großen Blüten werden aus etwa 17 weißen, außen rötlichen Sepalen gebildet.

'Coupe d'Argent' (Lemoine 1895), die Blätter sind fast lederartig und glänzend grün – ähnlich denen von 'Lady Ardilaun'. Die Sorte wird bis zweimal so hoch wie 'Whirlwind'. Kräftige, aufrechte und standfeste Stengel tragen viele große (etwa 9,5 cm Durchmesser), schalenförmige Blüten aus 3 bis 4 Reihen mit insgesamt 35 bis 50 gewellten und gekräuselten Sepalen. Diese sind zunächst cremefarben mit einem leichten rosa Hauch; sie werden reinweiß. Blütezeit ab Mitte Oktober.

'Königin Charlotte' (Pfitzer 1898), ursprünglich 'Königin Charlotte von Württemberg', eine kräftige und wüchsige Hybride ('Lady Ardilaun' × 'Elegans') mit breiten, sich überlappenden, saftig grünen Fiederblättern. Sie treibt große, edel geformte, halbgefüllte Blüten auf langen, kräftigen Stengeln. Die 10 bis 15 sich deckenden Sepalen sind seidenartig-fleischfarben, in Rosa übergehend, wobei die Außenseite dunkel magnolienrosa schattiert ist. Die Sepalenspitzen sehen ausgefranst aus. Erhielt 1902 den Award of Merit; in Boskoop wurde sie 1967 wie 1976 mit »sehr gut« eingestuft.

Wenig Verbreitung fand diese noch zu DDR-Zeiten in Bornim entstandene Herbstanemone (Anemone-Japonica-Hybride 'Herbstwind') mit zweifarbigen Blüten.

'Mont-Rose' (Lemoine 1899), eine kräftige Pflanze mittlerer Wuchshöhe, die viele große, fast gefüllte Blüten hervorbringt. Die Blüte kann mehr als 40 etwas spatelige, eng verdrehte Sepalen hervorbringen, die die Form einer Schale annehmen. Deren Farbe ist – innen wie außen – ein (ganz) blasses Amaranthrosa, das am Sepalengrund dunkel wird. Die Sepalenfarbe bleicht aus, so daß die dunkle Mitte deutlicher hervortritt. Die Knospen sind dunkelrosa. Die Stengel sind nicht standfest; sie müssen sorgfältig gestäbt werden. 1976 in Boskoop als entbehrliche Sorte bewertet.

'Elegantissima' (Lemoine 1900), eine sehr wüchsige, bis 1,5 m hoch werdende Hybride. Ihre Blüten tragen eine doppelte Reihe satinrosafarbener Sepalen. Sie ist tetraploid mit 32 Chromosomen.

'Geante des Blanches' (Lemoine 1902), auch unter dem Synonym 'White Queen' im Handel; eine der wüchsigsten Hybriden, eingewachsen 100 bis 130 cm hoch werdend. In einem alten Katalog der Gärtnerei Karl Foerster heißt es, daß die Sorte dreimal so stark wachse wie 'Turban' oder 'Rosea Superba'. Die sehr großen, leicht gefüllten Blüten bestehen aus 15 bis 20 breiten, sich überdeckenden, am Grund gekrausten, rein silbrigweißen, außenseits grün überhauchten Sepalen.

'Aureole' (Lemoine 1905), die Sorte wird 40 bis 50 cm hoch; die etwa 8 cm großen Blüten bestehen aus 40 bis 45, schmal umgekehrt eiförmigen bis umgekehrt lanzettlichen, hell purpurrosa Sepalen. In Boskoop wurde 'Aureole' 1967 mit »gut«, 1976 mit »sehr gut« ausgezeichnet.

'Loreley' (Goos & Koenemann, vor 1906), feste, starke Stengel tragen halbgefüllte, schalenförmige Blüten von 9 cm Durchmesser. Die etwa 16 breit ovalen Sepalen – die inneren sind schmäler – sind zunächst blaß bläulichviolett, sie verblassen zu einem Pfirschrosa; die Außenseite der Sepalen ist blaß rosapurpurn bis magnolienpurpurn.

'Charmeuse' (Lemoine 1906) hat sehr regelmäßige doppelte Blüten mit sich überlappenden und gerundeten, karminrosafarbenen Sepalen.

'Krimhilde' (Goos & Koenemann 1908), die kräftigen, 90 bis 100 cm hohen Stengel tragen halbgefüllte, schalenförmige, 9 bis 10 cm große Blüten mit 10 bis 15 breiten, sich deckenden Sepalen. Diese sind rötlich fliederfarben und auffallend rein in der Tönung. Der Boskooper Sichtung 1976 nach entbehrlich.

'Alice' (Pfitzer 1909), die Blüten sollen besonders groß sein, mit einem dichten Ring goldener Staubgefäße in der Mitte und einer doppelten Reihe karminrosafarbener Sepalen mit silbrig schimmerndem Saum, zu einem seidigen Lila verblassend. Auch das Laubwerk wird als sehr schön beschrieben. Wird von Herold (1910) als Verbesserung von 'Königin Charlotte' bezeichnet.

'Frau Marie Maushard' (Maushard, um 1919), die halbgefüllte Blüte besteht aus bis zu 10 weißen Sepalen von sehr unterschiedlicher Größe. Sie ähnelt anderen Sorten, jedoch ist sie im Wuchs steifer und mehr aufrecht als 'Honorine Jobert' (70 bis 90 cm hoch). In Boskoop 1976 als »ausgezeichnete« Gartenpflanze eingestuft.

'Luise Uhink' (Uhink, von Georg Arends in den Handel gebracht, 1919), eine stark wachsende Sorte mit sehr großen, gefüllten, schneeweißen Blüten – ähnlich 'Königin Charlotte', von der sie ein Sämling sein soll. Die unter dem Namen angebotenen Pflanzen sollen nicht echt sein; vielleicht gar nicht mehr echt vorhanden.

'Max Vogel' (Uhink 1919), eine sehr reichblühende Sorte mit halbgefüllten, leuchtend dunkelrosa Blüten. In Großbritannien gelegentlich noch angeboten.

'Frau Magdalena Uhink' (Uhink, etwa 1920), bis zu 46 lilarosa Sepalen formen eine gefüllte Blüte.
'Richard Ahrens' (Pfitzer 1921), die sehr früh und dankbar blühende Sorte hat sehr große Blüten aus nur 5 cremeweißen, lila getönten Sepalen. Sie besitzt bis zu 28 % fertile Pollen.
'Stuttgardia' (Pfitzer 1925), eine niedrige Sorte mit sehr langer Blütezeit. Die wohlgeformten, halbgefüllten Blüten sind lebhaft dunkel rosarot.
'Superba' (Lindner, vor 1927), sie wird meist als *A. hupehensis* 'Superba' gehandelt. Wenn es sich, wie angegeben, tatsächlich um eine Kreuzung der Art mit der Sorte 'Königin Charlotte' handelt, dann ist sie als *A.*-Japonica-Hybride zu führen. Die gut windfesten Stengel erreichen eine Höhe von 50 bis 60 cm. Die Sorte soll weniger reich blühen als andere Hupehensis-Sorten, dafür aber größere, lachsrosa Blüten (bis zu 7 cm Durchmesser) mit 6 bis 8 Sepalen besitzen. Blütezeit Ende September bis Anfang Oktober. 1976 in Boskoop als Liebhaberpflanze eingestuft.
'Margarete' (Lindner, vor 1931) wird auch als 'Lady Gilmore' gehandelt. Jelitto beschreibt 1935 die Sorte wie folgt: »Sie hat große, bis 10 cm im Durchmesser erreichende Blumen, die stark halbgefüllt und von intensiv dunkelrosa Farbe sind. Die ganze Pflanze macht mit ihren gesunden, dunkelgrünen Blättern, die größer sind als bei den übrigen Anemonen, und ihrem robusten Wuchs einen imposanten Eindruck. Wichtig ist, daß 'Margarete' bei einer Höhe von 70 bis 80 cm trotz der dicken und schweren Knospen sich sehr gut trägt und nicht gebunden zu werden braucht; das leidige Umfallen bei stärkerem Wind, das vielen Sorten anhaftet, ist bei ihr völlig beseitigt. Sie gehört zu den spätblühenden Sorten, ihre Hauptblüte fällt in den Oktober.«
'Bühler Kind' (vor 1935), im Wuchs nicht so stark wie 'Margarete', aber Blüten gleichgroß (etwa 10 cm im Durchmesser). Die großen, sehr gut geformten, dicht gefüllten Blüten werden auf starken, drahtigen – also windfesten, bis 90 cm hohen Stengeln getragen. Aus der fast gelb erscheinenden Knospe werden rahmweiße Blüten.
'Klein Rottraut' (vor 1935), diese Sorte scheint nicht mehr im Handel zu sein, obwohl sie durchaus kulturwürdig wäre, denn sie wird nur 30 bis 40 cm hoch und beginnt bereits Ende August mit dem Blühen (bis Ende September). Auf straffen Stengeln stehen die etwas gefüllten, dunkelroten Blüten. L. Jelitto (1935) empfiehlt sie als Steingartenpflanze.
'Herbstwind' (Bornimer Staudenkulturen Karl Foerster 1983) wird als zierliche, aber doch robuste und sehr winterharte Neuheit beschrieben. Sie wird etwa 70 cm hoch und hat weiße, auf der Außenseite rosafarbenen Blüten.
'Schneekönigin' (Pfitzer), eine sehr reichblühende Sorte mit großen, halbgefüllten, reinweißen Blüten, die jedoch von deutschen Gärtnereien nicht angeboten wird.
'Schwarzwälderin' ist ebenfalls eine in Deutschland selten kultivierte Sorte mit sehr großen, weißen Blüten mit rosa Anflug.
'Pamina', etwa 80 cm hoch wird diese Hybride mit halbgefüllten, hell weinroten Blüten, die von August bis September erscheinen. Sie gilt als sehr winterhart.

Über die englische Sorte 'King George V', die im »Plant Finder« von einer Gärtnerei angeboten wird, lagen dem Autor keine Informationen vor.

Züchtungen von Lemoine
Nachfolgende Sorten sind alte Züchtungen von Lemoine, die wahrscheinlich nicht mehr in Kultur sind.
'Beauté parfait' (1894) leicht halbgefüllte Blüten von weißer Farbe mit lila Anflug.
'Collerette' (1897), sehr gute Form mit halbgefüllten, weißen Blüten.
'Vase d'argent' (1897), Stengel standfest aufrecht; Blüten durch 5 Reihen reinweißer Sepalen gefüllt.
'Renoncule' (1901) Blüten fast gefüllt, reinweiß, spätblühend.
'Purpurine' (1903), Blüten halbgefüllt oder einfach mit großen rosapurpurvioletten Sepalen.
'Rose d'automne' (1903), Wuchshöhe 70 cm; die Blüten besteht aus 6 bis 7 Reihen hell lilafarbenen, außen rötlich getönten Sepalen.
'Soir d'été' (1903), Blüten aus 5 bis 6 Reihen rosapurpurfarbenen Sepalen.
'Turban' (1904) eine Sorte mit festen und starken Stengeln und bis zu 10 cm großen, rund gebauten, schalenförmigen Blüten von amarantrosa Farbe.
'La Nain Rose' (1904), Blüten sehr groß, doppelt, rosalila mit violettem Nagel.
'Couronnement' (1905), Blüten sehr groß, doppelt, Sepalen groß, flach, überlappend, weiß, violett überhaucht.
'Diadème' (1905), niedriger Wuchs; Blüten rosafarbene Schalen.
'Couronne virginale', Wuchshöhe bis 100 cm; Blüten weiß mit rosafarbenem Schein und mehreren Sepalenreihen.

A. imbricata Maximowicz 1889, Dachziegel-Anemone
A. imbricata ist eine Art aus dem Verwandtschaftskreis der *A. obtusiloba*, zu der sie Brühl (1896) als Unterart gestellt hat.

A. jamesonii Hooker 1844
Ein Endemit der Hochanden Perus, zuhause in den alpinen Regionen über 4000 m. *A. jamesonii* zeigt in Blatt, Involukrum und Blüte manche Übereinstimmung mit *A. baldensis*. In Europa wird diese Art nicht kultiviert. Siehe Nachträge S. 165.

A. keiskeana T. Ito & Maximowicz 1888
In Wäldern der japanischen Inseln Honshu, Shikoku und Kyushu zu finden.

Die 15 cm hohe Pflanze besitzt ein ziemlich dünnes, kriechendes, bis 10 cm langes Rhizom. Die Grundblätter sind lang gestielt, fast kahl, deltaförmig und dreifiedrig, mit 3 bis 5 cm langen, sitzenden, deltaförmig-eiförmigen, scharf zugespitzten, stumpf gezähnten oder eingeschnittenen Abschnitten.

Die Hüllkelchblätter des einblütigen Stengels sind beinahe eiförmig oder fast länglich, sitzend 10 bis 35 cm lang gezähnt oder fiederspaltig gelappt. Ein 3 bis 5 cm langer, locker aufsteigend behaarter Blütenstiel trägt eine aus 12 bis 15, lineal-länglichen, 15 bis 20 mm langen, weißen, bis zum Grund hin purpurfarbenen Blüten mit elliptischen, 1 bis 2 mm langen Antheren. Blütezeit (Februar) März bis April.

Selten zeigt sich Anemone × lesseri so prächtig wie hier im Alpengarten Mallnitz/Kärnten.

Anemone × lipsiensis mit ihren cremegelben Blüten sei als Unterpflanzung von Blutjohannisbeeren empfohlen.

A. kuznetzovii Woronow ex Grossheim 1930
Die in Süd-Karabach im Kaukasus endemische Anemone wurde von Woronow als Art beschrieben. Komarov (1937) hat zwar diesen Status in der »Flora of the USSR« übernommen, er schreibt aber in einer Fußnote, daß dieses eine »absolut provisorische Bezeichnung für eine der vielen Formen der Mittelmeergruppe der *A. coronaria* sei, die dringend einer monographischen Bearbeitung bedürfe«.

Von *A. coronaria* var. *bucharica* unterscheidet sie sich durch spitze Blattzähne und Einblütigkeit. Kusnetzovs Anemone wächst in Gebüschen, wird 10 bis 20 (40) cm hoch und blüht im April mit 3,5 bis 4,5 cm großen Blüten. Die Sepalen sind 2 bis 2,5 cm lang, breit eiförmig, rot, an der Basis der Innenseite dunkel und außen angedrückt weichhaarig.

A. laceratoincisa W.T. Wang 1980
Aus der chinesischen Provinz Kansu kommt diese *A. rupicola* nahe stehende Art.

Sie wird 20 bis 25 cm hoch. Ihre meist 4 langgestielten (6,5 bis 11 cm) Grundblätter haben eine herzförmig-fünfeckige, 2,7 bis 4,5 cm lange und 3,5 bis 7 cm breite, dreifach eingeschnittene Blattspreite. Am Stengel sitzen 3, etwa 3,8 cm lange und 2,8 cm breite Involukralblätter. Die Länge der 5 elliptischen, an der Spitze stumpfen, außen seidenhaarigen Sepalen beträgt 2,5 bis 2,7 cm (Breite 1,4 bis 1,6 cm), die der Staubblätter 2,5 bis 6 mm und die der Fruchtblätter 2,2 mm. Der Fruchtknoten ist dicht flaumhaarig.

A. × lesseri Wehrhahn 1932
Es soll sich um die Kreuzung *A. multifida* × *A. sylvestris* handeln. Sie ähnelt im Aussehen mehr einer rosarot blühenden *A. multifida*. Die im Handel angebotenen Pflanzen blühen leuchtend karminrot. In »The European Garden Flora« heißt es, daß die Farbe der 2 bis 3 (selten bis 4) cm großen Blüten von purpurn, gelb und weiß bis rosa variieren soll. Wuchshöhe 25 bis 40 cm. Blütezeit Mai bis Juni. Nicht überall gut gedeihend und eher kurzlebig.

A. leveillei Ulbrich
Wird von chinesischen Botanikern in *A. rivularis* einbezogen.

A. liangshanica W.T. Wang 1974, Liangshan-Anemone
Die nur in der chinesischen Provinz Szechuan wachsende Liangshan-Anemone wird 20 bis 30 cm hoch, blüht im Juni–August mit weißen Sepalen. Nicht in Kultur.

A. × lipsiensis G. Beck 1890 *(A. nemorosa × A. ranunculoides)*
Dies ist eine in ihrer Erscheinung uneinheitliche Naturhybride mit schwefel- bis weißlichgelben Blüten.
Rothmaler (1930) untersuchte Herbarmaterial von 5 Herbarien. Er konnte belegen, daß die von Seeman gesammelten und als *A. × seemannii* Camus bezeichneten Exemplare gar keine Hybriden waren. Somit ist der Name *A. × seemannii* hinfällig.

Die herbarisierten Pflanzen stammten aus Schweden, Dänemark, Österreich und verschiedenen Standorten in Deutschland. Die Hybride tendiert in ihrer Erscheinung mal mehr zu *A. nemorosa*, ein anderes Mal mehr zu

Anemone liangshanica.

A. ranunculoides. Dazwischen sind alle Formen möglich. Rothmaler, und vor ihm andere, haben einige der Hybridtypen in den Rang einer Form erhoben. Doch ist diese Einteilung nicht zu halten, da die Übergänge fließend sind. Die Hybride kann überall da auftreten, wo beide Arten zusammen vorkommen. Neue Kombinationen sind daher auch in Zukunft nicht auszuschließen.

Sofern die von Rothmaler und anderen aufgestellten Formen in die gärtnerische Kultur genommen und vegetativ wurden, wird deren Name zum Sortenname. Den Typ beschreibt Rothmaler wie folgt: Blattabschnitte konvexkeilig mit stumpfen Zähnen; Blüten kurz gestielt, weißlichgelb, klein, sechs- bis siebenzählig. Fundorte um Leipzig, bei Berlin, in Thüringen bei Weimar und bei Rudolstadt, in Schlesien bei Breslau und in Niederösterreich.

Sorten von A. × lipsiensis
'Vimariensis' hat im Gegensatz zum Typ kurzgestielte Hochblätter. Die Abschnitte sind wenig geteilt und nicht tief gezähnt (Zähne stumpflich). Die langgestielten Blüten sind blaßgelb, groß und meist fünfzählig. Fundorte in Thüringen bei Weimar und am Kyffhäuser, um Leipzig, in Rußland um Petersburg und in Schweden. Bei beiden sind die Abschnitte bis über dreimal so lang wie breit.
Bei 'Vindobonensis' jedoch sind die Abschnitte 1,5- bis wenig über 2mal so lang wie breit, wenig geteilt und gekerbt. Die Hochblätter sind sehr kurz, die Blüten hingegen sehr lang gestielt. Letztere sind blaßgelb und fünf- bis sechszählig.
'Pallida' blüht später und die zitronengelben Blüten über grünem Laub halten sehr lange. Sie soll auch wüchsiger sein.

A. lutienensis W.T. Wang 1974
Eine weitere chinesische Art (Provinz Yunnan), die 15 bis 20 cm hoch wird. Die weißen oder blauen Blüten erscheinen von Mai bis Juni. Nicht in Kultur.

A. magellanica hort.
Ein Name ohne botanische Grundlage, der sich aber hartnäckig hält. Die so benannten Pflanzen gehören zu *A. multifida*, und zwar wird damit die südamerikanische Sippe bezeichnet. Ulbrich (1906) hat die Kombination *A.*

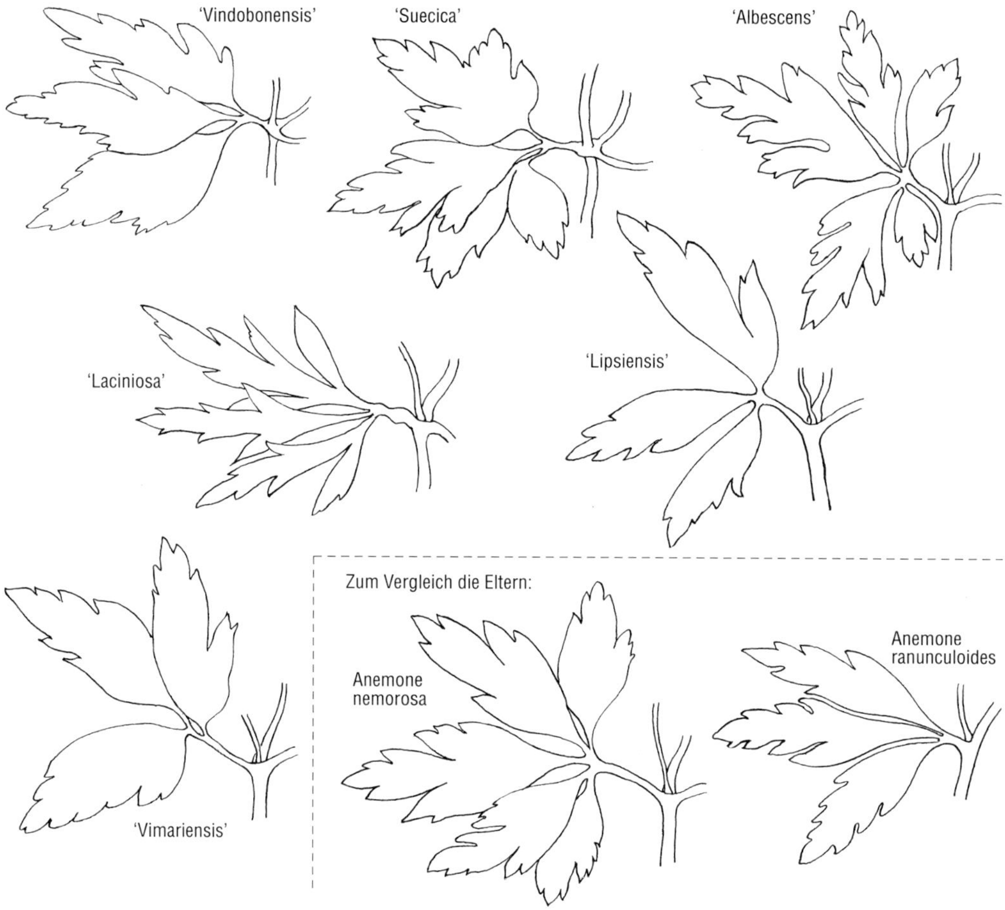

Blattformen bei Anemone × lipsiensis, zum Vergleich Blätter der Eltern (Anemone nemorosa und Anemone ranunculoides).

multifida var. *magellanica* (hort.) Ulbr. aufgestellt. Damit diese Kombination Gültigkeit bekommt, müßten einerseits die südamerikanischen Pflanzen eindeutig und ohne Übergänge von den nordamerikanischen verschieden sein, andererseits muß eine lateinische Diagnose existieren. Ob beide Bedingungen erfüllt sind, konnte im Rahmen dieser Arbeit nicht geklärt werden.

A. mexicana Humboldt, Bonpland & Kunth 1821, Mexiko-Anemone

Als Hochgebirgsbewohnerin des südlichen Mexikos soll sie bei uns, nach Wehrhahn, unter einer Abdeckung sogar winterhart sein.

Der weichhaarige Stengel wird 25 bis 50 cm hoch. Die langgestielten, dreigeteilten Blätter haben breit ovale, dem Grunde zu verschmälerte, tief eingeschnittene und stachelspitzig gezähnte Abschnitte. Die 2 meist sitzenden Hüllkelchblätter ähneln den Laubblättern. Die von (April) Mai bis Juni erscheinenden Blüten – 1 (bis 4) pro Stengel – bestehen aus 4 bis 6

In Kew Gardens steht dieser üppige Bestand der Anemone magellanica hort. mit größeren und mehr gelben Blüten als die typische Anemone multifida.

eiförmigen, weißen oder rosafarbenen Sepalen. Die eiförmigen, leicht behaarten Früchtchen mit kurzem Griffel bilden einen kugeligen Fruchtstand.

Die Mexiko-Anemone wächst auf feuchten, kalkreichen, humosen Böden und will einen schattigen Standort. Wird in Europa selten angeboten.

A. moorei Esp.
Über diese chilenische Art lagen dem Autor keine Informationen vor.

A. multifida Poiret 1810, non Standley 1931
Dies ist die Anemonenart mit der größten Nord-Süd-Verbreitung, wenngleich ein Stück der Mitte fehlt: in Nordamerika von Kanada über die Rocky Mountains bis Nordkalifornien, Nevada, New Mexico, Nordost-Nebraska, Minnesota und Maine und in Südamerika in Patagonien. Aufgrund des großen Areals zeigt sich die Art recht variabel. Dies führte dazu, daß mehrere Botaniker Abweichungen als eigene Arten (z. B. *A. commersoniana, A. hudsoniana, A. lanigera, A. globosa, A. tetonensis*) beschrieben. Ulbrich (1906) hat deren Artrang nicht anerkannt. Er konnte jedoch mangels Material keine exakte Einordnung vornehmen. Und seitdem scheint sich kein Botaniker diesem Problem angenommen zu haben. Denn bis heute herrscht Uneinigkeit, ob die ehemaligen Arten stabile Unterscheidungsmerkmale und keine Übergänge besitzen und somit als Varietäten zu *A. multifida* gestellt werden können, oder ob sie, weil sie die Bedingungen

Bestimmungsschlüssel von A. multifida
(nach Scoggan »The Flora of Canada«)

1 Stengel meist mehrblütig, bis etwa 70 cm hoch; Endabschnitt der Blätter gut über 3 mm breit; Sepalen 1,1 bis 1,7 cm lang.
A. multifida var. *richardsiana* Fern.

2 Sepalen weiß oder gelblich-weiß.
A. multifida var. *richardsiana* f. *leucantha* Fern.

2* Sepalen leuchtend rot.
A. multifida var. *richardsiana* Fern f. *richardsiana*

1* Stengel meist ein- bis dreiblütig, bis etwa 30 cm lang; Endabschnitt der Blätter meist schmäler als 3 mm; Sepalen bis etwa 1 cm lang.
A. multifida Poir. var. *multifida*

3 Sepalen etwa 15, leuchtend rot.
A. multifida var. *multifida* f. *polysepala* Fern.

3* Sepalen 5.

4 Sepalen leuchtend rot.
A. multifida var. *multifida* f. *sanguinea* (Pursh) Fern.

4* Sepalen innen gelblichweiß, außen gelblich, grünlich oder purpurartig. (incl. *A. m.* var. *globosa, A. m.* var. *hirsuta, A. m.* var. *nowasadii, A. m.* var. *saxicola, A. m.* var.? *tetonensis, A. hudsoniana*)
A. multifida Poir. var. *multifida* f. *multifida*

nicht erfüllen, alle als *A. multifida* zu führen sind. Und so werden weiterhin alle möglichen Benennungen auf verschiedenen Rangstufen gleichzeitig nebeneinander geführt.

A. multifida wächst, je nach Vorkommen, entweder in der Rasentundra oder auf trockenen, schieferartigen oder kalkhaltigen Geröllen oder Felsbänken oder – in Argentinien – auf trockenen, schütter bewachsenen Nordhängen am Rand von Südbuchenwäldern.

Der Handel bietet die Sorte 'Major' an, die in allen Teilen kräftiger und auch höher sein soll. Es wäre zu überprüfen, ob es sich nicht vielleicht um *A. multifida* var. *richardsiana* handelt.

A. narcissiflora Linné 1753, Narzissenblütiges Windröschen, Berghähnlein
Hierbei handelt es sich keineswegs nur um eine Art, sondern um einen Artenkomplex, der dringend einer kritischen Revision bedarf. Die einzelnen Typen werden von verschiedenen Autoren in ihrer nomenklatorischen Einordnung sehr unterschiedlich behandelt. Weil eine Bearbeitung des gesamten Artkomplexes nicht vorliegt, kann in dieser Arbeit keine endgültige und richtige Benennung und Einordnung wiedergegeben werden. Die unten aufgeführte Gliederung stellt also nur ein Provisorium dar. Dem Autor erscheint es als sicher, daß den von Komarov in der Flora der UdSSR auf-

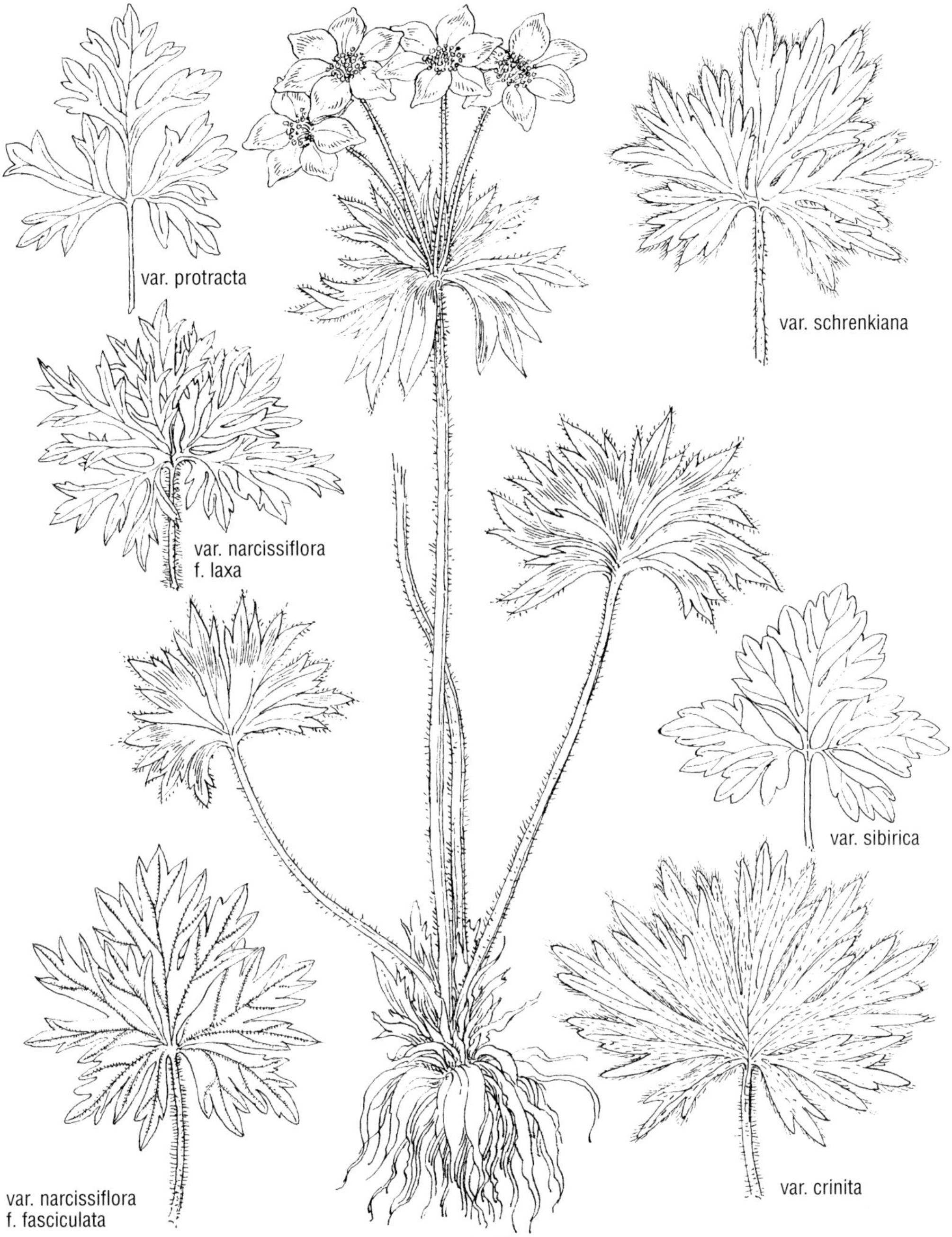

Anemone narcissiflora.

Ein hübsches Farbenspiel zeigen die Blüten des Berghähnleins (Anemone narcissiflora).

gestellten Arten kein Artrang zugebilligt werden kann, zumal Komarov selbst Hinweise über deren sehr enge Verwandtschaft gibt. Andere Autoren, beispielsweise in der »Flora R. P. Sinicae«, vertreten die gleiche Meinung wie der Autor.

Der Typ gilt als Gebirgspflanze (von 530 bis 2500 m Höhe), heimisch in den Gebirgen von Süd- und Mitteleuropa (Cantabrisches Gebirge, Pyrenäen, Alpen, Jura (südlicher und Schwäbischer Jura), deutsche Mittelgebirge, Vogesen (ob ursprünglich?), Sudeten, Karpaten, Apennin (südlich bis Neapel), Gebirge des Balkan. Er besiedelt (nach Hegi 1965 bis 1974) alpine Steinrasen und Hochgrasfluren, montane und subalpine Staudenhalden und Gebüschränder auf sicker- bis wechselfrischen, meist kalkhaltigen, mehr oder weniger mildhumosen, steinigen oder reinen, lockeren Lehm- und Tonböden.

Die Wuchshöhe schwankt zwischen (10) 20 und 40 (50) cm. Aus einem kräftigen, walzenförmigen, beinahe schwarzfaserigen, absteigenden Wurzelstock treiben aufrechte, abstehend behaarte Stengel und langgestielte, handförmig drei- bis fünfteilige Grundblätter. Deren Abschnitte sind eingeschnitten, drei- bis fünfspaltig, keilig-dreieckig, am Rand und auf den Nerven lang behaart, aber unterseits meist kahl.

Blüten- und Blattstiele sind lang zottig behaart. Die dreiteiligen, ungleich tief gespaltenen (mit schmal linealen Zipfeln), sitzenden Involukralblätter sind wie die Grundblätter behaart.

Die (1) 3 bis 8 mehr oder weniger aufrechten, 2 bis 3 (4) cm großen Blü-

Bestimmungsschlüssel für A. narcissiflora
(nach »Flora of the USSR«)

1 Stengel und Stiele der Grundblätter mit anliegenden oder angedrückten Haaren; Sepalen außen mehr oder weniger flaumhaarig.

2 Alle Abschnitte der handförmig eingeschnittenen Blätter sitzend.
A. narcissiflora var. *impexa* (Juz.) comb.nov.
(alpine Wiesen des Kaukasus und Türkisch Armeniens)

2* Mittelabschnitt der meist fiederschnittigen Blätter mit einem mehr oder weniger langen Stiel.
A. narcissiflora var. *protracta* Ulbr. 1906
(Wald- und Gebüschränder der alpinen und subalpinen Zone in Zentral-Asien)

1* Stengel und Stiele der Grundblätter mit ausgebreiteten Haaren oder kahl (nur bei *A. narcissiflora* var. *villosissima* zuerst aufrecht abstehend; Sepalen beiderseits kahl)

3 Blütenstiele sehr kurz, nach der Blüte sich nur wenig verlängernd
A. narcissiflora var. *sibirica* f. *brevipendunculata* (Juz.) comb.nov.
(Breitlaub-Wälder an Berghängen im Fernen Osten Rußlands)

3* Blütenstiele sich nach der Blüte stark verlängernd

4 Blätter dreizählig, häufig nierenförmig; Blattabschnitte sitzend, häufig alle oder nur der mittlere gestielt; Sepalen außen meist kahl

5 Stengel und Stiele der Grundblätter kaum behaart, meist unbehaart, manchmal einige Stiele oben kahl

6 Hochmontane Kaukasuspflanze mit variabler Blütenfarbe:
meist gelb, eher selten weiß, manchmal rosa
A. narcissiflora var. *speciosa* (Adams) comb.nov.
(alpine Wiesen und Weiden, Felsen und Geröllhalden der alpinen Zone des Kaukasus und in West-Transkaukasien)

6* Pflanzen aus Sibirien und dem Fernen Osten mit weißen Blüten

7 Blattabschnitte auffällig gestielt
A. narcissiflora var. *sibirica* f. *sachalinensis* (Miyabe & Miyake) comb.nov.
(steinige Standorte auf Berggipfeln und im *Pinus pumila*-Gebüsch im Fernen Osten Rußlands)

7* Blattabschnitte sitzend oder rudimentär gestielt
A. narcissiflora var. *sibirica* f. *sibirica* (L.) Tamura 1958
(Bergtundren, alpine Graslichtungen, Geröllhalden und Felsen der alpinen Zone (nur ganz selten in tieferen Lagen in Rußland (Arktische Region, Ost-Sibirien, Ferner Osten), Nord-Mongolei, Nordamerika (Alaska))

5* Stengel und Stiele durchweg völlig und gleichmäßig behaart

8 Alle Blattlappen mit auffälligen fast gleichen Stielen
A. narcissiflora var. *uralensis* Schipcz. 1912
(Bergwäldern, Gebüsche, Geröllhalden und offene, krautbedeckte Hänge der montanen und alpinen Zone des Urals und West-Sibiriens)

8* Mittlerer Lappen mit auffälligem, mehr oder weniger langem Stiel, die seitlichen Lappen sitzend oder sehr kurz gestielt
A. narcissiflora var. *schrenkiana* (Juz.) comb.nov.
(Wiesen und grasige Lichtungen in der montanen und alpinen Zone in Zentral-Asien und der Chinesischen Dschungarei)

4* Seitliche Blattabschnitte bis zum Grund geteilt, dem Blatt ein fünfeckiges Aussehen gebend, die Abschnitte meist an ihrem äußeren Rand zusammengeneigt, weshalb das Blatt fast kreisrund wirkt; meistens alle Abschnitte sitzend (kurzgestielt nur bei *A. narcissiflora* var. *narcissiflora* f. *fasciculata*, aber dann die Sepalen außen mehr oder weniger weichhaarig)

9 Stengel und Stiele kahl oder verkahlend
A. narcissiflora var. *calva* (Juz.) comb.nov.
(Kiefernwälder in Ost-Sibirien)

9* Stengel und Stiele dicht behaart

10 Stengel und Stiele mit ziemlich kurzen Haaren bedeckt; Sepalen außen mehr oder weniger weichhaarig

11 Blätter kahl oder oben verkahlend; Blattläppchen häufig bogenförmig gekrümmt
A. narcissiflora var. *narcissiflora* f. *laxa* Ulbr. 1906
(Eichenwaldränder, Waldwiesen und Gebüsch in Polen und europäisches Rußland)

11* Blätter oberseits entlang der Nerven meist dicht behaart; Blattspitzen gerade
A. narcissiflora var. *narcissiflora* f. *fasciculata* (L.) DC.1824
(alpine, teils subalpine Wiesen und Weiden, Felsen, und an Rändern von Bergwäldern des Kaukasus, in Ost-, West- und Süd-Transkaukasien und Türkisch-Armenien)

10* Stengel und Stiele mit sehr langen Haaren bedeckt; Sepalen außen kahl

12 Stengel und Stiele der Grundblätter mit waagrecht abstehenden oder zurückgebogenen Haaren; Blattzähne fast spitz oder spitz
A. narcissiflora var. *crinita* (Juz.) Tamura 1958
(in der montanen und subalpinen Zone in Bergwiesen, an Waldrändern und eher selten in Bergtundren in West- und Ost-Sibirien und der Nord-Mongolei)

12* Stengel und Stiele der Grundblätter, vor allem jung, mit aufrecht abstehenden Haaren bedeckt; Blattzähne stumpf
A. narcissiflora var. *villosissima* DC. 1824
(Ferner Osten Rußlands, Aleuten und Unalaska)

ten (an 3 bis 4 cm langen Stielen) bilden eine Dolde. Sie bestehen aus 5 bis 6 weißen, verkehrt eiförmigen, 10 bis 15 mm langen Sepalen. Die Staubbeutel sind gelb.

Die wenig zahlreichen Achänen sind rundlich, seitlich abgeflacht, kahl, mit steifem, ringsherum gehendem, 1 mm breitem Flügel und mehrmals kürzerem Schnabel.

Die Art steht in Deutschland unter Naturschutz. Sie ist giftig. Die meisten der vorseitig genannten Varietäten werden in der »Flora of the USSR« genannt, wo sie umfassend beschrieben und durch einen Bestimmungsschlüssel getrennt werden. Dieser ist nebenstehend aufgeführt.

Die von Hultén in »Flora of the Aleutian Islands« aufgestellten Unterarten (*A. narcissiflora* ssp. *interior*, Blattabschnitte ziemlich schmal und weniger breit als bei *A. narcissiflora* var. *sibirica*, und *A. narcissiflora* ssp. *alaskana*, Pflanze weniger zottig behaart als *A. narcissiflora* var. *villosissima*) sind wohl kaum als solche anzuerkennen. Es mag sich um Varietäten oder um Formen von *A. narcissiflora* var. *villosissima* bzw. *A. narcissiflora* var. *sibirica* handeln.

Die in den südlichen Rocky Mountains vorkommende Rasse wird als *A. narcissiflora* var. *zephyra* Nelson bezeichnet.

A. nemorosa Linné 1753, Buschwindröschen

Nach Hegi handelt es sich um einen ungenügend bekannten Artenkomplex, der ein großes Areal auf der Nordhalbkugel einnimmt. Enge Verwandtschaftsbeziehungen bestehen zu den asiatischen Arten *A. altaica, A. amurensis, A. umbrosa, A. pseudoaltaica* und der formenreichen Gruppe um die nordamerikanische *A. quinquefolia*.

Wie der Name sagt, wächst das Buschwindröschen in Gebüschen, in krautreichen Laub- und Nadelwäldern, aber auch in mageren Bergwiesen. Die Höhenverbreitung reicht von der Ebene bis 1800 m Höhe (in den Alpen). Es handelt sich um eine bis 15 cm tief wurzelnde, bodenlockernde Mullbodenpflanze, die (mäßig) frischen, nährstoffreichen, kalkarmen und -reichen, neutralen, mäßig sauren, humosen, lockeren, sandigen, steinigen oder reinen Lehmboden besiedelt.

Der waagrecht im Boden kriechende Wurzelstock ist gelb- bis dunkelbraun und rundlich. Die Pflanze wird 6 bis 20 (30) cm hoch. Der meist einzelne, aufrechte, kahle oder zerstreut behaarte Stengel ist meist mit einem kürzeren, langgestielten, handförmig fünfteiligen Laubblatt versehen.

Die 3 laubblattähnlichen Hochblätter sind 1 bis 2 cm lang gestielt, meist ohne Achselknospen, handförmig fünfteilig, mit gegenständig fiedrig eingeschnitten gesägten, äußeren Abschnitten.

Der meist einblütige Stengel trägt eine mehr oder weniger lang gestielte Blüte von 1,5 bis 4 cm Durchmesser und (meist) weißer bis rötlich-violetter (besonders außen) Farbe. Die Blüte wird meist von (5) 6 (9), sehr selten auch mehr oder weniger Sepalen gebildet. Diese sind länglich-eiförmig und ganzrandig.

Vielfach kürzer sind die gelben, zahlreichen Staubblätter. Die 10 bis 20 länglichen Fruchtblätter sind 4 bis 5 mm lang und flaumig behaart, mit einem kurzen, gebogenen Schnabel. Mehrere rauhhaarige Achänen bilden

Buschwindröschen (Anemone nemorosa) zusammen mit Scharbockskraut und Hohlem Lerchensporn vor der Silhouette der alten Lindenallee im Berggarten in Hannover.

Die Blüte des grünblütigen Buschwindröschens (Anemone nemorosa 'Virescens') ist nur eine Scheinblüte, denn die vermeintlichen Blütenblätter sind in Wirklichkeit Hochblätter.

Anemone nemorosa 'Robinsoniana' ist die in Deutschland am häufigsten kultivierte Buschwindröschen-Sorte.

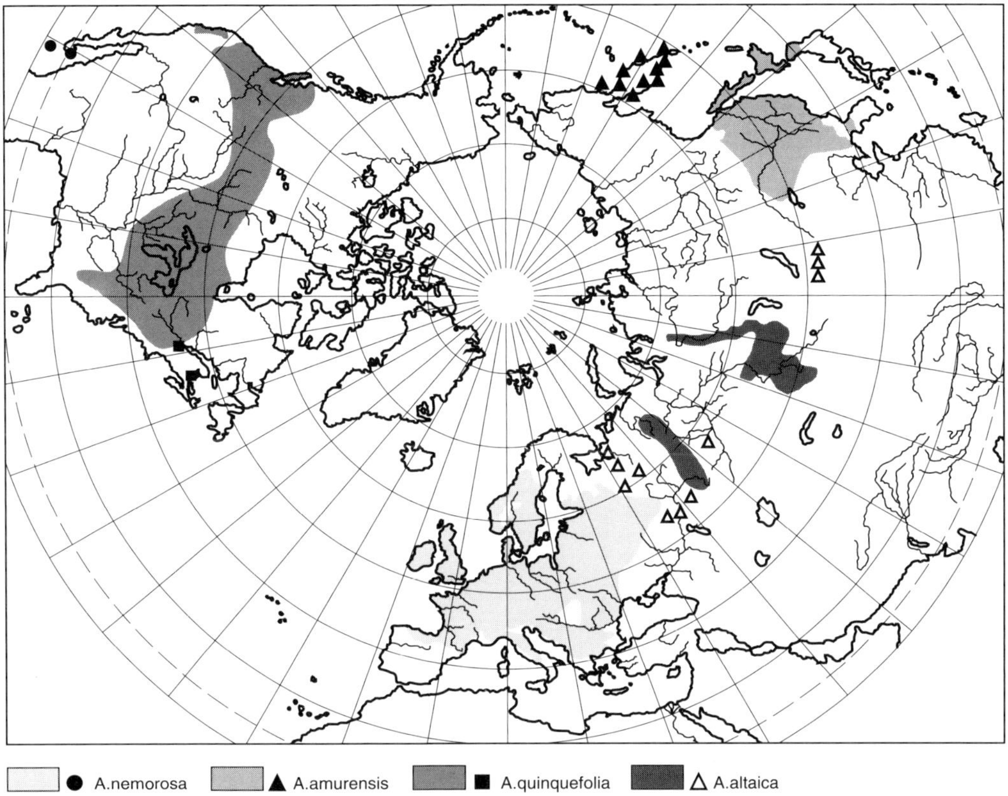

Verbreitungskarte der Anemone nemorosa und der mit ihr eng verwandten Arten.

eine nickende Sammelfrucht. Blütezeit März bis Mai.

Sorten von A. nemorosa

Durch die Variabilität der Blütenfarbe entstanden viele Sorten. Die wichtigsten seien hier kurz beschrieben.

'Alba-Plena', Wuchshöhe 12 cm; im April erscheinen die gefüllten, weißen Blüten; wüchsig; schon seit dem 16. Jahrhundert bekannt; oft verwechselt mit 'Vestal', die jedoch größere Blüten und regelmäßigere blütenblattähnliche Staminodien hat.

'Allenii', Stengel und Blütenstiele braun; Blüten sehr groß, außen ein tiefes kräftiges Lila, innen kräftig lavendelblau.

'Atrocaerulea', dunkelblau.

'Blue Beauty', Blüten groß, zartblau, außen silbrigblau; Blätter mit Bronzeton.

'Blue Bonnet', Stengel bräunlich, Blütenstiele dunkler; Blüten groß, außen blaß graublau, innen tief azurblau, schwach lavendel getönt und am Grund um die Staubgefäße heller; spätblühend.

'Blue Queen', Blüten intensiv blau.

'Bowle's Purple', Blüten purpurfarben.

'Bracteata', Blüten weiß, halbgefüllt mit schmalen Sepalen, äußere oft grün; wüchsig und leicht blühend; schon seit dem 16. Jahrhundert bekannt.

'Celestial' (rosa).

'Currie's Pink' (rosa).
'Grandiflora', Blüten weiß, sehr groß.
'Green Dream', ein doppelter Sepalenkranz aus grünen und rosa Sepalen.
'Green Fingers', ebenfalls eine doppelte, in der Mitte grüne Blüte, aber leichter vermehrbar und anwachsend.
'Hilda', Blüten halbgefüllt, weiß.
'Lady Doneraile', große weiße Blüten auf kräftigen Stengeln; eine außergewöhnliche, stattliche, aber leider langsamwüchsige Sorte.
'Leed's Variety', Stengel grün, aber am Grund bräunlich, ebenso der Blütenstiel; Blüten doppelt so groß wie bei den meisten anderen Sorten, rein milchweiß, im Welken außen schwach rosa getönt.
'Lismore Blue', Stengel besonders am Grund bräunlich; Blütenstiel kräftig rotbraun; Blüten außen graublau, innen hell lavendelfarben (farblich steht sie zwischen 'Allenii' und 'Blue Bonnet').
'Lismore Pink', Stengel und Stiel wie vorige; Blüten gleichmäßig blaßrosa, aber außen mit dem Alter nachdunkelnd.
'Lychette', Blüten sehr groß, weiß.
'Monstrosa', Blüten dicht gefüllt, weiß.
'Parlez vous', Blüten kobaltblau.
'Pentre Pink', klarrosa Blüten, die zu einem kräftigen Purpurrosa nachdunkeln, mit ganz schmalem, weißem Saum; wüchsig.
'Pink Carpet' soll das reinste Rosa aller Sorten haben; spätblühend.
'Plena', Blüten weiß, gefüllt.
'Purpurea', Blüten hell- bis dunkelrot.
'Robinsoniana', Stengel dunkel kastanienbraun, Blütenstiel heller; Blüten außen blaß cremig grau, innen hell lavendelblau, Sepalenspitzen leicht gewellt.
'Rosea', Blüten außen rosa, im Verblühen nachdunkelnd, innen weißlich rosa.
'Royal Blue', Blüten dunkelblau.
'Rubra', Blüten rötlich, jedoch variabel im Farbton: frisch geteilte Pflanzen zeigen nur ein blasses Rot, alteingewachsene sind tief rosarot.
'Vestal', spät im April zeigen sich die knopfähnlichen reinweißen und gefüllten Blüten dieser wüchsigen Sorte; etwa seit 1870 bekannt.
'Virescens', Blüten grün.
'Wilks' Giant', Blüten besonders groß, weiß.
Von den Sorten 'Hannah Gubbay', 'Monte Bondone', 'Purity' und 'Tinney's Double' lagen dem Autor keine Beschreibungen vor.

A. nikoensis Maximowicz 1875, Nikko-Anemone
In den Wäldern der kollinen Stufe in Japan und Korea wächst die Nikko-Anemone.

Die 20 bis 30 cm hoch werdende Pflanze bildet ein dünnes, kriechendes, 1 bis 6 cm langes, wenig verzweigtes Rhizom. Die Grundblätter sind ein- bis zweifach dreizählig, lang gestielt; die Fiederblätter haben eine eirunde Form und sie sind fast spitz und fiedrig geteilt. Der einblütige Stengel hat 3 gestielte, einfach dreizählige Involukralblätter; die Blättchen sind eirund, fast zugespitzt, 2 bis 5 cm lang, fiedrig geteilt und unregelmäßig gezähnt. Die flaumhaarigen Blütenstiele tragen von April bis Mai weiße, rosa angehauchte Blüten, bestehend aus 5 elliptischen, 2 bis 3 cm langen Sepalen und länglichen Antheren. Der Griffel ist kurz und das Fruchtblatt dicht flaumhaarig. Die Art ist nicht in gärtnerischer Kultur.

Anemone obtusiloba blüht nicht nur blau, sondern auch gelb oder weiß.

A. obtusiloba D. Don 1825, Stumpfblättriges Windröschen
Ebenfalls ein Artenkomplex über dessen Gliederung nicht immer Einigkeit herrscht.

Der Bestimmungsschlüssel wurde nicht speziell für den *A.-obtusiloba*-Komplex erarbeitet, sondern es handelt sich um den Gesamtschlüssel für alle chinesischen Anemonen-Arten in der »Flora R. P. Sinicae«. Deshalb ist der Obtusiloba-Schlüssel nicht in der obigen, zusammenhängenden Form wiedergegeben, sondern im Orginalschlüssel stehen andere Arten (*A. subpinnata, A. rupestris* agg., *A. patula, A. rockii* agg.) dazwischen, was auf deren enge Verwandtschaft hinweist.

Der Typ wird etwa 10 bis 30 cm hoch und blüht von (April) Mai bis Juli mit blauen, gelben oder weißen Blüten von 2 bis 5 cm Durchmesser. Er wächst auf kiesigen Böden in sonniger bis halbschattiger Lage. Gelegentlich findet sich das Stumpfblättrige Windröschen im Angebot von Raritätengärtnereien.

A. orthocarpa Handel-Mazzetti 1939
Die Art ist in der chinesischen Provinz Giuzhou heimisch.

Die Pflanze mit dem dickfleischigen, knotigen Rhizom wird 15 bis 32 cm hoch. Die im Umriß spitz fünfeckigen Grundblätter (4 bis 7 cm im Durchmesser) haben einen breit gestutzten Grund und sind tief dreiteilig. Die Seitenabschnitte weisen 2 unregelmäßige tiefe Spaltungen auf.

Der Stengel ist zierlich und spärlich behaart. Die 5 (bis 10) aufrechten Hüllkelchblätter sind klein, reduziert,

Bestimmungsschlüssel von A. obtusiloba
(nach »Flora R. P. Sinicae«)

1 Blätter dreimal seicht bis tief gespalten.

2 Blattgrund tief herzförmig.

3 Blätter relativ klein (1,7 bis 5,5 cm breit), Blattsegmente sich nicht deckend. Tibet, West-Szechuan.
A. obtusiloba D. Don ssp. *obtusiloba*

3* Blätter relativ groß (6 bis 10 cm breit), Blattsegmente sich deckend. Yunnan.
A. obtusiloba ssp. *megaphylla* W.T. Wang

2* Blattgrund fast abgeschnitten oder abgeschnitten-herzförmig.

4 Blätter dreifach seicht bis tief gespalten, Mittelsegment ungeteilt oder mit 3 undeutlichen Spaltungen. Nordwest-Yunnan, Südwest-Szechuan.
A. obtusiloba ssp. *ovalifolia* var. *truncata* (Comb.) W.T. Wang

4* Blätter dreifach fast bis zum Grund gespalten, Mittelsegment dreifach bis zur Mitte gespalten, 5 bis 8 Kelchblätter. Yunnan.
A. obtusiloba ssp. *ovalifolia* var. *polysepala* W.T. Wang

1* Blätter einfach bis zum Grund gespalten.

5 Mittelsegment ungeteilt oder dreifach seicht gespalten.

6 Seiten- und Mittelsegment fast gleich groß, Zahl der Zähne eines Seitensegmentes etwa gleich der des Mittelsegmentes.

7 Grund- und Involukralblätter beidseitig relativ dicht behaart.
A. obtusiloba D. Don ssp. *obtusiloba*

7* Unterseite der Grund- und Involukralblätter kahl, Oberseite nur spärlich behaart. Nordwest-Yunnan.
A. obtusiloba ssp. *leiophylla* W.T. Wang

6* Seitensegment viel kleiner als Mittelsegment, Zahl der Zähne eines Seitensegmentes etwa gleich der eines Segmentes 2. Ordnung des Mittelsegmentes. Tibet, Nordwest-Yunnan, West-Szechuan, Qinghai, Süd-Xinjiang, Gansu, Shanxi, Shaanxi, West-Hebei.
A. obtusiloba ssp. *ovalifolia* Brühl var. *ovalifolia*

5* Mittelsegment bis über die Mitte gespalten; Blätter dreieckig-herzförmig, Blattgrund breit keilförmig, Segmente gestielt. Szechuan.
A. obtusiloba ssp. *ovalifolia* var. *angustilimba* W.T. Wang

schmal oval bis lanzettlich, gesägt-gelappt und krautig.

Der Blütenstand ist eine ein- bis sechsblütige Dolde. Die 1,5 bis 8,5 cm langen und dicht weißhaarigen Blütenstiele tragen 10 bis 15 cm große Blüten aus breit eiförmigen, kahlen, weißen, außen rosagetönten Sepalen. Blütezeit April bis Juni.

Wie viele andere chinesische Arten ist auch *A. orthocarpa* in Europa unbekannt.

A. palmata Linné 1753
Im Mittelmeergebiet heimisch, wächst *A. palmata* in humosen Senken in Weiden auf kalkarmen oder sandigen Böden. Sie kommt sowohl im Flachland in Küstennähe, als auch in Höhenlagen bis 1500 m vor.

Einige Autoren trennen Farbvarianten als Varietäten ab: *A. palmata* var. *albida* Sims. (Blüten weiß) und *A. palmata* var. *lutea* Lodd. (Blüten hellgelb). Diese Abtrennungen werden aber nicht allgemein anerkannt.

Die Pflanze wird 15 bis 25 (bis 60) cm hoch. Sie besitzt ein knolliges, dickes und unregelmäßiges Rhizom. Die im Umriß fast kreis- bis nierenförmigen Grundblätter sind rosettig angeordnet. Sie sind drei- bis fünffach wenig tief gelappt und stumpf, unregelmäßig gezähnt und stachelspitzig. Die Seitenlappen sind oft zweilappig, viel kleiner als der Mittellappen und kerbesägig. Die 3 sitzenden Involukralblätter sind tief drei- bis fünfschnittig, am Grund verwachsen, mit eingeschnittenen-gezähnten Zipfeln.

Der Stengel entwickelt eine Blüte; selten wird eine zweite aus den Achseln der Hüllblätter gebildet, die dann später blüht. Die Blüten bilden 8 bis 15, gold- bis hellgelbe oder weiße, längliche (13 bis 22 × 4 bis 6 mm), außen seidig-weichhaarige Sepalen. Die gelben Antheren sind 1,2 mm lang. Je nach Höhenlage blühen die Pflanzen von (Februar) April bis Mai (Juni). Der eiförmige, wollhaarige Fruchtstand hat die Maße 9 bis 30 × 10 bis 18 mm. Die Achänen besitzen einen aufrechten Griffel.

Es treten auch Pflanzen mit gefüllten Blüten auf ('Flore Pleno').

Gelegentlich in Gärtnereien zu finden. Die Kultur im Freien lohnt nur in warmen Gegenden. Zum guten Gedeihen verlangt *A. palmata* einen tiefgründigen, fruchtbaren, feuchtigkeitshaltenden, humosen Boden. Wie manche andere Anemone verträgt sie das Umpflanzen nicht sehr gut. Ältere Pflanzen können zwar geteilt werden, doch ist Aussaat besser.

A. parviflora Michaux 1803, Kleinblütige Anemone
In Nordost-Sibirien und dem nördlichen Nordamerika (im Tief- und Hügelland) wächst in der Tundra, in Wiesen, an feuchten Riffen und entlang von Bächen (meist auf kalkhaltigen Böden) die Kleinblütige Anemone.

Die 4,5 bis 20 cm hohe Pflanze hat ein langes, kriechendes, ziemlich dünnes, mit Schuppen bedecktes Rhizom. Die kahlen, ziemlich kurz gestielten Grundblätter sind dreizählig mit sitzenden, breit verkehrt eiförmigen Abschnitten mit keilförmigem Grund; die Seitenfiedern sind meist bis zur Mitte zweimal eingeschnitten, die Endfieder

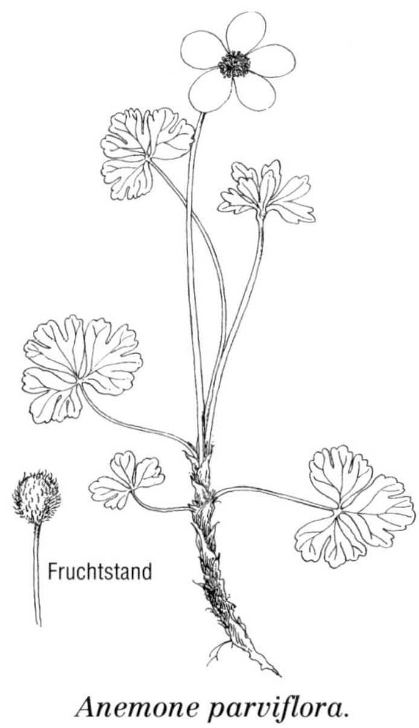

Anemone parviflora.

ist dreigespalten in ausgerandete Lappen mit 2 bis 4 (6) stumpf gerundeten Zähnen. Drei verkehrt eiförmige, dreigeteilte Involukralblätter (mit länglichen, stumpfen und ganzen oder an der Spitze leicht gezähnten Lappen) sitzen am Stengel.

Der sehr lange, dicht filzig behaarte Blütenstiel trägt eine Blüte von 2 bis 3,5 (4) cm im Durchmesser. Sie besteht aus 6 oval-länglichen oder breit ovalen, weißen, außen dicht angedrückt-flaumhaarigen Sepalen, die dreimal so lang sind wie die gelben Staubgefäße. Die scharf zugespitzten, dicht filzigen Früchte bilden einen kugeligen Fruchtstand. Blütezeit (Mai) Juni. Von wenigen Raritätengärtnereien wird diese Liebhaberpflanze gelegentlich angeboten.

A. patula Chang ex W.T. Wang 1974
Eine 10 bis 25 cm hoch werdende Gebirgspflanze (3500 bis 3800 m Höhe) aus West-Szechuan, die von Juni bis Juli blüht. Sie gehört in die Verwandtschaft von *A. obtusiloba*. In Europa wohl nicht bekannt.

A. pavoniana Boissier 1854
Diese auf der Iberischen Halbinsel (endemisch in Nord- und Zentralspanien) vorkommende Art gehört zum Formenkreis der *A. baldensis*. Entsprechend ähnlich sieht sie aus; auch in ihren Ansprüchen gleichen sie sich. Einige Autoren erkennen sie deshalb nicht als eigene Art an; sie beziehen *A. pavoniana* in *A. baldensis* mit ein. Als montane bis alpine Art (von (800) 1000 bis 2400 m) wächst sie in Hoch-

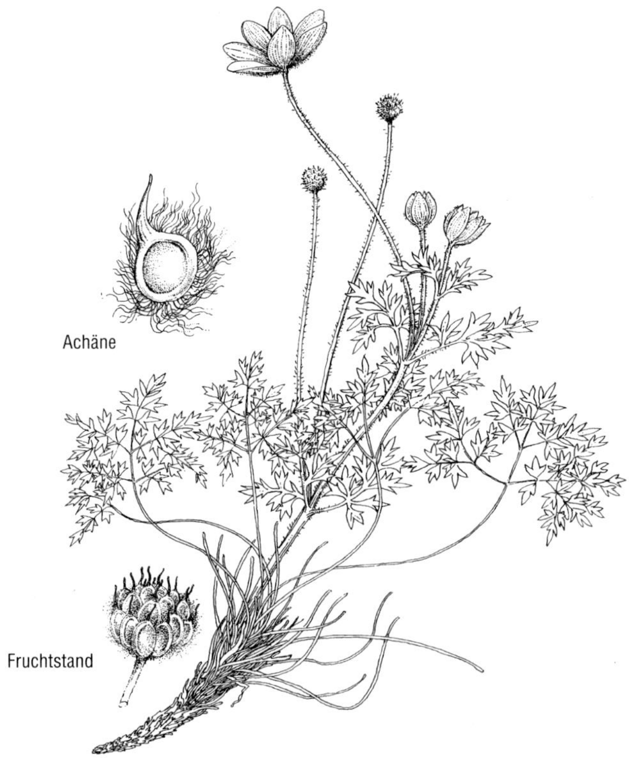

Anemone pavoniana.

lagen in sonnigen Bergwiesen, während sie in tieferen Lagen mehr den Schatten sucht.

An der bis 50 cm hohen Pflanze bleiben die Reste alter, inzwischen kastanienbraun gefärbter Blattstengel erhalten. Die Grundblätter bilden eine Rosette. Sie sind zwei- bis dreifach dreizählig, mit zwei- bis dreimal so langen Stielen wie die Blattlänge. Die Involukralblätter gleichen den Laubblättern. Sie sind kurz gestielt und stark behaart.

Der Stengel trägt eine Einzelblüte, gelegentlich bildet sich eine Nebenblüte, die dann ein Involukrum trägt. Die 6 bis 8 Sepalen sind weiß, 15 bis 20 × 7 bis 10 mm, elliptisch bis fast rhombisch, außen behaart und etwas bläulich. Der eiförmige (9 bis 30 × 10 bis 18 mm) Fruchtstand ist stark wollig behaart. Er besteht aus 25 bis 50 Achänen. Diese sind flach, im Umriß birnenförmig mit einem kurzen, gebogenen und schwarzen Griffel.

A. pavonina Lamarck 1783 emend Stearn, Pfauen-Anemone

Vom Namen her ist *A. pavonina* von der vorher genannten Art nur durch ein fehlendes »a« verschieden; sonst aber sind sie gar nicht miteinander verwandt.

»Pavoninus« heißt übersetzt pfauenbunt. Nun, so sehr groß ist ihr Farbenspektrum nicht, sie blüht zumeist leuchtend scharlachrot, in einer Varietät violett oder rosa. Wegen ihrer attraktiven Blüten wird die Pfauen-Anemone schon seit Ende des 16. Jahrhunderts kultiviert, häufig in der gefüllten Form. Allerdings wurde sie in der Vergangenheit oft falsch benannt und immer wieder mit der nahe verwandten *A. hortensis* verwechselt. Gina Luzzatto (1932) und später Bowles und Stearn (1948) kommt das Verdienst zu, endlich Klarheit in die Formenvielfalt gebracht zu haben.

A. pavonina und ihre Varietäten kommen in Mazedonien, Griechenland und in Kleinasien vor, also im östlichen Mittelmeergebiet. *A. hortensis* hingegen hat ihre östlichste Verbreitung in Dalmatien und Albanien, sonst wächst sie in Italien und Südfrankreich. Die (natürlichen) Areale der beiden Arten überschneiden sich also nicht. Allerdings wurde *A. pavonina* (vor allem in der gefüllten Form) in Südfrankreich angepflanzt und ist dort verwildert.

Wo die beiden Arten zusammentrafen, entstand die Hybride *A. ×fulgens*. Der Hybridcharakter wurde zuerst nicht erkannt. Jordan beschrieb einige der Hybriden als Arten (*A. variata, A. lepida, A. purpurata*). Nach Bowles und Stearn verbirgt sich hinter dem Namensungetüm (des Handels) *A. × fulgens* var. *annulata-grandiflora* nichts anderes als die Wildform der Pfauen-Anemone, *A. pavonina* var. *typica* Hal. 1900.

Die von Lamarck beschriebene *A. pavonina* war nicht die Wildform, sondern die gefüllte Form; sie heißt korrekt *A. pavonina* Lam. var. *pavonina*. Zwei weitere Varietäten werden unterschieden: *A. pavonina* var. *ocellata* (Moggridge) Bowl. & Stearn, aus Griechenland, an der Riviera verwildert und *A. pavonina* var. *purpureoviolacea* (Boiss.) Hal., von Korfu bis Thrakien.

Auf steinigen Hängen, in Wiesen, Gebüschsäumen und Feldern und besonders häufig in alten Ölbaumgärten zuhause, verlangt die Pfauen-Anemone einen warmen, geschützten Standort um sich wohlzufühlen. Dann aber ist sie von leichter Kultur und ausdauernd.

A. petiolulosa Juzepczuk 1937
Regel hat diese Pflanze als Varietät von *A. coronaria* geführt, was auf die nahe Verwandtschaft hinweist. Ob der Artstatus zurecht besteht, muß eine Gesamtbearbeitung des Coronaria-Komplexes erbringen.

Wer sie am Naturstandort bewundern will, muß sich nach Zentralasien (Tienshan, Pamir Alai, Kopet Dag) begeben. Dort wächst sie auf tonigem, selten steinigem Grund in Steppen und an Berghängen im Hügelland und in der Wacholderzone.

In den Pistazien-Baumfluren wird sie begleitet von *Pistazia vera, Acer regellii* und *A. turkestanica, Prunus (= Amygdalus) bucharicus, Ixiolirion tataricum, Tulipa greigii, Iris nicolei, Bellevalia atroviolacea, Eremurus bucharicus, Roemeria refracta, Papaver pavonium, Gentiana tianshanica* und *Anemone coronaria* var. *bucharica.*

Der 2 bis 18 cm lange Stengel wird zwei- bis dreimal so lang wie die kahlen Blattstiele der kahlen Grundblätter. Diese sind dreiteilig mit mehr oder weniger lang (2 bis 15 mm) gestielten Fiederblättern. Die Fiedern sind zwei- bis dreifach tief eingeschnitten (mit sitzenden Seitenfiedern 2. Ordnung und kurzgestielter Endfieder 2. Ordnung) oder fast bis zum Grund dreiteilig.

Der Stengel ist kahl oder im oberen Bereich mit vereinzelten, angedrückten Haaren versehen. Die Involukralblätter mit keilförmigem oder breit linealem Grund sind gestielt und dreispaltig. Die 1 bis 3 Blütenstiele sind angedrückt flaumhaarig (besonders dicht im oberen Bereich); die beiden seitlichen tragen im unteren Bereich ein zweiblättriges Involukrum.

Die meist etwas niedergebogenen, 1 bis 3 (4) cm großen Blüten erscheinen von Ende März bis April. Sie werden gebildet aus 5 eiförmigen oder elliptischen oder verlängert-elliptischen, gerundeten oder vorne leicht verschmälerten, lichtgelben, außen mehr oder weniger rötlichen und dicht angedrückt-flaumhaarigen Sepalen.

Selten von Spezialbetrieben angeboten.

A. × pittonii Glowacki
Dies ist die Naturhybride zwischen *A. nemorosa* und *A. trifolia*. Sie kommt seltener vor als *A. × lipsiensis*. Nach Hegi (1965 bis 1974) unterscheidet sich *A. × pittonii* von *A. nemorosa* durch die fast ungeteilten Blätter und den blassen Wurzelstock, von *A. trifolia* durch die tiefer eingeschnittenen, oft zweispaltigen, an den grundständigen Blättern stets deutlich gestielten Blättchen und das nickende Fruchtköpfchen. Die Fundorte liegen zerstreut in Niederösterreich, Tirol, sowie Slowenien.

A. polyanthes D. Don 1825, Vielblütige Anemone
In den temperierten bis subalpinen Regionen (2400 bis 4300 m) des Himalaja (von Pakistan bis Bhutan, Assam) wächst in Wäldern und an offenen Hängen die Vielblütige Anemone.

Die 30 bis 60 cm hohe Pflanze hat langgestielte, fünf- bis siebenlappige, dicht silberhaarige Grundblätter (Lappen breit und mit runden Zähnen). Die sehr unterschiedlichen Hochblätter sind dreilappig und mehr oder weniger tief eingeschnitten.

Von Mai bis Juli werden die 2 bis 5 cm großen, in Dolden stehenden Blüten gebildet. Sie bestehen aus 5 verkehrt eiförmigen Sepalen. Die Frucht ist breit oval mit spitzem, geradem Schnabel.

Sie stellt ähnliche Kulturansprüche wie *A. narcissiflora*, mit der sie nahe verwandt ist.

A. prattii Huth 1905
Die an der tibetanischen Grenze in West-Szechuan heimische Art bewohnt tief schattige, sehr feuchte Laubwälder.

Sie ist gut an ihren Lebensraum angepaßt, treibt sie doch lange Ausläufer, deren Internodien 3 bis 5 cm lang sind. Etwa 20 cm lang sind die Stiele der im Umriß herzförmigen, sehr zarten, dreiteiligen, etwa 5 cm breiten Grundblätter, 2 bis 3 sind zur Blütezeit vorhanden. Die Mittelfieder ist etwa 3 cm lang und 1 bis 1,5 cm breit; die Seitenfiedern sind 2 bis 3 cm lang und breit. Am 18 bis 25 cm langen Stengel sitzen 2 bis 3 cm lange Involukralblätter.

Die 17 bis 19 cm im Durchmesser messenden Blüten sind 8 bis 10 cm lang gestielt und bestehen aus 5 weißen, außen oft rosa getönten, schmal elliptischen (6 bis 18 × 3 bis 4 mm), mehr oder weniger gerundeten, zum Grund verschmälerten und außen mit kurzen, vereinzelten Haaren bedeckten Sepalen. Den sitzenden, eiförmigen Fruchtknoten bedecken weiche Haare.

Diese Anemonenart dürfte außerhalb Chinas nicht bekannt sein.

A. pseudoaltaica Hara 1930
Die Wälder der montanen Stufe auf Hokkaido und Honshu beherbergen ein weiteres japanisches Windröschen.

Das 2 bis 10 cm lange, dünne, weit kriechende Rhizom entwickelt zweifach dreizählig langgestielte Grundblätter mit eirunden, drei- bis fünfteiligen, unregelmäßig gezähnten Abschnitten. 10 bis 30 cm lang wird der kahle, einblütige Stengel. Die 3 Hüllkelchblätter sind ebenfalls dreizählig und gestielt. Der Blütenstiel ist flaumhaarig. Von April bis Juni öffnen sich die blaß purpurfarbenen oder weißen, aus lineal-elliptischen, etwa 20 mm langen Sepalen bestehenden Blüten. Die Staubgefäße sind gleichfalls elliptisch und der Griffel ist dünn und ziemlich kurz. Die breit lanzettliche, etwa 4 mm lange Achäne bedecken dicht kurze, ausgebreitete, weiße Flaumhaare.

A. quinquefolia Linné 1753, Fünfblättriges oder Amerika-Windröschen
Früher wurde dieses Windröschen als Varietät oder Unterart zu *A. nemorosa* gestellt. Die Unterschiede sind jedoch so groß, daß der Artstatus nicht angezweifelt werden kann. Uneinheitlich hingegen, vor allem unter amerikanischen Autoren, ist die Ansicht über den Status der Varietäten. Nach Meinung des Autors sind die Unterschiede zu gering, um sie in den Artrang zu erheben, was einige amerikanische Autoren tun.

Die Art wächst bis 1100 m Höhe aufsteigend in feuchten Wäldern, in Gebüschen, auf feuchten bis nassen Felsen und auf feuchten, offenen Hügeln. Der Typ ist verbreitet von British Columbia bis Alberta, Saskatchewan, Manitoba, Ontario, Quebec, New Brunswick und Nova Scotia, südlich bis Nordkalifornien, Iowa, Kentucky und North Carolina.

Anemone quinquefolia var. quinquefolia.

Anemone quinquefolia var. oregana.

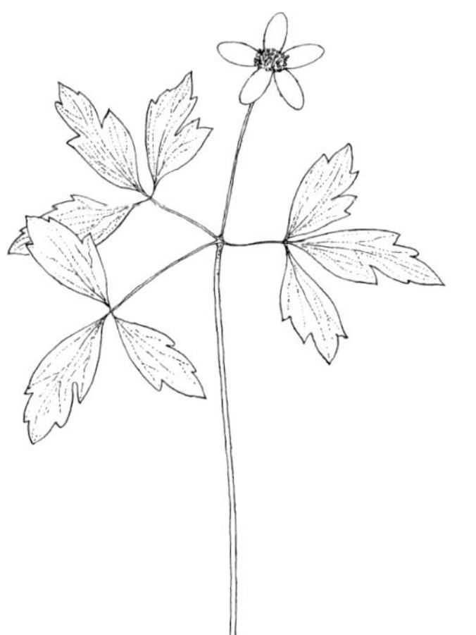

Anemone quinquefolia var. lyallii.

Bestimmungsschlüssel für die Varietäten von A. quinquefolia

1 Staubgefäße praktisch einreihig, meist weniger als 35; Sepalen meist kürzer als 1 cm, meist weiß (bis rosa überhaucht oder bläulichweiß); Rhizom kurz, bis 4 mm dick.
A. quinquefolia var. *lyalii* (Britt.) Robins.

1* Staubgefäße in 2 oder mehr Reihen, meist mehr als 35; Sepalen bis über 2 cm lang; Rhizom verlängert, bis 7 mm dick.

2 Mittlerer Abschnitt der Involukralblätter ganzrandig oder grob wenig gezähnt, seitliche Abschnitte ganzrandig oder seicht gespalten, mit höchstens 7, groben, randständigen Zähnen; Sepalen gewöhnlich bläulich oder bläulich-purpurfarben; Achänen-Schnabel gerade.
A. quinquefolia var. *oregana* (A. Gray) Robins.

2* Mittlerer Abschnitt der Involukralblätter meist scharf gezähnt, die seitlichen Abschnitte gewöhnlich fast oder ganz bis zum Grund gespalten, mit bis zu 12 Zähnen am äußeren Rand; Sepalen weiß oder rosig; Staubfäden weißlich; Achänen-Schnabel sichelförmig.

3 Stengel oberhalb der Mitte ausgebreitet zottig behaart.
A. quinquefolia var. *interior* Fern.

3* Stengel praktisch kahl.
A. quinquefolia L. var. *quinquefolia*

Unterschiede zwischen A. nemorosa und A. quinquefolia

A. nemorosa	A. quinquefolia
Adern und Seitenadern der Sepalen bilden ein auffälliges Netzwerk unterhalb der freien Spitze, die Sepalen weiß oder rosaweiß, gelegentlich rötlich purpurfarben oder fast blau; Rhizom fast verholzt, fortlaufend, ohne schuppige Zähne.	Adern und Seitenadern der Sepalen frei oder nur ganz gering netzartig; Rhizom schuppig.

Das Fünfblättrige Windröschen blüht von März bis Mai. In Europa ist es selten in Kultur, obgleich diese keine Probleme bereitet. Besonders *A. quinquefolia* var. *oregana* wäre wegen seiner hellblauen Blüten begehrenswert.

A. raddeana Regel 1861
Aus dichten, feuchten Wäldern und feuchten Tälern des Berglandes der japanischen Inseln Hokkaido, Honshu und Kyushu, des Amurgebietes der Mandschurei, des Fernen Osten Rußlands

(einschließlich Sachalin) und Nordkoreas kommt Raddes Windröschen.

Das waagrecht kriechende, 1,5 bis 3 cm lange, schwach spindelförmige Rhizom mit trockenhäutigen Schuppen an der Spitze (ebenso an der Stengelbasis) treibt meist nur ein langgestieltes, mit langen, dünnen, waagrecht abstehenden Haaren bedecktes Grundblatt. Dieses ist ein- bis zweifach dreizählig; die Abschnitte sind breit eiförmig (manchmal fast kreisförmig) an länglichen Stielchen (diese wie die Stiele behaart) mit einem häufig herzförmigen Grund, dreiteilig mit schmal eiförmigen, seicht zwei- bis dreischnittigen Lappen, kahl oder mit vereinzelten, langen, abstehenden Haaren.

Der einblütige, aufrechte Stengel ist oben meist kahl oder völlig kahl. Die 3 Hüllkelchblätter sind kurz gestielt, dreifiedrig mit linearen oder länglichen oder verkehrt eiförmigen Abschnitten (diese von der Spitze her zwei- bis dreischnittig oder gezähnt), deren Ränder meist mit langen abstehenden Haaren. Die Blüten haben 2 bis 3 cm lange Stiele und bestehen aus 10 bis 15 entweder schmal und fast lineal-lanzettlichen oder breiter und länglich-eiförmigen, beiderseits kahlen, weißen (mit einem Hauch Purpur) Sepalen. Blütezeit März bis April (Mai). Staubfäden 1/3 bis 1/2 so lang wie die Sepalen; Staubbeutel elliptisch, etwa 1 mm lang; Fruchtknoten flaumhaarig.

A. ranunculoides Linné 1753, Hahnenfußblütiges oder Gelbes Windröschen

Eine gesellige Art – oft zusammen mit *A. nemorosa* und anderen Geophyten – der Auen- und feuchten Laubmischwälder, selten in Wiesen. Sie kommt vor von der kollinen bis in die montane Stufe (selten subalpin). Nach Hegi (1965–74) ist *A. ranunculoides* ssp. *ranunculoides* in fast ganz Europa verbreitet. Sie fehlt jedoch in England (neuerdings verwildert), der französischen Westküste, im nördlichen Belgien und Norwegen, im größten Teil von Schweden, Finnland und Lappland, in Mittel- und Unteritalien, am Schwarzen und Kaspischen Meer (und den Inseln), außerdem im Kaukasus und der europäischen Türkei.

In der Natur wächst sie auf sickerfrischen, nährstoff- und basenreichen (auch kalkarmen), mild bis mäßig sauren, humosen, lockeren, mehr oder weniger tiefgründigen, sandigen oder reinen Lehm- und Tonböden. Sie gilt als Mullbodenpflanze.

Die (7) 10 bis 20 (30) cm hoch werdende Pflanze besitzt ein waagrechtes, unterirdisch kriechendes, braunes Rhizom mit Schuppenblättern. Grundblätter fehlen meist; ist eines vorhanden, dann ist dieses lang gestielt, dreizählig mit kurzen Teilblättchen, das mittlere dreispaltig, die seitlichen zweiteilig, mit tief eingeschnittenen, gesägten Abschnitten.

Das Involukrum ist laubblattartig, fingerförmig mehrteilig, fast sitzend, fast waagrecht abstehend und dreizählig. Der aufrechte, zerstreut behaarte Stengel trägt meist 1 oder 2, selten 3 bis 5, langgestielte Blüten. Diese bestehen aus 5 breit eiförmigen, dotter- bis schwefelgelben, 6 bis 8 cm langen, außen schwach flaumhaarigen Sepalen und viel kürzeren gelben Antheren. Blütezeit Februar bis Mai. Die Achäne ist 4 bis 5 mm lang und kurzborstig behaart mit kurzem, gebogenem Schnabel.

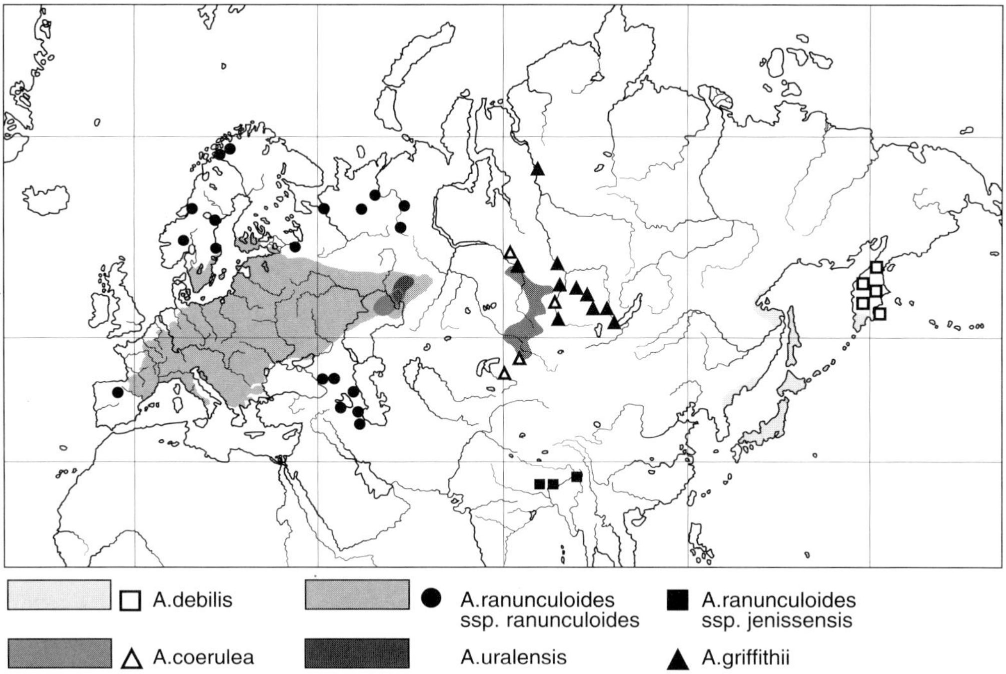

Verbreitungskarte der Arten A. ranunculoides, A. jenissensis, A. coerulea, A. uralensis, A. debilis und A. griffithii.

Sorten von A. ranunculoides

Es gibt eine gefüllte ('Flore Pleno') und eine halbgefüllte ('Semiplena') Auslese. Die Sorte 'Avon' unterscheidet sich im Garten des Autors vom Typ durch im Austrieb etwas bronze getönte Blätter und vor allem durch den etwa 3 Wochen früheren Blühbeginn.

Unterarten von A. ranunculoides

A. ranunculoides ssp. wockeana (Asch. & Graebn.) Hegi 1912 unterscheidet sich vom Typ durch das kurze, etwas dickliche Rhizom, kleinere Blüten, kleinere Involukralblätter mit schmalen Abschnitten, die sehr scharf gesägt sind, und den dichten rasenförmigen Wuchs. Ihre Verbreitung ist das nördliche Zentraleuropa (um Berlin, im ehemaligen Schlesien und Westpreußen, sowie neuerdings auch in Westfalen). Sie kommt nur in Wiesen vor; offensichtlich verträgt sie keinerlei Beschattung.

A. ranunculoides ssp. jenisseensis Korsh. 1892 wächst in Fichten-Tannen-, Kiefern-, Misch- oder Breitlaubwäldern, an Waldrändern, in feuchten Waldwiesen und am Rand von Seggensümpfen in Westsibirien. Sie ist charakterisiert durch schwache, verlängerte und kahle Stengel, 3 bis 5 mm lang gestielte Involukralblätter (dreischnittig in lineal-lanzettliche Segmente, die seitlichen Segmente im unteren Teil manchmal mehr oder weniger tief gespalten, mit einem Lappen an der Außenseite, das mittlere Segment ganzrandig, im unteren Teil stets, im oberen mit wenigen großen,

Das Gelbe Buschwindröschen (Anemone ranunculoides) ist viel weniger verbreitet als das Weiße.

halbstumpfen Zähnen, selten ebenso ganzrandig, wimpernrandig), 1 oder 2 Blütenstielen (mit kurzem Flaum) und 1,5 bis 2,5 cm großen Blüten, die erst ab Mitte Mai bis Ende Juni erscheinen. Die 5 ovalen oder elliptischen Sepalen sind außen mit sehr kurzem Flaum versehen; die (oberen) Epidermiszellen sind häufig in eine Warze verlängert. Die Unterart wird nicht kultiviert.

A. reflexa Stephan 1797
Das Verbreitungsgebiet der Anemone erstreckt sich von den nördlichen Vorbergen des Altai, durch das Sajan-Gebirge, die Gebirge um den Baikalsee bis zum Jablonowyi-Gebirge; außerdem ist die Art auf Kamtschatka und in Nordkorea nachgewiesen. Sie besiedelt Nadel-, Misch- und gelegentlich Breitlaub-(Birken-)Wälder – allesamt sehr lichte Waldtypen. Sie ähnelt sehr *A. nemorosa*, hat jedoch 5 bis 6 Sepalen, die nach unten zum Blütenstiel gebogen sind (Name!).

Die Pflanze kann 12 bis 25 cm hoch werden. Sie hat ein kriechendes, zylindrisches, gelblichgraubraunes Rhizom. Die Grundblätter sind lang gestielt, kahl wie der Stengel und ihre Segmente sind kurz gestielt, rhombisch oder oval. Die 3 Involukralblätter an 1 bis 1,5 cm langen Stielen sind spärlich mit ausgebreiteten Haaren bedeckt, dreischnittig mit sitzenden, verlängert-rhombischen oder lanzettlichen, lang zugespitzten Segmenten.

Der Blütenstiel ist einblütig (selten zweiblütig), weichhaarig und 1,5 bis 3 cm lang. Die etwa 1 cm großen Blüten bestehen aus 5 (selten 6), weißen, 6 bis 7 cm langen und 1 bis 1,5 cm breiten, lineal-länglichen, außen dicht mit aufrecht-ausgebreiteten Haaren bedeckten Sepalen. Das länglich-ovale Früchtchen ist dicht mit aufrecht-abstehenden Haaren bewachsen. Blütezeit Mai bis Anfang Juni.

Die Anemone wird nur selten angeboten. Sie dürfte auch keine Attraktion darstellen.

A. richardsonii Hooker 1833
In den arktischen und subarktischen Regionen des nordöstlichen Asien und Nordamerikas sowie Westgrönlands in Bergtundren, feuchten Gebüschen und an geschützten Hängen gedeiht Richardsons Anemone.

Aus einem kriechenden, dünnen Rhizom mit sehr verlängerten Internodien treiben langgestielte, drei- bis fünfteilige Blätter mit gezähnten bis gekerbten Abschnitten. Die 2 Hüllkelchblätter sind tief drei- bis fünfteilig. Im Mai–Juni erscheinen die stets einzelnen gelben Blüten, bestehend aus 4 bis 7 Sepalen. Das Früchtchen ist flach, kahl, eiförmig-länglich, ungeflügelt und zurückgebogen.

Die Art verlangt einen feuchten und humosen Boden bei halbschattigem bis sonnigem Stand. Sehr selten in Kultur.

A. rigida Barneoud
Ein Endemit der Hochanden Chiles; in Europa nicht kultiviert.

A. riparia Fernald 1899
Diese nahe mit *A. virginiana* verwandte – Boivin (1966) stellt sie als Varietät zu *A. virginiana* – und manchmal mit ihr vereinigte Art hat ihr Vorkommen in den Alleghanies von Quebec und New Brunswick südlich bis North Carolina und Tennes-

Dieser Blütenstern gehört der Anemone rivularis.

Anemone richardsonii.

see. Sie besiedelt kiesige Ufer, Gebüsche und kalkhaltige oder schiefrige Riffe. Zu den Unterscheidungsmerkmalen gegenüber *A. virginiana* und *A. cylindrica* siehe unter *A. cylindrica*.

In der »Flora of Canada« werden 2 Formen abgetrennt: *A. virginiana* f. *inconspicua* Fern., Sepalen ziemlich dick, grünlich und meist 1 cm lang, selten milchweiß, dann etwa 2 cm lang und *A. virginiana* f. *rhodantha* Fern., Sepalen leuchtend rot.

Eine wenig auffällige Art, die auch selten – zumindest nicht immer unter ihrem Namen – angeboten wird. Nur für Sammler.

A. rivularis Buchanan-Hamilton ex A.P. de Candolle 1817, Bachanemone
Vorderindien, Sri Lanka, den Himalaja, Tibet und die chinesischen Provinzen Yunnan, West-Guangxi, Giuzhou, Szechuan, Süd-Gansu und Süd-Qinghai nennt die Bachanemone ihre Heimat. In 2100 bis 4600 m über dem Meeresspiegel wächst sie in Wiesen und Weiden und im Gebüsch. Der Boden ist frisch bis feucht und humos bei sonniger bis halbschattiger, kühlfeuchter Lage. Als Pflanzennachbarn treten unter anderem auf: *Potentilla ambigua, Morinia betonicoides* und *M. longifolia, Androsace sarmentosa, Polygonum macrophyllum*.

Je nach Standort wird sie (15) 50 bis 100 (und mehr) cm hoch. Die langgestielten, im Umriß runden, 8 bis 15 cm langen Grundblätter sind beiderseits weißhaarig, tief dreilappig; die Lappen sind wiederum eingeschnitten und seicht gezähnt, meist deutlich breiter als die Lappen der Involukralblätter. Auch den Stengel bedecken weiche Haare. Die Involukralblätter sind tief eingeschnitten mit schmalen Lappen.

Der Blütenstand ist eine locker verzweigte Dolde. An langen Blütenstielen sitzen die 1,5 bis 3 cm großen, von Mai bis Juni erscheinenden Blüten aus weißen, außen oft violett getönten, unterseits seidenhaarigen Sepalen. Die Achäne ist kahl, geschnäbelt und an der Spitze umgerollt.

In Gartenkultur nicht unbekannt, aber eher als Liebhaberpflanze anzusprechen.

Abgetrennt wird *A. rivularis* var. *flore-minore* Maxim. 1889. Sie hat kleinere Blüten (Durchmesser 1 bis 1,8 cm; beim Typ [1,3] 2 bis 3 cm) und weniger Sepalen (5 [6]; beim Typ 6 bis 8 [10]).

A. robusta W.T. Wang 1974
Aus der chinesischen Provinz Yunnan kommt diese 95 bis 120 cm hoch werdende, von Juni bis August weiß blühende Art. *A. robusta* ist in Europa nicht in Kultur.

A. rockii Ulbrich 1929, Rocks Anemone
Eine nahe Verwandte der *A. obtusiloba*, die gleichfalls in China (West-Szechuan, Süd-Gansu) vorkommt. Die »Flora R. P. Sinicae« trennt 2 Varietäten ab: *A. rockii* var. *pilocarpa* W.T. Wang 1980 und *A. rockii* var. *multicaulis* W.T. Wang 1980. Erstere kommt in Ost-Szechuan vor, zweitere am Xi-Chang in Szechuan.

Es handelt sich um 15 bis 26 cm hoch werdende Pflanzen, einem Merkmal, in dem sie sich von *A. obtusiloba* ssp. *ovalifolia* var. *polysepala* unterscheidet, ebenso wie durch einen tief herzförmigen Blattgrund und ein- bis zweifach tief gespaltene Blätter.

Die letzten Spaltungen der Blätter des Typs decken sich weitgehend und die Fruchtblätter sind (fast) kahl, während sich bei *A. rockii* var. *pilocarpa* die letzten Blattspaltungen nicht decken und die Fruchtblätter dicht mit weichen Haaren bewachsen sind.

Während der Typ 7 bis 8 Sepalen hat, bestehen die Blüten von *A. rockii*

Bestimmungsschlüssel für A. rupestris

1 Weniger als 40 Fruchtblätter, diese unbehaart oder zerstreut behaart, Griffel gerade.
2 Seitenfiedern erwachsener Blätter mit 10 bis über 21 Zähnen; Fruchtblätter 5 bis 12, kahl oder zerstreut behaart; 5 (7) Sepalen. Nepal, Sikkim, Bhutan, Tibet, Nordwest-Yunnan.
A. rupestris Hook. f. & Thoms. ssp. *rupestris*
2* Seitenfiedern erwachsener Blätter mit 3 bis 9 Zähnen; Fruchtblätter 10 bis 40, kahl; 6 bis 8 Sepalen.
3 Spreite der Endfieder 10 mm oder mehr (selten weniger) und Seitenfiedern 5 mm oder mehr lang. Pflanze 6 bis 15 cm hoch. Nordwest-Szechuan, Yunnan.
A. rupestris ssp. *gelida* (Maxim.) Lauener 1959 var. *gelida*
3* Spreite der Endfieder bis zu 8 mm und der Seitenfiedern bis zu 5 mm lang. Pflanze 4 bis 10 (13) cm hoch. Nepal, Sikkim, Bhutan, Tibet, östlicher Himalaja.
A. rupestris ssp. *gelida* var. *wallichii* (Brühl) Lauener 1959
1* Fruchtblätter 40 bis 80, dicht weichhaarig, Griffel hakenförmig. Nordwest-Yunnan.
A. rupestris ssp. *polycarpa* (Evans) W.T. Wang 1980

var. *multicaulis* nur aus 6 Sepalen. Letztere Varietät unterscheidet sich von *A. rupestris* durch ihre Wuchshöhe von 27 bis 30 cm, die kurze weiche Behaarung, die 2,8 bis 4 cm langen und 3 bis 4,5 cm breiten Blätter und 6 Sepalen.

In europäischen Gärtnereien sind die Art und ihre Varietäten nicht bekannt.

A. rupestris Hooker f. & Thomson 1855, Felsen-Anemone
Die Art gehört in den Verwandtschaftskreis der *A. obtusiloba*. Entsprechend schwierig ist die Einteilung und Zuordnung. Diese Arbeit folgt weitgehend Lauener (1959).

Der Typ besiedelt offene, steinige Weiden an Hängen, steiniges Grasland an Gebüschrändern, feuchte, schattige Standorte im Flußgestein und an Kliffen entlang von Bächen und feuchte, schattige Felsen in Höhen von 2500 bis 3000 m. Die Felsen-Anemone blüht von Mai bis Juni.

A. rupestris ssp. *gelida* hat weiße oder weiße, außen blau getönte Blüten und wächst auf offenem, feuchtem, steinigem Grund, auf sumpfigen, lehmig-tonigen Weiden um Seen, in Torfsümpfen und offenen Wiesen in Kiefernwäldern in Höhen von 4800 bis 5000 m.

A. rupestris ssp. *gelida* var. *wallichii* hat, wie der Typ, weiße, außen purpurfarbene oder ganz blaupurpurne Blüten und gedeiht in offenen, alpinen Rasen an Hängen in etwa 4600 m Höhe.

A. rupestris ssp. *polycarpa* besiedelt ähnliche Standorte in 3600 bis 4200 m.

Anemone rupestris ssp. rupestris.

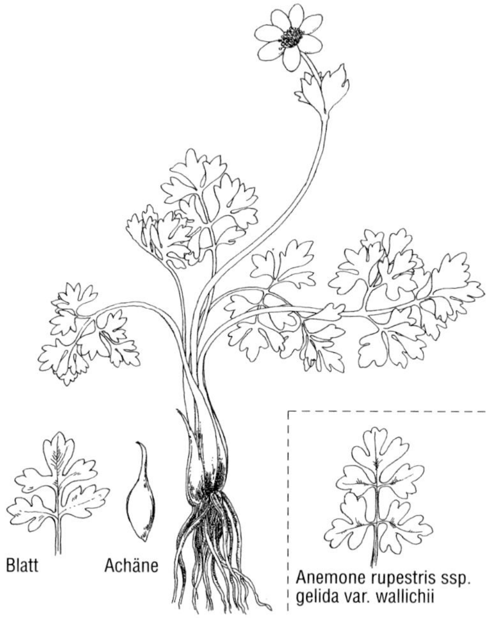

Anemone rupestris ssp. gelida.

Anemone rupestris ssp. polycarpa.

A. rupicola Cambessèdes 1835, Stein-Windröschen
In Afghanistan, dem Himalaja, Tibet, Yunnan und Szechuan wächst das Stein-Windröschen an offenen Hängen und zwischen Felsen (besonders auf Kalk) von der temperierten bis in die subalpine Region (2400 bis 4300 m). Es besiedelt mäßig trockene, kalkhaltige, flachgründige Böden in kühlschattiger Lage.

Die Art ist nahe mit *A. sylvestris* verwandt (Hochblätter jedoch sitzend und Fruchtblätter weniger als 120); sie gleicht ihr nicht nur im Aussehen, sondern treibt ebenfalls Ausläufer. Die Wuchshöhe beträgt (6) 20 bis 40 cm.

Die langgestielten Grundblätter sind tief dreilappig, die Lappen meist kurz gestielt, tief dreilappig und scharf gezähnt. An den weich-silberhaarigen Stengeln sitzen die 2 bis zur Mitte dreilappigen Hochblätter, deren Lappen wiederum eingeschnitten und scharf gezähnt sind.

Die 4 bis 6 cm großen, schalenförmigen Blüten werden von Juni bis August gebildet. Die Sepalen sind weiß, außen manchmal etwas rosa getönt, oval, außen seidenhaarig und 2 bis 4 cm lang. Die Staubgefäße sind goldgelb. Weißwollige Achänen formen einen kugeligen Fruchtkopf.

Eine durchaus attraktive Steingartenpflanze, die hin und wieder von Gärtnereien gezogen wird.

A. saniculiformis C.Y. Wu ex W.T. Wang 1974, Sanikelblättrige Anemone
Die Sanikelblättrige Anemone aus Szechuan (Bao-Xi, 2300 bis 2850 m) unterscheidet sich von ihrer nahen Verwandten *A. baicalensis* durch eine unterschiedliche Blatteilung und -zähnung. Ansonsten bildet sie wie diese Ausläufer. Ihre Wuchshöhe variiert zwischen (10) 14 und 30 cm.

Die Mittelabschnitte der (1) 2 bis 3 Grundblätter sind rauten- bis rauteneiförmig mit 3 undeutlichen, flachen Spaltungen; der obere Rand ist abgerundet. Das Mittelsegment ist nicht weiter gespalten, die Seitensegmente haben 2 undeutliche Spaltungen und runde Sägezähne. Die Blütezeit der Art liegt im Juni bis Juli. Sie wird außerhalb Chinas wohl nicht gezogen.

A. scabriuscula W.T. Wang 1974
Ebenfalls eine Art aus Yunnan, die in Europa nicht kultiviert wird. Sie soll im September weiß blühen und nur 4,5 bis 6 cm hoch werden.

A. sellowii Pritzel
Die Art ist auf der Serra do Mar und der Serra do Mantiqueira in Südbrasilien endemisch. Siehe Nachträge S. 165.

A. seravshanica Komarow 1896, Seravshan-Anemone
Selten einmal wird diese Anemone aus Turkestan angeboten. In Höhen von 1200 bis 1800 m bewohnt die Seravshan-Anemone schattige Felsspalten unter Gehölzen und zwischen Stein- und Felsschutt.

Ihre im April (Mai) erscheinenden Blüten fallen wenig auf, da sie von gelblichgrüner Farbe sind, die im Abblühen blaßgelb, manchmal außen auch rötlich wird. Die Pflanze erreicht eine Größe von 6 bis 25 cm.

A. sikokiana Makino, Shikoku-Windröschen
Der Artname verrät die Herkunft der Art: die japanische Insel Shikoku. Sie besiedelt dort alpine Hänge. Die Shi-

koku-Anemone gehört in den Verwandtschaftskreis der *A. narcissiflora*, zu der sie Makino als Varietät gestellt hat. Es wäre zu überprüfen, ob der Artstatus zu Recht besteht.

Im Gegensatz zu *A. narcissiflora* hat das Shikoku-Windröschen fünfeckige, herzförmig-kreisförmige, dreiteilige Grundblätter, deren seitliche Abschnitte zweiteilig, 3 bis 5 cm lang sind und jedes Segment zwei- bis dreifach gespalten, grob eingeschnitten und gelappt ist. Einige der Blütenstiele sind verzweigt. Die Involukralblätter sind kleiner als die von *A. narcissiflora*.

A. smithiana Lauener & Panigrahi 1975
Sie wächst im Himalaja von Nepal bis Bhutan und in Tibet in Höhen von 3000 bis 4500 m. Die Pflanzen werden 20 bis 45 cm hoch. Smiths Anemone blüht im Juni mit purpurroten oder rosafarbenen Blüten. Bezugsquellen für Europa sind dem Autor nicht bekannt.

A. somaliensis Hepper 1971, Somalia-Anemone
Entlang der nördlichen Somalia-Abdachung gibt es mehrere Winterregen-Enklaven. Ihre waldartige Vegetation ist sehr charakteristisch und wohl bekannt. Die dominanten Arten sind *Buxus hildebrandtii, Pistacia* sp., *Dracaena schizantha, Euphorbia balsamifera, Cadia purpurea, Olea* sp., *Acokanthera ouabaio* und in höheren Lagen *Juniperus procera*. In einem solchen Lebensraum findet sich die Somalia-Anemone.

Der niedrige Geophyt mit kugeliger oder birnenförmiger, einfacher Knolle bildet drahtige, dünne Wurzeln. Jede Knolle treibt 2 bis 4 handförmig dreiteilige Blätter; deren Abschnitte sind sitzend, 2,5 bis 5 cm lang und 2,5 bis 6 cm breit, verschieden gelappt oder gekerbt, beidseitig kahl und am Rand gewimpert. Die Hüllkelchblätter mit ihrer bis 5 cm langen Spreite gleichen den Grundblättern.

Die 1,5 bis 2 cm langen Blütenstiele bedecken aufwärts gerichtete Haare. Die Blüten erscheinen einzeln oder wenn zu zweit, dann ist eine Blüte verkümmert. Die 8 bis 15, hellvioletten Tepalen sind elliptisch-lanzettlich, stumpf, stachelspitzig, ausgerandet oder der Länge nach geteilt, 1 bis 1,4 cm lang und etwa 0,5 mm breit. Die Staubfäden sind 2 mm, die elliptischen, dunkelvioletten Antheren 1 mm lang. Auf dem konischen, dunkelvioletten Fruchtboden stehen zahlreiche, borstige Achänen. Narbe wie Fruchtköpfchen stehen aufrecht.

A. somaliensis ist sehr nahe mit *A. hortensis* und *A. pavonina* verwandt, jedoch weniger kräftig. Die noch gar nicht lang bekannte Anemonenart wird in Europa sicherlich nicht kultiviert.

A. sphenophylla Poeppig, Keilblättrige Anemone
Eine nahe Verwandte der *A. decapetala*, die in Nordchile auf grasbestandenen Hügeln wächst. Ihr Vorkommen in den südwestlichen USA wird von Ulbrich (1906) angezweifelt. Nicht in Kultur.

A. stolonifera Maximowicz 1877
Grüße aus Japan (Hokkaido, Honshu), Taiwan, der Mandschurei und Korea bringt die Ausläufertreibende Anemone. *A. stolonifera* gedeiht in Bergwäldern, besonders an schattigen Bachufern.

Die wenig flaumhaarige Pflanze wird 15 bis 30 cm hoch. Wie es der Artname besagt, treibt der Wurzelstock Ausläufer. Die Grundblätter sind lang gestielt und dreiteilig, wobei die seitlichen Fiedern zweiteilig, die Endfieder rhombisch-verkehrt-eiförmig, 2,5 cm lang, dreifach eingeschnitten und gezähnt, kurz gestielt oder fast sitzend sind.

Die 1 bis 3 Stengel sind blattlos. Die dreiteiligen, kurzgestielten Involukralblätter haben keilförmige bis breit verkehrt lanzettliche, dreispaltige, grob gezähnte und 2 bis 3 cm lange Abschnitte. Im Mai bis Juni erblühen die weißen, an 3 bis 10 cm langen Stielen stehenden, aufrechten Blüten. Sie bestehen aus 5 elliptischen, 7 bis 8 mm langen Sepalen. Der Griffel ist dünn und ziemlich kurz.

A. subindivisa W.T. Wang 1974
Die »Anemone mit den fast ungeteilten Blättern« – so die Übersetzung von »subindivisa« – kommt in den chinesischen Provinzen Nordwest-Yunnan und Südwest-Szechuan in 2800 bis 3700 m Höhe vor.

Sie wird 4 bis 15 cm hoch und hat rund-eiförmige Grundblätter mit runder Basis und 3 undeutlichen flachen Spaltungen oder ungespalten. Ihre Blütezeit liegt im Mai bis Juli. Die Art ist wohl nicht in gärtnerischer Kultur.

A. subpinnata W.T. Wang 1974
Auf dem Mu-Li in etwa 3750 m Höhe in der chinesischen Provinz Szechuan wächst diese Art. Sie wird nur 2,5 bis 10 cm groß, die Grundblätter sind zweifach dreispaltig oder fast gefiedert; sie zeigt im Juni ihre weißen oder violetten Blüten. Dürfte außerhalb Chinas nicht kultiviert werden.

A. sylvestris Linné 1753, Großes oder Wald-Windröschen
Eine eurosibirische Art, die nordwärts bis Stockholm, im Baltikum, in Einzelvorkommen im nördlichen europäischen Rußland und durch ganz Sibirien, südlich bis in die Südalpen sowie in den Gebirgen des Balkan, im Donaubecken, der Krim und dem Kaukasus vorkommt. Sie lebt gesellig in sonnigen Busch- und Kiefernwäldern, an Waldrändern, Böschungen und in Hohlwegen, sowie im Osten in krautreichen Wiesensteppen.

Höhe 15 bis 50 cm. Wurzelstock stark, schräg nach oben gerichtet, beinahe schwarz, mit Adventivknospen. Blattstiele 10 bis 20 cm lang gestielt, mit langen, zottigen Haaren; Grundblätter meist 2 bis 6, handförmig fünfteilig, mit ungleich gesägt-gelappten, fast rautenförmigen Fiedern, im Mittelabschnitt meist gegenständig, in den Seitenabschnitten wechselständig angeordnet, oben und (vor allem) unten anliegend behaart.

Stengel aufrecht, meist ein- (seltener zwei-) blütig, durch die starke Behaarung fast weißfilzig, unten mit abstehenden Haaren, mit 3 meist über der Stengelmitte stehenden, mehr oder weniger aufrechten, gestielten Involukralblättern.

Blütezeit April bis Juni. Blüten einzeln, fast immer aufrecht, 2 bis 3 cm lang, 4 bis 7 cm im Durchmesser; Sepalen meist 5, breit oval, reinweiß oder außen violett überlaufen, außen behaart. Staubblätter mehrfach kürzer, gelb. Sammelfrucht eiförmig-kugelig. Achänen an schlanker Blütenachse, zahlreich, bis 3 mm lang, dicht weißwollig behaart, kurz geschnäbelt.

In der Natur gedeiht das Wald-Windröschen auf sommerwarmen,

Der dunkle Wacholder-Hintergrund bringt die reinweißen Windröschen (Anemone sylvestris) erst richtig zum Strahlen.

mäßig trockenen, meist kalkreichen, lockeren, tiefgründigen, sandigen oder reinen Löß- oder Lößlehmböden, auch Kalksandböden bei sonnigem bis licht-schattigem Standort. Ein Wurzelkriecher, der von Natur aus gerne mit der Fiederzwenke *(Brachypodium pinnatum)* wächst.

Wegen seiner Eigenschaft, Ausläufer zu bilden, kann *A. sylvestris* – besonders auf warmen Standorten – schon fast etwas aufdringlich werden. Zwischen den richtigen Nachbarn dürfte dieser Ausbreitungsdrang jedoch kaum stören.

Die Auslese 'Wienerwald' soll diesbezüglich zurückhaltender sein und mehr horstig wachsen. Auch gefüllte Blüten kann das Wald-Windröschen bieten. 'Plena' – gelegentlich auch 'Elise Fellmann' genannt – heißt diese Sorte. Ob die Auslese 'Frühlingszauber' mit sehr großen Blüten und starkem Ausbreitungsdrang noch existiert, konnte vom Autor nicht in Erfahrung gebracht werden.

A. taipaiensis W.T. Wang 1974
Auf dem Qin-Lin in China, Provinz Shanxi, wächst die Taipai-Anemone. Sie steht *A. demissa* nahe und gehört somit in den Verwandtschaftskreis der *A. narcissiflora*. Sie kann 15 bis 50 cm hoch werden. Weiße Blüten zieren sie im Juli. In Europa wohl nicht in Kultur.

A. takasagomontana Masamune 1937
Taiwan nennt diese Art ihre Heimat. Ein Zwerg von nur 6 cm Höhe, der im Juli weiß blüht. Nur 5 mm lange Sepalen und nur 4 bis 6 mm lange Blü-

tenstiele unterscheiden die Art von *A. exigua*. Wird nicht gehandelt.

A. tenuifolia (Linné f.) A.P. de Candolle, Kap-Anemone
Vom südwestlichen Kapgebiet Südafrikas kommt die Kap-Anemone. Sie soll dort steinige und sonnige, aber bodenfeuchte Abhänge in Höhen von 350 bis 1700 m besiedeln.

Der kräftige, holzige Wurzelstock treibt hellgrüne Blätter und 30 bis 60 cm hohe Blütenstengel. Mit einem Durchmesser von 6 cm sind die einzeln oder paarweise stehenden Blüten recht groß. Sie sind von hellvioletter oder rosa (innen meist blasser) Farbe und werden als gänseblümchenähnlich beschrieben. Die schmal zugespitzten Sepalen sollen schwach eingeschnitten sein und dadurch farnähnlich wirken.

Hitze und Trockenheit schaden der Kap-Anemone; sie bevorzugt einen feuchten und humosen Boden bei halbschattiger Lage. Doch deswegen wächst sie noch lange nicht. Sie soll sogar in ihrer Heimat am Kap schwer kultivierbar sein. Auch bei uns widersetzt sich die Kap-Anemone der (nur im Gewächshaus möglichen) Kultur. Gelingt es einem hartnäckigen Liebhabergärtner Samen zu bekommen, so ist dieser im Sommer auszusäen. Die Sämlinge dürfen erst ab einer Größe von etwa 15 cm pikiert werden.

A. tetrasepala Royle 1839
In den Formenkreis der *A. narcissiflora* gehört die Viersepalen-Anemone, die im Himalaja von Afghanistan bis Himachal Pradesh zuhause ist. In 2100 bis 3600 m wächst sie an offenen Hängen, zwischen Felsen und an geschützten, felsigen Bachufern.

Eine kräftige Pflanze von 30 bis 75 (90) cm Höhe. Die langgestielten, ledrigen, unterseits oft weiß behaarten, dreieckig-herzförmigen, 8 bis 22 cm langen Grundblätter sind tief fünflappig; die Lappen sind breit oval, spitz, deutlich sägezähnig.

Die deutlich kleineren Hüllkelchblätter (mit meist schmaleren, gezähnten Lappen) sitzen am Stengel, der in einer drei- bis fünfblütigen Dolde endet. Die etwa 3 cm großen Blüten werden aus häufig 4, öfters 5 bis 7, weißen, rundlichen, ausgebreiteten Sepalen geformt. Die etwa 1 cm großen Achänen sind plattgedrückt mit einem hakenförmigen Griffel.

Eine gelegentlich angebotene, ansprechende Pflanze für frisch-feuchte Steingartenplätze.

A. thomsonii Oliver 1883–85
Ein Endemit Ostafrikas, zuhause in subalpinen und alpinen Rasen des Kilimandscharos und wohl kaum in Kultur.

A. tibetica W.T. Wang 1980, Tibet-Anemone
Vom Liang-Xian in Tibet stammend wurde die Art erst 1980 neu beschrieben. Von der nahestehenden *A. rupicola* ist sie verschieden durch dreiteilige Blätter mit weniger geteilten, anders geformten Lappen und nur etwa 50 Fruchtblätter.

Die langgestielten, im Umriß herzförmig-fünfeckigen, 2,5 bis 5,8 cm langen und 3 bis 8,2 cm breiten, beidseitig kurz-weichhaarigen Grundblätter haben einen unregelmäßig gezähnten Rand und sind fast bis zum Grund dreispaltig. Der Mittelabschnitt ist rhombisch-elliptisch mit scharfer Spitze und 3 flachen Einschnitten; die

Anemone tibetica.

Seitenabschnitte sind kleiner mit flachen Einschnitten. Der Blattstiel ist 3,5 bis 17 cm lang, an der Basis scheidig und mit ausgebreiteten dünnen weichen Haaren.

Auch den etwa 40 cm langen Stengel bedecken ausgebreitete kurze weiche Haare. An ihm sitzen 3 nicht gleich große, eiförmige, 2,5 bis 3,5 cm lange Involukralblätter mit 3 flachen Einschnitten.

3 bis 10 cm lange Stiele tragen die 3,5 cm großen, im August erscheinenden Blüten. Die 5 weißen, ungleich großen, (breit) eiförmigen, 1,8 bis 2 cm langen und 0,9 bis 1,9 cm breiten Sepalen sind außen dicht kurz seidenhaarig. Weitere Merkmale: Staubblätter 4 bis 5 mm lang; Antheren 1,5 mm lang, elliptisch; Staubfäden drahtig, Fruchtblätter etwa 50, 1,2 mm lang; Griffel so lang wie der dicht flaumhaarige Fruchtknoten.

Eine wahrscheinlich gartenwürdige Art, die noch ihrer Einführung harrt.

A. tomentosa (Maximowicz) Péi 1953, Filzblättrige Herbstanemone

Die Verwendung botanischer Namen ohne Nennung des Autors wird dann zum Problem, wenn dieser Name mehrmals von verschiedenen Autoren vergeben wurde. Wie Ulbrich (1906) ausführlich in seiner Monographie der Gattung *Anemone* darlegt, entstand die Namensverwirrung mit *A. tomentosa* (Maxim.) Péi durch Finet und Gagnepain, die *A. japonica* (Thunb.) Sieb. & Zucc. als Varietät zu *A. vitifolia* Buch.-Ham. stellten und behaupteten, daß *A. japonica* var. *tomentosa* Maxim. nichts anderes als eine *A. vitifolia* mit dreigeteilten Blättern sei. Doch anhand des von Delavay in Yunnan und von Potanin und Giraldi in Zentralchina gesammelten Herbarmaterials lasse sich eindeutig die Verschiedenheit belegen. Die von Ulbrich aufgestellte *A. vitifolia* var. *tomentosa* Ulbr. (siehe dort!) ist also nicht identisch mit *A. vitifolia* var. *tomentosa* (Maxim.) Finet & Gagnep.!

Die Filzblättrige Herbstanemone ist in den chinesischen Provinzen West- und Nordost-Szechuan, Ost-Quinghai, Gansu, Shanxi, Shaanxi, West-Henan, West-Hubei und West-Hebei zuhause, wo sie in Höhenlagen von 1200 bis 3400 m wächst.

Aus einem 0,5 bis 1,8 cm dicken Wurzelstock treiben 3 bis 4, (6) 16 bis 18 cm langgestielte, drei- (manchmal ein- bis zwei-) geteilte Blätter. Die Endfieder ist 5,2 bis 7,5 cm lang gestielt. Die Abschnitte sind eiförmig bis dreieckig-eiförmig, 9 bis 16 cm lang und 7 bis 12 cm breit, scharf zugespitzt; der Blattgrund ist flach herzförmig oder gerundet, mit 3 flachen oder tiefen Einschnitten; der Blattrand ist unregelmäßig kurz eingeschnitten und hat Sägezähne; die etwas schiefen Blätter sind oberseits mit rauhen, flachen Haaren, unterseits dicht mit kurzen, weißen, wolligfilzigen Haaren bedeckt.

Den Blütenstengel bedecken gleichfalls dicht weiße oder leicht gelbliche, kurze Haare. Er endet in einer zwei- bis dreifach verzweigten Trugdolde von 26 bis 38 cm Durchmesser. Die 3 Hüllkelchblätter ähneln den Grundblättern, sind unterschiedlich groß und eines davon ist manchmal ungeteilt mit 3 tiefen Einschnitten. Kurze Haare bedecken die 3,5 bis 6,8 cm langen Blütenstiele.

Von Juli bis Oktober erscheinen die aus 5, rosaroten oder weißen, 1,5 bis 2,2 cm langen und 1 bis 2 cm breiten Sepalen bestehenden Blüten. Die äußeren Sepalen sind eiförmig, die inneren eiförmig oder breit elliptisch. Die Staubblätter sind 1/4 so lang wie die Sepalen, die 400 bis 500 Fruchtblätter haben eine Länge von 1 mm; der Fruchtknoten ist dicht behaart, die schräge Narbe hingegen unbehaart. Auf dem kugelförmigen Fruchtstand stehen 3 mm lange, mit dünnen Stielen versehene, dicht weichhaarige Achänen.

Wenn sie nicht gerade im Spätherbst gepflanzt wurden, bereiten *A. tomentosa* und ihre Sorten, vor allem 'Robustissima', keine Schwierigkeiten mit der Überwinterung. Im Gegenteil, einmal eingewachsen sind sie praktisch unausrottbar. Besonders in wärmeren Gegenden können sie ein geradezu unkrautartiges Wachstum entwickeln.

Sorten von A. tomentosa

'Albadura' (Karl Foerster 1937), Pflanze von straffem Aufbau bis 80 cm hoch; aus kräftig rosafarbenen Knospen werden innen weiße, oft rosa getönte, außen rosa Blüten. Die Sorte soll reicher blühen als 'Robustissima'. Sie erhielt die Bewertung »sehr gut«, in Boskoop jedoch nur »gut«. In Deutschland nur selten angeboten.

'Compacta' (Bornimer Staudenkulturen Karl Foerster 1967), den Boskooper Untersuchungen nach soll die Sorte nicht halten, was sie durch ihren Namen verspricht:

'Robustissima' (Lemoine, etwa 1900), diese alte Sorte, die anscheinend im Handel weit verbreitet ist, wurde in Deutschland als hervorragende Sorte eingestuft, in Boskoop 1967 nur als »sehr gut« und 1976 sogar nur noch als »gut«. In den Boskooper Untersuchungsergebnissen wird die Wuchs-

Einmal eingewachsen, bildet Anemone tomentosa 'Robustissima' dichte und (manchmal zu) üppige Bestände.

Die noch kaum bekannte neue Sorte 'Septemberglanz' der Anemone tomentosa stammt vom Züchter Weinreich aus Wolmirstedt.

höhe erstaunlicherweise nur mit 50 bis 60 cm angegeben, während sonst als Höhe in den Katalogen und Büchern 80 bis 110 cm genannt wird. Von Juli bis September erscheinen die hellrosa, außen etwas rötlichen, schalenförmigen Blüten. Auffällig an den im Handel angebotenen Pflanzen ist die fehlende Behaarung an Stengel und Blättern; letztere sind zwar rauh, aber nicht filzig behaart.

'Septemberglanz' (A. Weinreich 1983), diese neuere, noch wenig bekannte Sorte mit hell seidenrosa, halbgefüllten Blüten von Mitte August bis Ende

Das Dreiblättrige Windröschen (Anemone trifolia) wird in Gärten nur selten gezogen, gleichwohl es genauso wüchsig ist wie Anemone nemorosa.

September wird als wüchsig und winterhart beschrieben.
'Serenade' (A. Weinreich 1983), gleichfalls noch kaum im Handel. Die Sorte soll sehr winterhart sein. Die einfachen dunkelrosa Blüten (von Mitte August bis Oktober) wandeln sich in dekorative Samenstände.
'Superba' (Bornimer Staudenkulturen Karl Foerster 1961), der Name ist unglücklich gewählt, da es bereits eine *A.*-Japonica-Hybride 'Superba' gibt. Es besteht also Verwechslungsgefahr. 1976 wurde die Sorte in Boskoop als »sehr gut« bewertet. Der Bericht nennt sie eine Verbesserung von 'Robustissima' mit etwas niedrigerem und regelmäßigerem Wuchs und größerem Blütenreichtum. Leider wird sie in Deutschland bisher kaum angeboten.

A. trifolia Linné 1753, Dreiblättriges Windröschen
Die Art wird in 2 Unterarten unterteilt: *A. trifolia* ssp. *trifolia* und *A. trifolia* ssp. *albida* (Mariz) Ulbr. Umstritten ist der Status der nordamerikanischen Sippe. Einige Autoren beziehen sie in den Arttyp mit ein, andere beschreiben sie als eigene Art *A. lancifolia* Pursh. Der Typ kommt in den Südwest-, Süd- und Südostalpen, in Teilen der Karpaten und mit einem Fundort in Finnland vor, die Unterart *albida* in den Gebirgen von Portugal und Nordwest-Spanien und eventuell im ligurischen Apennin. Die amerikanische Sippe hat ihre Verbreitung in den Appalachen im südlichen Pennsylvania, südwestlichen Virginia, North Carolina und Georgia.

Der Typ wächst an steinigen Stellen, in Laub-, Misch- und Nadelwäldern (v. a. auf Kalk in Fagion-Gesellschaften, Charakterart des Anemonae-trifoliae-Fagetums, auch in Carpinion-Wäldern), an Waldrändern, selten auf Bergwiesen; er kommt von der Ebene bis ins Gebirge vor. *A. trifolia* ssp. *albida* soll in Feldern und Feuchtwiesen von 0 bis 1000 m Höhe gedeihen.

Die Beschreibung des Typus: Höhe 10 bis 30 (40) cm; Wurzelstock weißlich, walzlich verlängert, höckerig, rundlich, waagrecht im Boden kriechend. Grundständiges Laubblatt selten vorhanden, lang gestielt, dreiteilig, mit kurzgestielten, fast sitzenden, breit eiförmigen, zugespitzten, am Rande gesägten, am Grunde ganzrandigen Abschnitten. Im oberen Drittel des aufrechten, kahlen bis schwach behaarten Stengels stehen an langen Stielen die 3 abstehenden, dreiteiligen, zerstreut behaarten Hüllkelchblätter, in deren Achseln rudimentäre Knospen. Die Abschnitte der Hochblätter sind fast ungestielt, eiförmig-lanzettlich, zugespitzt, am Rande scharf gesägt und am Grunde ganzrandig.

Von Mai bis Juni erscheinen an langen, zarten Stielen die aufrechten meist einzelnen (selten 2) Blüten von 2 bis 4,5 cm Durchmesser. Die meist 6 (12) Sepalen sind 1 bis 1,5 cm lang, eiförmig und weiß (selten rot oder himmelblau). Staubblätter bläulichweiß. Früchte länglich, kurzborstig behaart mit viel kürzerem Schnabel. Sammelfrucht fast aufrecht.

A. trifolia ssp. *albida* unterscheidet sich vom Typ durch die elliptischen Sepalen, die weißen Staubblätter und die meist nickenden Fruchtköpfchen. Außerdem meidet sie – im Gegensatz zur Art – kalkhaltige Böden.

Bestimmungsschlüssel für A. trullifolia
(nach »Flora R. P. Sinicae«)

1 Blätter gespalten.

2 Blätter rautenförmig-umgekehrt eiförmig bis breit rautenförmig mit (breit) keilförmiger Basis; Sepalen gelb. Tibet, Südwest-Szechuan, 4100 bis 4500 m.
A. trullifolia Hook. f. & Thoms. var. *trullifolia*

2* Blätter löffelförmig mit schmälerer Basis; Sepalen blau oder weiß. Nordwest-Yunnan, Südwest-Szechuan, 2500 bis 3500 m.
A. trullifolia var. *coelestina* (Franch.) Fin. & Gagnep. 1904

1* Blätter ungespalten, löffelförmig, an der Spitze mit einigen Zähnen (selten ganzrandig) oder undeutlich flach gespalten.

3 Blattzähne scharf zugespitzt. Tibet, Nord-Yunnan, West-Szechuan, Süd-Qinghai, Südwest-Gansu, 3500 bis 5000 m.
A. trullifolia var. *linearis* (Brühl) Hand.-Mazz. 1939

3* Blattzähne rund oder stumpf. Nordwest-Yunnan, Südwest-Szechuan, 2500 bis 3500 m.
A. trullifolia var. *holophylla* Diels 1912

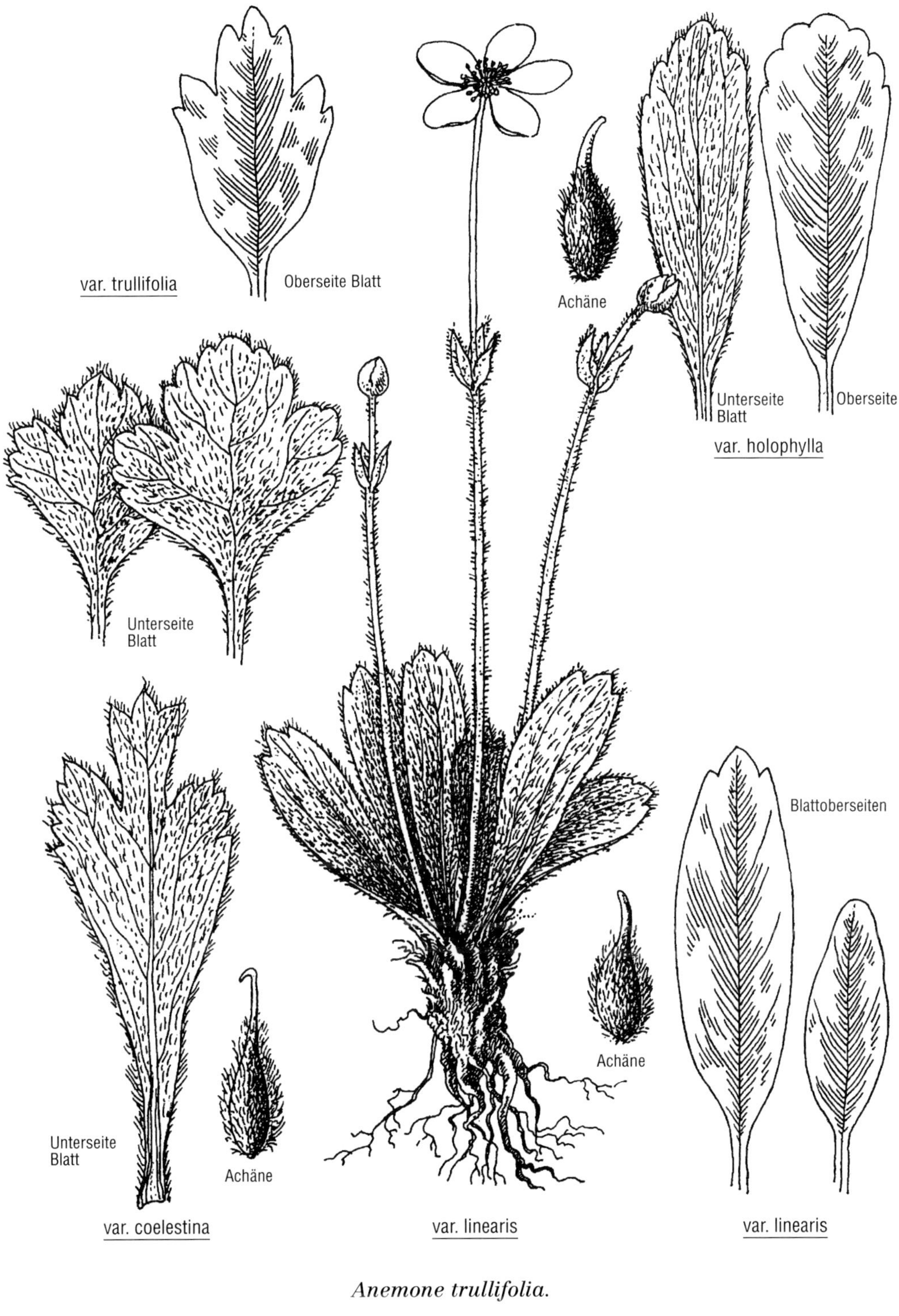

Anemone trullifolia.

Wo sich das Dreiblättige Windröschen wohl fühlt, breitet es sich stark aus.

A. trullifolia Hooker f. & Thomson 1855, Löffelblatt-Anemone
Eine variable Art aus dem Verwandtschaftskreis der *A. obtusiloba*. Die 10 bis 20 cm hoch wachsenden Löffel-Anemonen blühen von Mai bis Juni. Sie sind Liebhaberpflanzen, die nur von wenigen Raritätengärtnereien gezogen werden.

A. tschernajewii Regel 1884
In Turkestan und Nordafghanistan besiedelt Tschernajews Anemone bevorzugt felsige Standorte unter Gebüsch, aber auch bebuschte Steppenhänge oder krautreiche Wälder von 900 bis 1900 m Meereshöhe.

Eine 5 bis 35 cm hohe Art mit knolligem Wurzelstock. Die 1 oder 2 Grundblätter an kahlen Stielen sind handförmig dreischnittig, die Abschnitte keilförmig, breit verkehrt eiförmig, sitzend, meist seicht und fächerförmig dreischnittig, die Lappen grob sägezähnig mit wenigen Zähnen.

Der kahle Stengel hat im oberen Bereich kleine Warzen. Die 3 Involukralblätter sind verkehrt eiförmig, breit keilförmig, im äußeren Bereich wie die Abschnitte der Grundblätter geteilt, vereinzelt angedrückt weichhaarig oder kahl. Die ebenso behaarten 1 bis 3 Blütenstiele sind dünn und lang; die seitlichen mit 2 kleinen Hüllkelchblättern.

Von März bis Mai erscheinen die 1,8 bis 3,5 (4) cm großen Blüten. Sie werden geformt aus 5 weißlichen, rosafarbenen oder blaß violetten, oval-länglichen oder länglich-lanzettlichen, fast spitzen oder stumpfen Sepalen. Weitere Merkmale: Antheren lineal-länglich, purpurfarben; Fruchtknoten dicht weichhaarig; Griffel purpurfarben, zur Fruchtreife etwa so lang wie der Fruchtknoten.

Tschernajews Anemone läßt sich unschwer kultivieren, wenn ihre Ansprüche als Steppenpflanze erfüllt werden. In regenreichen und kühlen Gegenden kommt sie im Alpinenhaus oder Zwiebelkasten besser voran. Als Liebhaberpflanze wird sie nur gelegentlich angeboten.

A. udensis Trautvetter & Meyer 1847
Sie wächst in ihrer mandschurischen und nordkoreanischen Heimat an Waldrändern und in Gebüschdickichten, sowie an trockenen, steinigen, beschatteten Hängen.

Diese Schwester der *A. nemorosa* bildet mit ihren lang kriechenden, weißen, dünnen Rhizomen (mit verlängerten Internodien, manchmal mit langen, dünnen, kriechenden Seitentrieben) dichte Rasen. Sie wird 12 bis 25 cm hoch. Die Grundblätter fehlen meist.

Der Stengel ist ziemlich dicht mit waagrecht abstehenden Haaren bedeckt. Die 3 großen, wie der Stengel behaarten Involukralblätter haben lange Stiele (so lang oder halb so lang wie die Blattspreite). Diese ist dreiteilig, mit kurzgestielten, breit verkehrt eiförmigen Abschnitten mit stumpfer oder kurzer, scharf zugespitzter Basis. Die Spreite ist ganzrandig oder manchmal seicht dreischnittig, aber im äußeren Bereich grob gezähnt (Zähne breit, abrupt fast scharf zugespitzt), ziemlich dünn, oben kahl und unten vereinzelt bis ziemlich dicht abstehend behaart. Auch die einzelnen, welligen, recht dünnen Blütenstiele sind kurz abstehend behaart.

Anemone udensis.

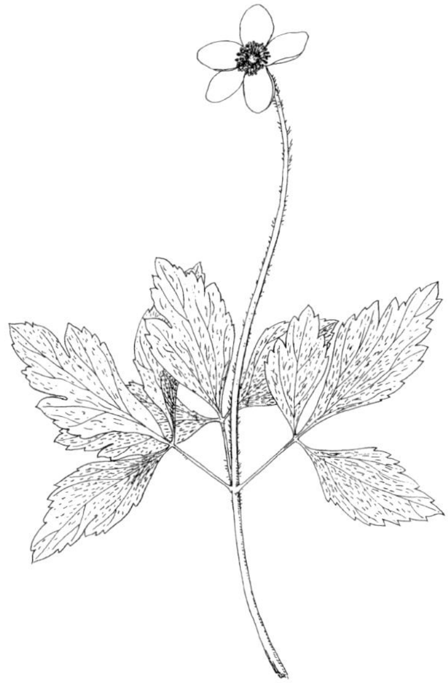

Anemone umbrosa.

Die (breit) ovalen, (fast) stumpfen, an der Spitze unten angedrückt-weichhaarigen reinweißen Sepalen bilden eine Blüte von 2 bis 3,5 cm Durchmesser, die von Mai bis Mitte Juni erscheint. Die Staubgefäße sind ein Drittel so lang wie die Sepalen. Den Fruchtknoten bedecken dicht silbrigweiße Haare. Bezugsquellen sind nicht bekannt.

A. umbrosa C. A. Meyer 1830, Schatten-Windröschen
Wie es der Name zum Ausdruck bringt, gedeiht das Schatten-Windröschen in schattigen Wäldern des Altai, der Süd-Mandschurei und Nordkoreas. Das Schatten-Windröschen kann seine Verwandtschaft zu *A. nemorosa* gleichfalls nicht verbergen.

Die Art wird 10 bis 25 cm hoch. Es wird kein oder ein langgestieltes, fünfteiliges Grundblatt mit breit rhombischen oder ovalen, leicht zugespitzten, kurzgestielten Abschnitten gebildet.

Der Stengel ist dünn, etwas wellig und kahl. Die Stiele der Involukralblätter sind 1 bis 3,5 cm lang (2/5 bis 1/2 der Spreitenlänge). Die bis zum Grund dreiteilige Spreite ist oben angedrückt-weichhaarig, unten dichter. Die Abschnitte sind verlängert-rhombisch-keilförmig, ganzrandig, spitz, seicht dreischnittig (die seitlichen meist zweischnittig) und grob eingeschnitten gezähnt. Es wird 1 (selten 2) anliegend behaarter Blütenstiel gebildet.

2 bis 2,5 cm groß sind die aus 5 weißen, elliptischen, unten angedrückt-weichhaarigen (manchmal nur entlang des Mittelnervs) Sepalen bestehenden Blüten. Der Fruchtknoten ist seidig-flaumhaarig und der Griffel kurz, dicklich und glatt.

Auch das Schatten-Windröschen wächst vorläufig gärtnerisch noch nicht entdeckt in ferner Waldheimat.

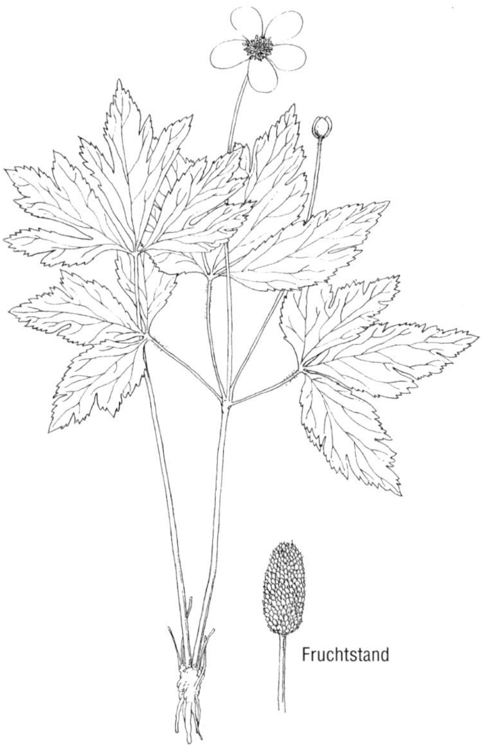

Anemone virginiana.

A. virginiana Linné 1753, Virginia-Anemone
Die Art ist in den östlichen Vereinigten Staaten (nördlich bis Minnesota und Maine) zuhause. Sie wird in lichten Wäldern und auf Waldlichtungen, besonders an Abhängen, gefunden. Zu ihren Nachbarn in Aspenhainen gehören *Symphoricarpus racemosus, Rosa acicularis, Amelanchier rotundifolia, Fragaria virginiana, Aster torrey* und andere Asternarten, *Thalictrum venulosum, Smilacina stellata, Viola subvestita* und andere Veilchenarten, *Pyrola asarifolia* und andere.

Die Art ist nahe mit *A. cylindrica* verwandt (Bestimmungstabelle siehe dort) und von ihr durch das deutlich kürzere Fruchtköpfchen (etwa 2 mal so lang wie breit) unterschieden.

Wuchshöhe 60 bis 90 cm. Blütezeit Juni bis August; Blüte 1,9 bis 3,8 cm Durchmesser; Sepalen immer 5, weiß oder grünlichweiß, spitz oder stumpf; Antheren mindestens 1,2 mm lang; reife Griffel stark voneinander abweichend. Der Gartenwert ist sicherlich gering.

A. vitifolia Buchanan-Hamilton ex A. P. de Candolle 1818,
Weinblatt-Anemone
Nepal und Nordindien, Nordburma, Südost- und Osttibet, Yunnan und Südwest-Szechuan nennt die Weinblatt-Anemone ihre Heimat.

Die Pflanze mit einem schrägen, horizontalen Wurzelstock von 0,8 bis 1,5 cm Durchmesser kann 50 bis 100 cm hoch werden. Die 2 bis 5 langgestielten (3,5 bis 5,5 cm) Grundblätter sind immer(!) ungeteilt, aber mit 3 bis 5 (7) flachen Einschnitten (ähnlich gewisser *Vitis*-Arten, Name!). Sie sind herz- (breit) eiförmig, (5,2) 11 bis 22 cm lang und (6) 12 bis 26 cm breit, scharf zugespitzt, fein gezähnt, oben dünn kurzhaarig, unterseits dicht kurz-weißhaarig.

Der Stengel ist dick, kräftig und schwach bis dicht behaart. Er bildet eine 20 bis 60 cm lange, zwei- bis vierfach verzweigte Trugdolde. Die Involukralblätter haben die Form der Grundblätter, die oberen sind jedoch kleiner, mit 1,4 bis 7 cm langen Stielen.

Der dicht kurzhaarige Blütenstiel ist 3,5 bis 5,5 cm lang. Die Blüten öffnen sich von (Juli) August bis Oktober. Die 5 Sepalen sind weiß oder leicht rosa getönt, die äußeren eiförmig, 1,4 bis 1,8 cm lang und 0,8 bis 1,3 cm breit, außen weißhaarig. Die Staubblätter sind 1/4 so lang wie die Sepa-

Anemone vitifolia mit verschiedenen Blattformen.

len; Staubfäden drahtartig; Fruchtblätter etwa 400; Fruchtknoten dicht weichhaarig. Die dicht weichhaarigen Achänen an 3,5 mm langen Stielen formen einen kugelförmigen Samenstand von 1,5 cm Durchmesser.

Die echte Weinblatt-Anemone dürfte in deutschen Gärtnereien nicht vorhanden sein. Dies liegt sicherlich mit an der geringeren Winterhärte. Bei den von einer bekannten deutschen Staudengärtnerei angebotenen, aus chinesischer Wildsaat erzogenen *A. vitifolia* handelt es um *A. hupehensis* f. *alba*, denn die Blätter sind dreiteilig. In Großbritannien hingegen wird sie häufiger angeboten.

A. × wilsonii Ulbrich 1905
Nach Ulbrich eine Hybride zwischen *A. altaica* Fisch. und *A. baicalensis* Turcz.; in ihren Merkmalen zwischen den Eltern stehend.

A. yezoensis (Miyabe) Koidzumi, Yezo-Windröschen
Yezo ist der alte Name für Hokkaido, und dort kommt die Art auch vor. Allerdings wächst sie auch auf Sachalin. Das Yezo-Windröschen ähnelt *A. debilis*, ist aber auch mit *A. umbrosa* verwandt.

Die Merkmale der Art lesen sich wie folgt: Rhizom dünn. Abschnitte der Involukralblätter eirund-länglich oder länglich, 2 bis 3 cm lang und 0,7 bis 1,5 mm breit, grob gezähnt. Blütezeit Mai bis Juli; Sepalen 5 bis 7, genähert eirund, 10 bis 12 mm lang; Staubgefäße elliptisch, etwa 0,7 mm lang. *A. yezoensis* hat den Weg in westliche Gärten bislang nicht gefunden.

Anemonopsis Siebold & Zuccarini 1846, Schein-Anemone

Eine monotypische Gattung aus Japan (Honshu), wo sie in Bergwäldern vorkommt.

A. macrophylla Siebold & Zuccarini 1846
Eine kahle Pflanze von 40 bis 80 cm Höhe. Die Stengel der Blätter sind verbreitert und an der Basis beidseitig geflügelt. Blätter wechselständig, sowohl grundständig als auch stengelständig (im unteren Bereich), zwei- bis dreizählig mit rhombisch-ovalen bis breit ovalen oder verlängerten, 4 bis 8 cm langen und 2 bis 5 cm breiten oft dreigelappten, eingeschnittenen und spitz gezähnten Abschnitten.

Der Blütenstand ist eine mehr als zehnblütige, lockere, traubige Rispe von 15 bis 30 cm Länge. Die langgestielten, hängenden, ziemlich großen (3 bis 3,5 cm im Durchmesser) Blüten bestehen aus 7 bis 10 blaß purpurfarbenen, petalenähnlichen, flachen, verlängerten, etwa 2 cm langen Sepalen und etwa 10 blaß purpurfarbenen, 10 bis 12 mm langen, verkehrt eiförmigen (viel schmäler als die Sepalen), ziemlich dicken und am Grund mit Honigdrüsen versehenen Petalen. Staubgefäße viele; Fruchtblätter 2 bis 4, sitzend, frei, mit ziemlich vielen Samenanlagen; Griffel verlängert, dünn, fadenförmig, die Narbe punktiert. Der Fruchtstand wird von 2 bis 4 etwa 15 mm langen Balgfrüchten gebildet. Blütezeit Juli–August.

Eine vornehme, zarte Schönheit, die zwar völlig winterhart ist, der aber Spätfröste arg zusetzen können. Genauso Schaden nimmt sie, wenn im Sommer ihr Boden austrocknet. Deshalb gehört sie nur in halbschattige bis schattige Gehölzpartien mit kühlem, frisch-feuchtem, humosem und tiefgründigem Boden gepflanzt. Zweifelsohne mehr eine Liebhaberstaude (sowieso nur von Raritätengärtnereien angeboten und dann meist nicht billig) für eine Gemeinschaft gleichfalls anspruchsvoller und nicht alltäglicher Stauden wie *Liriope, Iris gracillipes, Glaucidium palmatum* und anderen.

Barneoudia Gay 1845

Die Gattung ist in den Bergen Nordost-Argentiniens und in den chilenisch-argentinischen Anden zuhause. Der Autor fand keinerlei Hinweise, daß sich Arten der Gattung in Kultur befinden.
Zur Gattung gehören folgende Arten:
B. balliana Britt.
B. chilensis Gay
B. major Phil. var. *major*
B. major var. *patagonica* (Skottsb.) Lourt.

Hepatica Miller 1754, Leberblümchen

Wie viele Arten die Gattung umfaßt, darüber herrscht in Botanikerkreisen immer noch Unklarheit; es heißt 5 bis 8 Arten, je nachdem wie eng oder weit die Art *H. nobilis* gefaßt wird. Die Gattung wird in 2 Serien unterteilt:
Series **Triloba** (Ulbr.) Tamura

Blätter dreilappig, Lappen ganzrandig (alle Arten, außer den dreien der 2. Serie).
Series **Angulosa** (Ulbr.) Tamura
Blätter drei- bis fünflappig, Lappen mehr oder weniger gezähnt *(H. transsylvanica, H. falconeri, H. henryi).*

H. falconeri (T. Thomson) Juzepzuk 1937
Von steinigen Berghängen Zentralasiens (Tienshan, Pamir Alai, von Kuldja bis Kaschmir) kommt dieses bislang kaum kultivierte Leberblümchen. Trotz der großen Lücken zwischen Zentralasien und Siebenbürgen und der chinesischen Provinz Hupeh ist *H. falconeri* nahe verwandt mit *H. transsylvanica* und der folgenden Art, *H. henryi*. Thomson (1852) schreibt: »Diese drei Arten scheinen intermediär zwischen der Gattung *Hepatica*, die sitzende Blüten hat, und der Sectio *Anemonanthea* der Gattung *Anemone*, die geteilte Involukralblätter und stachellose Achänen hat, zu stehen.«

Um die 3 Arten zu unterscheiden, soll hier der Schlüssel von Steward (1927) wiedergegeben werden.

H. falconeri wird 6 bis 22 cm hoch. Der Wurzelstock weist an der Spitze längliche, häutige Schuppen auf. Grundblätter an langen, mit waagrecht abstehenden weichen Haaren bedeckten Stielen, nierenförmig-herzförmig, dreiteilig, zuerst zottig, später entfernt weich behaart, die Abschnitte gerundet-rhombisch, breit keilförmig, zwei- bis dreifach mit groben Zähnen und gezähnten Lappen oder einfach eingeschnitten-gezähnt mit breiten stumpfen oder leicht scharf zugespitzten Zähnen.

Stengel aufsteigend oder aufrecht, so lang oder länger als die Grundblätter, dünn, ziemlich schwach, meist gewellt, Behaarung ähnlich den Blattstielen, aber weniger deutlich. Involukralblätter 3, selten 4, sitzend, schmal eiförmig oder länglich, fast spitz, ganzrandig, selten mit (meist 3) schmalen spitzen Zähnen an der Spitze, angedrückt weichhaarig.

Hepatica henryi.

Blüten 1,3 bis 2 cm im Durchmesser, im April–Juni erscheinend; Sepalen weiß, (manchmal außen rötlich), 5, selten 6, eiförmig-länglich, stumpf oder schwach spitz, kahl oder außen am Grund leicht angedrückt weichhaarig. Früchtchen schmal länglich, allmählich zur Spitze spitz zulaufend, etwas gekrümmt, ringförmig, seidenhaarig.

H. henryi (Oliver) Steward 1927
Dies ist eine kaum bekannte Art aus der chinesischen Provinz Szechuan, wo sie in 1300 bis 2500 m Höhe

Bestimmungsschlüssel für H. falconeri, H. henryi und H. transsylvanica
(nach Steward 1927)

1 Blüten stehen auf einem kurzen (etwa 8 mm langen) Stiel über dem Involukrum.
H. falconeri (Thoms.) Juz.

1* Blüten sitzend und fest vom Involukrum gestützt.

2 Blätter tief gespalten (bis zur Mitte oder noch tiefer), 5 bis 8 cm im Durchmesser, in der Textur ziemlich grob; entwickelte Stiele 8 bis 20 cm lang, wenig angedrückt-flaumhaarig; Blüten 3 bis 4 cm im Durchmesser.
H. transsylvanica Fuss

2* Blätter seicht gelappt (nicht mehr als 1/3 der Spreitenlänge), 3 bis 5 cm im Durchmesser, in der Textur dünner; entwickelte Stiele 5 bis 10 cm lang, zerzaust zottig behaart; Blüten 1 bis 2 cm im Durchmesser, weiß (manchmal außen rötlich).
H. henryi (Oliv.) Steward

wächst (wegen der Unterscheidungsmerkmale zu *H. transsylvanica* und *H. falconeri* siehe unter letzterer).

H. insularis Nakai 1934
Ein asiatisches Leberblümchen, dessen Artstatus wohl der Überprüfung bedarf. Es wächst auf der Quelpaert-Insel und anderen Inseln vor Korea.

Die Blätter und Blüten entwickeln sich gemeinsam. Die Blätter sind (1,5) 2,5 bis 4,5 (5) cm breit und vergehen im Herbst. Die feinen Kelchblätter sind 9 bis 10 mm lang. Der Fruchtknoten und ebenso die 2 bis 2,5 mm langen Früchte sind behaart. In Europa wohl nicht kultiviert.

H. maxima (Nakai) Nakai 1934
Eine kaum bekannte Sippe von der Dagelet-Insel oder Ullung-Do vor der Ostküste Koreas, die zweifelsohne nahe mit *H. nobilis* verwandt ist und vielleicht zur ihr gestellt werden muß.

Marlene Ahlburg, die diese Art erfolgreich kultiviert, schreibt über Ullung-Do: »Dort wo sich diese Insel befindet, stoßen zwei Meeresströme frontal aufeinander: der warme Kuroshiwo aus dem Süden und der kalte Oja-shiwo aus dem Norden. Das hat zur Folge, daß auf Ullung-Do die Nordgrenze der Subtropen gewissermaßen als Kampfzone ausgebildet ist. Insgesamt ist das Klima relativ mild.

(. . .) Der Niederschlag ist hoch mit schweren Regenfällen im Juni, Juli und August und mit mäßigem Schneefall im Winter. Frost ist selten.

Die winterliche Luftfeuchtigkeit gleicht etwa der unsrigen, im Sommer dagegen ist die Luft viel feuchter als bei uns, denn es regnet etwa dreimal so viel. Die Temperatur mißt dann um 20 °C. Das ist subtropisches Klima.

Da *H. maxima* die Nordhänge der Inselberge besiedelt, dürfte ihre Vorzugstemperatur um 3 bis 5 °C weniger messen als auf dem (koreanischen) Festland. Die Luftfeuchtigkeit wird auf der Insel etwas höher liegen als in Kanrun. An den Nordhängen ist wegen der exponierten Lage gelegentlich Frost bis –5 °C möglich.«

Das Riesen-Leberblümchen, so könnte es genannt werden, unterscheidet sich von *H. nobilis* in folgenden Merkmalen: Grundblätter (8) 10 bis 12 (15) cm breit, dreilappig, die Lappen stark gerundet. Blätter und Blüten treiben gemeinsam aus. Die Blätter sind im Austrieb beidseitig glänzend hellgrün und gleichmäßig von weißen Seidenhaaren besetzt, wobei der Blattrand von einem kurzen, weißen Wimperkranz umgeben ist. Die Blattoberseite der adulten Blätter ist im Gegensatz zur Unterseite stumpf, und das Ganze fühlt sich an wie weiches Leder, die vorjährigen Laubblätter sind auf der Unterseite leuchtend purpurot, sie vergehen erst nach dem Abwelken der Samenstände des Vorjahres. Hüllkelchblätter 10 bis 25 mm lang und 6 bis 20 mm breit; Fruchtknoten ziemlich unbehaart, ebenso die 5 bis 6 mm lange Frucht.

Nach Marlene Ahlburg soll die Sepalenfarbe leicht variieren zwischen Grünweiß mit rosa Rand, Reinweiß und ganz zartem Rosa. Ebenso ist es bei den Staubblättern. Blütezeit: März bis Anfang April. Die Samen der von M. Ahlburg kultivierten Pflanzen reifen erst sehr spät im zweiten Septemberdrittel. Ob dies arttypisch oder durch das hiesige Klima verursacht sei, könne wegen der erst kurzen Einführung der Art noch nicht sicher gesagt werden.

Die Art sollte im Kalthaus kultiviert werden. Nach den Eisheiligen können die Pflanzen an einem schattigen Platz im Freien aufgestellt werden.

H. × media Gürke (*H. transsylvanica* × *H. nobilis*)
Diese Naturhybride der beiden europäischen Arten soll wild in den rumänischen Karpaten vorkommen. Sie ist steril (wahrscheinlich triploid).

Der Handel führt vor allem die Sorte 'Ballardii' (E. Ballard 1938): Blätter ähnlich denen von *H. transsylvanica*, jedoch glatter und lederartiger; Hüllkelchblätter runder als bei *H. transsylvanica*; Blüten leuchtend blau, etwa 5 cm im Durchmesser.

'Millstream Merlin' soll eine Hybride von *H. transsylvanica* mit *H. nobilis* var. *obtusa* sein. Sie hat tief purpurfarbene Blüten.

H. nobilis Garsault 1764, Edles Leberblümchen
H. nobilis hat das größte Verbreitungsgebiet aller Leberblümchen-Arten. Die heimische *H. nobilis* var. *nobilis* kommt fast in ganz Europa vor; nur in den atlantischen Gebieten wie in Nordwest-Spanien, in Nord- und Nordost-Frankreich, in Belgien (hier z.T. verwildert), in den Niederlanden, in Nordwest-Deutschland, in Dänemark und in England fehlt sie. In Korea und in der Mandschurei tritt sie als *H. nobilis* var. *asiatica* (Nakai) Hara auf, in Japan – dort sehr variabel – als *H. nobilis* var. *japonica* Nakai. Möglicherweise gehören auch *H. maxima* und *H. insularis* als Varietäten zu *H. nobilis*. Um dies zu klären, bedarf es umfangreicher Studien, die nach derzeitigem Kenntnisstand des Autors bislang nicht erfolgt sind.

Ebenfalls nicht eindeutig geklärt ist die Stellung der amerikanischen *Hepatica*. Teilweise werden diese als eigene Art oder als Varietät von *H. nobilis* geführt. Letztere Zuordnung folgt der Arbeit »Hepatica in North America« von J. A. und C. S. Steyermark aus dem Jahre 1969. Der Autor hält deren Untersuchung für nachvollzieh-

Neue Blüten schieben sich zwischen den vorjährigen Blättern des heimischen Leberblümchens (Hepatica nobilis) hervor.

Einige Wochen vor dem heimischen Leberblümchen spiegelt das Siebenbürger Leberblümchen (Hepatica transsylvanica) den Vorfrühlingshimmel.

bar, weshalb die amerikanischen *Hepatica* in diesem Buch als Varietäten zu *H. nobilis* gestellt werden. Dabei ergeben sich folgende Namensänderungen:
H. americana (DC.) Ker-Gawl. bekommt den Namen **H. nobilis var. obtusa** (Pursh.) Steyermark 1960, da Pursh die Rasse 1814 erstmalig beschrieben hat (als *H. triloba* × *H. obtusa*), während das Epithet »americana« erst 1819 von DeCandolle benutzt wurde (*H. triloba* var. *americana*);
H. acutiloba DC. erhält den Namen **H. nobilis var. acuta** (Pursh) Steyermark 1969, da wiederum Pursh auch diese Rasse 1814 erstmalig beschrieben hat, während der Name *H. acutiloba* erst 1824 von DeCandolle verwendet wurde.
Nach Steyermark und Steyermark unterscheiden sich die amerikanischen Varietäten von der Stammform im Durchschnitt durch schmälere Sepalen, ein in Länge und Breite größeres Involukrum, eine stärkere, flaumige Behaarung der Stengel und Blattstiele und zur Fruchtreife etwas kürzere Stengel.

Für den Typ werden folgende pflanzensoziologische Angaben gemacht (die Varietäten besiedeln sicher ähnliche Standorte): zerstreut aber gesellig in krautreichen Buchen- und Eichen-, auch Nadelmischwäldern (besonders

Wegen nicht ausreichender Winterhärte wird Hepatica maxima im Kalthaus als Topfpflanze kultiviert.

Hepatica nobilis var. acuta am heimatlichen Standort in Nordamerika.

Hepatica nobilis var. obtusa bringt Farbe in den braunen Teppich des Vorjahreslaubes eines nordamerikanischen Laubwaldes.

im Osten); schwache Querco-Fagetea-Klassencharakter-Art. Wir treffen sie vor allem in Kalk- und Lehmgebieten (Lehmzeiger), selten in Silikatgebieten, von der Ebene bis in Höhenlagen von 2200 m an.

Wuchshöhe 5 bis 15 (25) cm. Der dunkelbraune, kurze und faserige Wurzelstock treibt zahlreiche, langgestielte, ledrige, oben grüne, unten meist mehr oder weniger violette Blätter mit herzförmigem Grund. Die Blätter sind dreilappig, mit bis zur Hälfte eingeschnittenen, breit eiförmigen, stumpfen bis zugespitzten Lappen (diese sehr selten nochmals gelappt), wenn jung, wie die Stiele dicht weißseidig behaart, später kahl werdend, erst nach der Blüte treibend. Stengel zahlreich, behaart, aufrecht, meist rötlich, mit 3 bis 10 mm langen, ganzrandigen, eiförmigen, sitzenden Hochblättern.

Die Blüte zeigt sich bereits im März bis April (in Höhenlagen mitunter erst Mai, Juni). Sie besteht aus 6 (10) himmelblauen, außen helleren (selten rosa oder weiß), schmal eiförmigen, ganzrandigen und hinfälligen Sepalen. Die Nektarien fehlen; die Staubblätter sind fast weiß mit rotem Konnektiv; die Narbe ist kopfig. Das längliche, behaarte Früchtchen hat einen kurzen Schnabel.

H. nobilis muß als Art reifer Gärten betrachtet werden. Ihre Ansiedlung verlangt Geduld. Wo sie sich wohl fühlt, tauchen bald die ersten Sämlinge auf. Hohe Temperaturen und Austrocknung behagen dem Leberblümchen gar nicht.

Sorten von H. nobilis var. nobilis

Der Typ besitzt auch in Europa eine gewisse Variabilität, jedoch ist keines dieser Merkmale stabil genug, um ihm einen eigenen Status als Form einzuräumen. So erhielt der Autor einmal weißblühende Pflanzen aus den Pyrenäen, deren Blätter sehr dekorativ silbrig gefleckt waren. Als Folge der Variabilität können sich Länge und/oder Breite der Involukralblätter und/oder der Sepalen, die Blattform und -fleckung, etc. ändern und es treten gelegentlich gefüllte Formen auf. Diese wurden schon vor langer Zeit in Kultur genommen. Ihre Dauerhaftigkeit in Gärten läßt jedoch sehr zu wünschen übrig, was besonders für die weiß gefüllte Sorte ('Alba Plena') gilt. Von dieser mögen nur (noch) einige Exemplare existieren; weniger selten hingegen sind die gefüllten blauen ('Plena') und leuchtend rosaroten ('Rubra Plena'). Brickell und Sharman zitieren Hanmer, der 1659 schrieb, daß die gefüllten Formen in rauchigen Städten niemals schöne große Blüten bilden, in reiner Luft jedoch prächtig gedeihen würden. Eine weitere gefüllte Sorte ist 'Little Abbington' (Blüten violettblau, die Blütenblätter des äußeren Kranzes sind länger als die inneren; sehr langsam wachsend, aber sehr reich blühend). Inzwischen wurden weitere gefüllte Typen ausgelesen und benannt: 'Elmshorn', 'Hopps Liebling', 'Kopenhagen', 'Kyrvinberg', 'Müssel', 'Peterson', 'Troll´s Treasure' (alle in blau) und 'Timo' (rot). 'Sue´s Double' ist trotz ihres Namens nur halbgefüllt und blau.

Die ungefüllten Farbvarianten werden als 'Alba' (weiß), 'Rosea' (rosa) und 'Rubra' geführt, die Formen mit silbriger Blattfleckung als 'Marmorata'. Gleichfalls silbrig gezeichnet sind die kleinen Blätter der Sorte 'Ordesa' (Blüten verschiedenfarbig) und

'Tabby'. 'Jean' ist eine Auslese von Brian Matthew mit dunkelhimbeerroten, auf der Unterseite fast weißen, aber rosa umrandeten Blüten. 'Angela' ist eine der vorigen ähnliche Sorte. Eine gleichfalls ähnliche Sorte ist 'Crowley Dawn'. Weitere neue Auslesen sind 'Baby Pink' (rosa), 'Red Colour Player' (rot), 'Isla Hall' (rosa), 'Rychnov' (blau und weiß gestreift) und 'Blue Beauty' (blau).

Varietäten von H. nobilis

H. nobilis var. japonica Nakai: Aufgrund der Variabilität von *H. nobilis* var. *japonica* gibt es in Japan einige hundert Sorten – eingeteilt in verschiedene Gruppen (Otomi = Sternblüte, Choji = Vielzungenblüte, Nichiria = Sonnenblüte). Eine Spezialgärtnerei in Deutschland führt einige dieser Sorten. Diese sind jedoch keine Freilandpflanzen, denn die Preise betragen zum Teil mehrere tausend(!)Mark.

H. nobilis var. asiatica (Nakai) Hara: Diese kleine Rasse hat dekorativ marmorierte, sommergrüne Blätter und bringt blaue, weiße oder rosa Blüten von 2 cm Durchmesser auf zarten, langen Stielen hervor.

H. nobilis var. acuta (Pursh) Steyermark 1960: Die USA (von Maine bis Minnesota, südlich bis Georgia, Alabama und Missouri) nennt das Spitzlappige Leberblümchen seine Heimat. Es wächst in Laubwäldern und Gebüschen, vergemeinschaftet mit so mancher aus Gartenkultur gut bekannter Art, wie *Actaea alba, Allium tricoccum, Anemone quinquefolia, Arisaema triphylla, Caulophyllum thalictroides, Claytonia caroliniana* und *C. virginica, Dicentra canadensis* und *D. cucullaria, Erythronium americanum, Eupatorium rugosum, Geranium maculatum, Geum canadense, Hysterix patula, Mitella diphylla, Podophyllum peltatum, Polygonatum pubescens* und *P. virginianum, Sanguinaria canadensis, Stylophorum diphyllum, Tiarella cordifolia, Trillium cernuum* und *T. grandiflorum, Thalictrum dioicum, Chasmanthum latifolium, Uvularia grandiflora, Viola canadensis* und *V. pubescens*.

Die Varietät wächst aber auch auf schiefrigen Hängen und manchmal sogar auf feucht-nassen Felsen, beispielsweise an Sturzbächen, nach mündlicher Mitteilung immer an Standorten mit hoher bis sehr hoher Luftfeuchtigkeit.

Am heimatlichen Standort erhält das Spitzlappige Leberblümchen während der Blüte direkte Sonne; später steht es halbschattig. Der Boden sollte frisch bis feucht und leicht kalkhaltig (pH 6,0 bis 7,0) sein.

Die 10 bis 15 cm hohe Varietät hat wintergrüne, deutlich dreilappige (selten fünflappige), ganzrandige Blätter mit (im Gegensatz zu *H. nobilis*) spitzen Einzellappen. Die neuen Blätter treiben erst nach der Blüte. Blüten- und Blattstiele sind auffallend stark behaart. Die Hochblätter sind ebenfalls spitz. Die im März bis April erscheinenden Blüten sind meist weiß, selten blau oder rosa (nach mündlicher Mitteilung besonders auf kalkhaltigen Böden).

Als Auslesen hierzu: 'Louise Koehler' (gefüllt, rosafarben, im Abblühen verblauend), 'Eco Regal Blue' (blau), 'Eco White Fluff' und 'Eco White Giant' (beide in Weiß).

H. nobilis var. obtusa (Pursh) Steyermark 1960: Diese Varietät gedeiht mehr im Flachland in Buchenwäldern in der unmittelbaren Nähe von kleinen Bächen. Offensichtlich ist sie wärmebedürftiger.

Als Auslesen hierzu: 'Eco Indigo' (indigoblau), 'Eco Blue Harlequin' und 'Eco Tetra Blue' (beide in Blau).

H. transsylvanica Fuss 1850, Siebenbürger Leberblümchen
Die Art ist ein Endemit der rumänischen Karpaten, wo sie in Bergwäldern zuhause ist.

Aus dem langgestreckten, kurzen Wurzelstock treiben die drei- bis fünflappigen Grundblätter mit gesägt-gezähnten Lappen. Die Hüllkelchblätter haben oben 2 bis 3 kleine Zähne.

Im März–April (einige Wochen vor *H. nobilis*) erscheinen die 2,5 bis 4 cm großen, meist aus 8 bis 9 elliptischen, meist blaue Sepalen bestehenden Blüten.

Die weißblütige Form wird als 'Alba' geführt, 'Nivea' soll schöner sein (ähnlich sind: 'Beutnagels Weiße' und 'Weinreichs Weiße'); 'Rosea' hat rosafarbene Sepalen; 'Buis' blüht silberblau, 'Loddon Blue' himmel- bis mittelblau, 'Lilacina' lilablau; weiße Sepalen mit blaßblauer Unterseite hat die Sorte 'Eisvogel'.

Das Siebenbürger oder Vorfrühlings-Leberblümchen verträgt Boden- und Lufttrockenheit besser als *H. nobilis*.

Knowltonia Salisbury

Zur Gattung gehören 8 Arten im südlichen Afrika (Südwestkap bis südliches tropisches Afrika). Dem Verfasser liegen keine Hinweise vor, daß *Knowltonia*-Arten in Europa kultiviert werden. Sicherlich sind sie mit ihren unscheinbaren Blütenfarben nicht sehr attraktiv.

K. anemonoides H. Rasm.
Eine 40 bis 90 cm hohe Staude mit geteilten Grundblättern und weißen oder grünlichgelben Blüten von September bis Januar. Sie besiedelt Berghänge.

K. capensis (Linné) Huth
Diese Art wird nur bis 30 cm hoch. Sie blüht von Juni bis September mit grünen, purpurn überhauchten Blüten. Sie wächst in niedrigeren, schattigen Hanglagen.

K. cordata H. Rasm.
Von September bis Januar erscheinen die grünen Blüten der 30 bis 70 cm hohen Staude, die niedrige, felsige Hänge bewohnt.

K. filia (Linné f.) Durand & Schinz
Die Art wird 50 bis 140 cm hoch und im Oktober bis Februar zeigt sie ihre cremefarbenen oder grünlichen Blüten auf sumpfigen oder schattigen, niedrigen Hängen.

K. vesicatoria (Linné f.) Sims
Die Früchte dieser 30 bis 120 cm hohen Art sind fleischig, die Blüten weiß oder gelblich und erscheinen von Mai bis September. Sie besiedelt Schattenhänge und Wälder.

Metanemone W.T. Wang 1980

Eine monotypische Gattung, die in der »Flora R. P. Sinicae«, Band 28 (1980) neu aufgestellt wurde.

M. ranunculoides W.T. Wang 1980
Die Art wächst in Nordwest-Yunnan im Wei-Xi-Gebirge (um 3500 m Höhe).

Eine krautige, 10 bis 20 cm hohe Staude mit einem etwa 1,5 cm langen, dicken und senkrechten Wurzelstock. Alle Blätter sind grundständig, mit (1,5 bis 5 cm) langem Stiel, krautig, beidseitig mit kurzen flachen Haaren und sehr verschieden: entweder ungeteilt, eiförmig, 2,2 bis 2,4 cm lang und 1,7 bis 1,9 cm breit, mit runder Basis, am Rand entfernt ein- bis zweizähnig oder schmal elliptisch, 1,2 bis 2 cm lang und 0,9 bis 1 cm breit, ungeteilt und an beiden Enden langsam verschmälert oder handförmig dreifach gespalten, mit keilförmigen, 1,8 cm langen und 0,9 cm breiten Abschnitten oder fast sternförmig, 2,5 cm lang und 3,2 cm breit, mit fast gestutzter Basis, mit 3 tiefen Spaltungen.

Am oben und unten mit kurzen dünnen Haaren bewachsenen, blattlosen Stengel steht eine 2,2 cm große Blüte. Sie wird gebildet aus 19 leicht blau-weißen, schmal eiförmigen, 10 bis 12 mm langen und 4 bis 6 mm breiten, an der Spitze dreizähnigen oder ganzrandigen, außen weichhaarigen Sepalen, 50 Staubblättern (3,5 bis 5 mm lang), elliptischen, 1 mm langen Antheren, fadenförmigen Staubfäden, 18 Fruchtblättern und einem elliptisch-runden, 1,5 mm langen, dicht gelbhaarigen Fruchtknoten.

Diese Art dürfte außerhalb Chinas völlig unbekannt sein.

Metanemone ranunculoides.

Pulsatilla Miller
Küchenschelle, Kuhschelle

P. ajanensis Regel & Tiling 1859, Ajan-Kuhschelle

Ein Endemit aus dem Fernen Osten Rußlands, der in Bergwiesen und anderen offenen Lebensräumen zuhause ist.

Die Wuchshöhe der Art beträgt 5 bis 12 cm, zur Fruchtreife bis 20 cm. Aus dem vertikalen Wurzelstock treiben aufsteigende Stengel, die dicht mit abstehenden gelben Haaren bedeckt sind.

Die im Umriß breit eiförmig-rhombischen oder fast halbkreisförmigen Grundblätter an mit abstehenden weichen Haaren bedeckten Stielen erscheinen mit oder nach den Blüten. Die Blätter sind meist unpaarig gefiedert eingeschnitten, mit (2 Paaren) sitzender Seitenfiedern und einer fiederteiligen (mit breit keilförmigen, zwei- bis dreifach eingeschnittenen Lappen und kurz lanzettlichen, fast spitzen Läppchen) Endfieder. Die Involukralblätter haben zwei- bis dreifach in nahezu lineal-lanzettliche spitze Läppchen geteilte Lappen und sind sehr dicht mit langen gelben Haaren bedeckt.

Die zunächst sehr kurzen, dicht behaarten Blütenstiele verlängern sich zur Fruchtreife. Die aufrechten oder geneigten, halboffenen Blüten sind glockenförmig und erscheinen im Mai. Die meist 6, 2,5 bis 3 cm langen und etwa 1,5 cm breiten, stumpfen, an der Spitze flachen Tepalen zeigen ein verwaschenes Violett. Der etwas drahtige Fruchtschwanz ist meist 2,5 bis 3 cm lang und in der unteren Hälfte leicht spiralig. Fruchtreife Juni. Die Art wird selten kultiviert.

P. alba Reichenbach 1830, Kleine Alpen-Kuhschelle
Sie wächst auf den höchsten Stellen europäischer Mittelgebirge: den Vogesen, dem Harz, dem Riesengebirge, und Teile der Karpaten bis zum Banater Gebirge und der Hohen Tatra. Die Kleine Alpen-Kuhschelle ist Charakterart des Pulsatillo-Nardetum (Nardion), kommt aber auch in anderen Gesellschaften, z.B. Juncetea trifidi, vor, d.h. sie wächst meist auf offenen, steinigen Stellen in Silikat-Magerrasen und in Zwergstrauchheiden.

In der Hohen Tatra wächst sie zusammen mit *Empetrum nigrum* ssp. *hermaphroditum, Carex sempervirens, Juncus trifidus, Agrostis rupestris, Festuca supina, Oreochloa disticha, Soldanella carpatica, Geum montanum, Campanula alpina, Potentilla aurea* und *Doronicum clusii* oder mit *Luzula alpino-pilosa, Doronicum stiriacum, Ranunculus montanus, Soldanella carpatica, Veronica alpina* und *Primula minima*; in den Karpaten begleiten sie *Rhododendron kotschyi, Vaccinium myrtillus, V. vitis-idaea* und *V. uliginosum, Loiseleuria procumbens, Geum montanum, Hieracium alpinum, Potentilla aurea* ssp. *chrysocraspeda, Ligusticum mutellina, Armeria maritima* ssp. *alpina, Ranunculus montanus, Pedicularis oederi, Dryas octopetala, Campanula patula* ssp. *abietina, Bartsia alpina, Gentiana acaulis* und *Soldanella hungarica*. Sie wirkt wie eine Kleinausgabe von *P. alpina*.

P. albana (Steven) Berchthold & Presl 1820, Albanische Kuhschelle
Die Albanische Kuhschelle wird in 2 Unterarten mit mehreren Varietäten unterteilt.

Der Typ (*P. albana* ssp. *albana* var. *albana*) kommt aus dem Cis- und Ostkaukasus und dem Dagestangebiet, wo er in der alpinen, seltener in der subalpinen oder montanen Stufe Wiesen besiedelt oder zwischen Felsen gedeiht. Er wird begleitet von *Stipa capillata* und *S. pennata, Thymus* sp., *Teucrium chamaedrys* und *T. polium, Scutellaria polyodon* und *Androsace villosa*.

Die Wuchshöhe beträgt nur 5 bis 18 cm, zur Fruchtreife jedoch bis 30 cm. Die Grundblätter erscheinen meist mit den Blüten. Die Blätter sind 2,5 bis 6 cm lang, im Umriß länglich, doppelt gefiedert-eingeschnitten mit 3 bis 4 Fiederpaaren 1. Ordnung; die Fiedern 2. Ordnung sind tief fiedrig in schmal lanzettliche, meist lineare, fast stumpfe, ganzrandige oder leicht eingeschnitten-gezähnte Lappen geteilt.

Die geneigten oder meist hängenden Blüten sind glockenförmig mit genäherter Basis. Die 18 bis 25 mm langen, länglich-elliptischen Tepalen mit zurückgebogener Spitze sind gelb und auf der Außenseite dicht angedrückt seidenhaarig. Blütezeit Mai bis Juni. Der Fruchtschwanz ist meist 2,5 bis 3,5 cm lang, auffallend dick und drahtig und oft rötlich bis fast schwarzviolett überlaufen. Fruchtreife Juni–Juli.

Alle Sippen gedeihen relativ leicht im Garten. Wegen ihrer kleinen Blüten mit nicht immer attraktiven Farben werden sie nur selten angeboten.

Unterarten und Varietäten von P. albana

Von der typischen Unterart werden 2 Varietäten abgetrennt.

P. albana ssp. albana var. andina Rupr. 1869: Endemisch im Dagestangebiet auf Kalkfelsen der alpinen und montanen Stufe. Die Fiedern 2. und 3. Ordnung schmäler (lineal bis lineal-lanzettlich), spitz. Blüten bis 1,5mal größer, halbhängend bis aufrecht (nur nach dem Abblühen sich neigend!); Tepalen zuerst gelb, nach dem Abblühen blutrot werdend. Blütezeit Juni–Juli.

P. albana ssp. albana var. violacea (Rupr.) Aich. & Schweg. 1937: In der alpinen und subalpinen Stufe auf kalkreichen Böden des Ciskaukasus, im Dagestangebiet und des Ost- und Süd-Transkaukasus. Blattabschnitte ziemlich schmal und spitz. Blütezeit Ende Mai bis Juni. Blüte mittelgroß (bis 5,5 cm Durchmesser), hängend bis halb aufrecht; Tepalen violett oder lila oder selten weiß, innen nicht selten weiß bis licht violett, 2,3 bis 2,8 mm lang und an der Spitze gekrümmt.

P. albana ssp. albana var. georgica (Rupr.) Aich. & Schweg. 1937: Nur im östlichen Transkaukasus in der Waldzone. Nach Komarov wohl nur als mehr xerophytischer Ökotyp von *P. albana* ssp. *albana* var. *violacea* anzusehen. Blattabschnitte sehr schmal, fast borstenförmige Lappen und Zipfel. Blütezeit März–April. Blüte mittelgroß, hängend bis halb aufrecht; Tepalen licht lilarosa, über blaßlila bis fast farblos (v.a. innen).

P. albana ssp. armena (Boiss.) Aich. & Schweg. 1937: Alpine Wiesen im Süd-Transkaukasus, in Türkisch-Armenien und Kappadokien. Die kleinste Sippe der Albana-Gruppe wird nur 5 bis 10 cm hoch, zur Fruchtreife bis 20 cm. Stengel und Blätter bedecken dicht weiße, aufrechtstehende Haare. Grundblätter meist kürzer als der ganze Stengel, 1,5 cm lang, oval, dicht weißhaarig, zweifach fiederteilig, Fiedern 2. Ordnung bis zur Basis geteilt, mit sich genäherten, kurzen, schmal lineal-länglichen, fast stumpfen oder spitzen Lappen. Involukrum 2 bis 2,5 cm lang, bis zur Mitte oder etwas tiefer geteilt, mit öfters eingeschnittenen Lappen, dicht abstehend zottig behaart. Blüte relativ groß, etwas nickend, 4 bis 7 cm im Durchmesser, glockenförmig; Tepalen purpurfarben bis lila, außen dicht zottig weißhaarig, 2 bis 3,5 cm lang, länglich, spitz, Spitze flach und gerade. Antheren 2/3 der Tepalenlänge. Fruchtschwanz etwa 2,5 cm lang, ähnlich den Varietäten *albana* und *violacea*, aber etwas dünner und mit längerer Behaarung.

P. alpina (Linné) Delarbre 1800,
Alpen-Kuhschelle

Über den Umfang der Art gibt es unter den Botanikern verschiedene Mei-

nungen. Manchmal wird *P. alba* als Unterart hierher gestellt. Nach Akeroyd in »Flora Europaea, Vol. 1, 2. Aufl.« ist die von Aichele und Schwegler aufgestellte Unterart *P. alpina* ssp. *austriaca* in *P. alba* (die dort als eigene Art geführt wird) mit einzubeziehen.

Die »Flora Iberica« führt 2 weitere Unterarten (*P. alpina* ssp. *cantabrica* Lainz und *P. alpina* ssp. *font-queri* Lainz & P. Monts.) auf, ohne jedoch genaue Unterscheidungsmerkmale zu nennen. Auch sie werden in der »Flora Europaea« nicht anerkannt, sondern mit *P. alpina* ssp. *alpina* vereinigt.

Weiterhin erwähnt Akeroyd eine *P. alpina* ssp. *cyrnea* Gamisans 1977 aus Korsika – von *P. alpina* ssp. *alpina* nur verschieden durch breitere, weniger behaarte Blattlappen und (wie *P. alpina* ssp. *apiifolia*) kalkmeidend –, deren Status vielleicht nicht aufrecht zu erhalten ist.

Die Alpen-Kuhschelle findet sich recht häufig in alpinen Naturwiesen, an rasigen Hängen, auf sommerwarmen, frischen, nährstoff- und basenreichen, kalkhaltigen, neutral-milden, humosen, lockeren (bewegten), steinigen oder reinen Ton- und Lehmböden von 1500 bis 2730 m, selten tiefer. Die Schwefelgelbe Alpen-Kuhschelle wächst in Silikat-Magerrasen auf mäßig frischen, basenreichen, kalkar-

Pulsatilla albana ist eine sehr variable Art, hier eine gelbblühende Form.

Die Blüten der Pulsatilla albana sind viel kleiner als die anderer, bekannter Arten, werden aber willig und reichlich gebildet.

Pulsatilla alpina ssp. alpina am Naturstandort, dem Monte Tremalzo (nahe dem Gardasee).

men, sauren, modrigen, humosen Lehmböden.

Die 10 bis 30 (70) cm hohen Pflanzen mit dem schwarzen, senkrechten Wurzelstock entwickeln aufrechte, unverzweigte, zottig behaarte Stengel und langgestielte, dreizählige Grundblätter mit gegenständig gestellten, fiederschnittigen Fiedern. Die meist 3 Hochblätter ähneln den Grundblättern.

Die endständigen, langgestielten, fast aufrechten Blüten haben einen Durchmesser von 2,5 bis 6 cm. Die Sepalen sind meist 6, eiförmig, 1,5 bis 3 cm lang, außen bläulich, violett bis rot überlaufen, innen je nach Unterart weiß (*P. alpina* ssp. *alpina*) oder gelb (*P. alpina* ssp. *apiifolia* (Scop.) Nym. 1878), zottig behaart und meist flach ausgebreitet (Staubblätter gelb, zahlreich, mehrmals kürzer als die Sepalen).

Der schwach behaarte, halbkugelige, völlig aufrechte Blütenboden trägt zahlreiche, länglich behaarte, durch den bis 5 cm sich verlängernden abstehend-behaarten Griffel geschwänzte Früchtchen. Die Blütezeit variiert je nach Standort: (Mai) Juni bis Juli (September).

Die Alpen-Kuhschellen sind als Liebhaberpflanzen anzusehen, denn ihre Kultur ist nicht immer einfach; besonders die gelbe Unterart *P. alpina* ssp. *apiifolia* bereitet häufig Probleme in der Kultur.

P. ambigua (Turczaninov) Juzepczuk 1937
Berghänge in der Nordmongolei, in Chinesisch-Turkestan und in Rußland (Westsibirien, Altai, Sajangebirge, Dahurien) besiedelt die Zweifelhafte Kuhschelle.

Ein (fast zu) üppiger Bestand von Pulsatilla ambigua im Botanischen Garten Berlin-Dahlem.

Die Pflanzen werden 5 bis 15 cm hoch. Die Grundblätter erscheinen mit den Blüten und stehen an dünnen, mit abstehenden Haaren bedeckten Stielen. Die ovalen Blätter sind unpaarig gefiedert-eingeschnitten, wobei die 3 seitlichen Fiedern an der Rhachis sitzen und fiederteilig in ovale bis rhombische Lappen mit lanzettlichen oder breit linealen, 2 bis 4 mm breiten Zipfeln gespalten sind. Der Stengel steht aufrecht und ist wie die Stiele weich behaart. Das Involukrum ist in lineale, fast zugespitzte, ganzrandige oder fiederspaltige Lappen mit länglich-linealen, ganzrandigen oder an der Spitze gezähnten Zipfeln geteilt.

Die im Mai bis Juni erscheinenden Blüten hängen zuerst und sind sparrig, bevor sie sich halb aufrichten und

Pulsatilla ambigua.

glockenförmig spreizen; die blauvioletten, selten rosa Tepalen sind 1,8 bis 3 cm lang und 0,8 bis 1 cm breit, fast stumpf, an der Spitze leicht gekrümmt und außen mit langen weichen Haaren besetzt. Das Früchtchen hat ein welliges, schließlich fedriges, 2,5 bis 3,5 cm langes Schwänzchen. Eine selten angebotene Art.

P. aurea (Sommier & Levier) Juzepczuk 1937, Gold-Kuhschelle
In Wiesen und Weiden sowie im Rhododendrongebüsch der alpinen und subalpinen Stufe des Cis- und West-Transkaukasus gedeiht als Endemit die Gold-Kuhschelle.

Die während der Blütezeit 6 bis 35 cm hohe Art kann zur Fruchtreife eine Höhe von 50 cm erreichen. Der kräftige, vertikale und meist mehrköpfige Wurzelstock treibt aufrechte, abstehend behaarte Stengel und dreizählige Grundblätter an ziemlich dünnen, oft etwas welligen, abstehend behaarten Stielen. Die langgestielten Fiedern sind fiederschnittig mit fiederteiligen Fiedern 2. Ordnung und mit spitzen, eingeschnitten-gezähnt-gesägten Lappen. Nur auf den Hauptadern der Blattunterseite wachsen lange Haare. Die 3 Involukralblätter ähneln den Grundblättern, sind aber etwas kleiner und stehen an kurzen, meist geflügelten, dicht behaarten Stielchen.

Am Ende der langen, filzigen Blütenstiele stehen halbaufrechte Blüten von 3,5 bis 6 cm Durchmesser. Sie erblühen erst im Juni–Juli, vereinzelt bis September. Die 6 goldgelben Tepalen mit rötlichem Glanz sind 2 bis 3 cm lang und 0,8 bis 2 cm breit, oval und außen angedrückt behaart (zur Fruchtreife im Juli–August verkahlend). Der Fruchtboden ist halbkugelig und leicht behaart.

Die *P. alpina* ssp. *apiifolia* ähnelnde, aber zartere Gold-Kuhschelle wäre eine attraktive Art, doch leider verhält sie sich heikel.

P. bungeana C. A. Meyer 1830, Bunges Kuhschelle
Aichele und Schwegler unterteilen die Art in 3 Unterarten.

Der Typ (*P. bungeana* ssp. *bungeana*) hat seine Verbreitung im Südost-Altai, im Changei-Gebirge und im Alai-Shan, wo er steinige, steppenähnliche Hänge, Felsklüfte und -terrassen besiedelt.

Die Blüten erheben sich kaum 1,5 bis 6 cm über dem Boden und auch zur Fruchtreife ist die Art mit 8 cm Höhe noch ein Zwerg. Die Grundblät-

Pulsatilla bungeana ssp. sukaczewii ist wohl eher als Liebhaberpflanze einzustufen.

ter erscheinen vor den Blüten. Stengel und Blattstiele bedecken angedrückte Seidenhaare. Die im Umriß länglichen Blätter sind zweifach fiederteilig; die Abschnitte 2. Ordnung sind kurz und ziemlich breit, ganzrandig oder gezähnt, fast stumpf und leicht flaumhaarig. Die Involukralblätter mit an der Spitze dreifach eingeschnittenen Lappen und mit ziemlich kurzen, ganzen oder eingeschnittenen Läppchen. Die kleinen, meist aufrechten, halboffenen und breit glockenförmigen Blüten erscheinen im Juni. Die bläulichvioletten Tepalen sind 12 bis 15 mm lang und 3 bis 7 mm breit. Der Fruchtschwanz ist etwa 3,5 mm lang und oft unten auffallend stärker und länger behaart als gegen die Mitte und Spitze. Fruchtreife Juli.

Die beiden folgenden Unterarten unterscheiden sich vom Typ durch größere halboffene Blüten und deutlich größere Sepalen.

P. bungeana ssp. *tenuiloba* (Turcz.) Aich. & Schweg. aus Ostsibirien und der Nordmongolei wird mit 8 bis 16 cm etwas höher. Ihre Sepalen sind 2 bis 3 cm lang und 0,6 bis 1 cm breit und von violetter Farbe.

Im Gegensatz zu vorigen blüht *P. bungeana* ssp. *sukaczewii* (Juz.) Aich. & Schweg. blaßgelb. Ihre Sepalen werden 1,4 bis 2,0 cm lang. Sie ist im östlichen Sibirien endemisch.

Die Art wird schon lange kultiviert; sie ist leicht zu ziehen und dauerhaft.

P. campanella (Fischer) Krylov 1931, Glöckchen-Kuhschelle
Aus Westsibirien (Altai), Zentralasien (Dschungarei-Tarbagatei, Tienshan, Pamir-Alai) und der Nordmongolei kommt die Glöckchen-Kuhschelle. Sie findet sich zwischen Felsen, auf steinigen Hängen, alten Moränen und im Steinschutt in kiesigen, flechtenbedeckten Bergtundren.

Die Wuchshöhe der Art beträgt zur Blütezeit 4 bis 25 cm, zur Fruchtreife bis 30 cm. Die länglich-eiförmigen, 2 bis 7 cm langen Grundblätter erscheinen zusammen mit den Blüten. Die Blätter sind doppelt gefiedert-eingeschnitten mit 2 bis 3 in verkürzte, stumpfe oder fast spitze, eingeschnitten-gezähnte, bis 2 mm breite Unterteilungen tief zerteilte Fiederpaare. Die Involukralblätter sind 1,5 bis 3 cm lang mit linealen, scharf zugespitzten, ganzen oder eingeschnitten-gezähnten Lappen. Die glockenförmigen, mehr oder weniger geneigten Blüten zeigen sich von Mai bis Juni. Die violettblauen Tepalen mit zurückgebogener Spitze sind 2 bis 2,7 cm lang und 0,3 bis 1,3 cm breit. Das Früchtchen ist mit Schwanz etwa 2,5 cm lang.

P. cernua (Thunberg) Berchthold & J. S. Presl 1820, Nickende Kuhschelle
Auf offenen, trockenen Hängen, selten auf angeschwemmtem Sand der Flußterrassen in Japan, Korea und der Mandschurei gedeiht die Nickende Kuhschelle.

Die Wuchshöhe von 4 bis 20 cm verdoppelt sich zur Fruchtreife. Die Gundblätter sind schmäler als bei *P. dahurica*. Sie haben einen dicht filzigen Stiel und sind fiederschnittig mit 2 sitzenden Fiederpaaren und der gestielten Endfieder. Alle Fiedern sind rhombisch, tief zwei- bis dreiteilig, mit keilförmigen, an der Spitze zwei- bis dreifach eingeschnittenen oder gezähnten Lappen. Die Blattspreite ist 3 bis 5 cm lang, oberseits oft kahl (höchstens mit einzelnen Haaren), unten dicht anliegend behaart. Am aufrechten Stengel sitzen die Involukralblätter. Diese sind handförmig geteilt, etwa 3 bis 5 cm lang, manchmal weiterhin drei- bis fünffach gespalten mit linearen Abschnitten.

An den dicht filzigen Blütenstielen hängen einzeln die röhrig-glockigen, 2,5 bis 3 cm langen Blüten. Sie bestehen aus 6 leuchtend violettroten bis dunkel purpurbräunlichen, innen kahlen, außen seidig grauweiß behaarten, 2,2 bis 3,5 cm langen und 0,6 bis 1,2 cm breiten, an der Spitze nicht zurückgebogenen Sepalen. Blütezeit April bis Mai (Juni). Die fast eiförmigen, etwa 3 mm langen Achänen bedeckt weiße Seidenbehaarung. Der ebenfalls weiße, fedrige Schwanz ist etwa 4 cm lang. Die Art wird selten angeboten.

P. chinensis (Bunge) Regel 1861
Im Fernen Osten Rußlands, in Ost- und Nordchina gedeiht auf trockenen Wiesen und auf steinigen, grasbestandenen Hängen die Chinesische-Kuhschelle.

Die Behaarung der aufrechten Stengel gleicht der Behaarung der langen Blattstiele, ist jedoch weniger dicht. Die Grundblätter erscheinen vor den Blüten. Sie sind im Umriß breit eiförmig bis herzförmig, dreiteilig, mit breit verkehrt eiförmigen Abschnitten, die seitlichen sitzend, der Endabschnitt lang gestielt und dreiteilig mit oft seicht zwei- bis dreifach eingeschnittenen Lappen. Unten bedeckt eine dichte, angedrückte Flaumbehaarung die Blattspreite, oben ist diese nur locker ausgebildet. Die tief dreiteiligen Involukralblätter haben meist ganze längliche, stumpfe Lappen mit einem kleinen Haarbüschel an der Spitze.

An ziemlich kurzen, filzigen Blütenstielen wachsen aufrechte, halboffene, glockenförmige Blüten, bestehend aus 6 fast spitzen, 2,5 bis 4,5 cm langen und 1 bis 1,3 cm breiten Sepalen von lila bis violetter Farbe. Blütezeit Mai. Das etwa 4 mm lange Früchtchen hat einen 4 bis 6 cm langen dünnen, welligen, dicht mit aufstehenden Haaren bedeckten Schwanz.

Die Art ist nicht gerade kulturwillig, aber auch nicht sehr attraktiv.

P. dahurica (Fischer ex A.P. de Candolle) Sprengel 1825, Daurische Kuhschelle
Aus dem östlichen Rußland kommt die Daurische Kuhschelle, wo sie vor allem an Talhängen der Flüsse, an grasigen Stellen und im Gebüsch, wächst.

Vor den Blüten erscheinen die ziemlich zerstreut weichhaarigen und ziemlich kurzgestielten, länglich-eiförmigen Grundblätter. Sie sind gefiedert mit 2 etwas entfernt stehenden, schmal rhombischen, sitzenden oder sehr kurzgestielten Seitenfiedern und einer breiteren, gestielten Endfieder. Alle Fiedern sind tief und unregelmäßig zwei- bis dreiteilig, mit keilförmigen, an der Spitze zwei- bis dreifach eingeschnittenen Lappen. Die Blätter sind oben meist nur vereinzelt, unten mehr oder weniger weichhaarig.

Der aufrechte, kaum filzige Stengel wird 15 bis 40 cm hoch. Die Involukralblätter haben große, länglich-lineale, an der Spitze zwei- bis dreifach geteilte oder gezähnte Lappen.

An den kurzen, etwas gebogenen oder niedergebogenen, selten fast aufrechten, kaum filzigen Blütenstielen hängen die mittelgroßen, klaffenden Blüten. 6 blaß blauviolette (innen oft

Morgentau bedeckt die Glockenblüten der Großen Kuhschelle (Pulsatilla grandis).

etwas hellere), 2,3 bis 3 cm lange und 0,9 bis 1,2 cm breite, an der Spitze nicht gebogene Sepalen formen die im (April) Mai bis Juni erscheinende Blüte. Etwa 5 cm ist der dünne, wellige, mit weichen Haaren besetzte Schwanz lang, der an der etwa 5 mm langen Achäne haftet.

Die Art wird gelegentlich im Samentausch der Pflanzenliebhaber-Gesellschaften angeboten.

P. grandis Wenderoth 1831, Große Kuhschelle

Der Artstatus der Großen Kuhschelle wird auch heute nicht von allen Botanikern anerkannt. Früher wurde die Art mal *P. vulgaris*, mal *P. halleri* zugeordnet. Die Problematik der korrekten Benennung liegt in der Tatsache begründet, daß *P. montana*, *P. grandis, P. halleri, P. vulgaris* und *P. rubra* dort, wo sich ihre Areale überschneiden, Zwischenformen ausbilden. Dadurch wird die Abgrenzung der oben genannten Arten erschwert.

Winkler (1962) hat den Komplex der Großen Kuhschelle ausführlich bearbeitet. Er schreibt: »Durch diese Art der Benennung wird den geographischen, verwandschaftlichen und phylogenetischen Zusammenhängen am ehesten Rechnung getragen.« Für die gärtnerische Verwendung dürfte die Unterteilung der Art eher nebensächlich sein.

Während *P. halleri* mehr in den höheren Lagen wächst, findet sich die Große Kuhschelle eher im Tiefland. *P. grandis* ist eine Art der Trockenrasen; sie tritt aber auch als Felsspaltenpionier auf. So wächst sie zum Bei-

Unterteilung von P. grandis
(nach Winkler 1962)

P. grandis ssp. grandis var. grandis
Wachau, Ostabhänge des Wiener Waldes, nördliches pannonisches Becken und nördlich angrenzende Karpatenteile.

P. grandis ssp. grandis var. moravica Zimmerm.
Mährisches Becken.

P. grandis ssp. grandis var. monacensis S. Winkler
Garchinger Heide bei München.

P. grandis ssp. grandis var. syrmiensis S. Winkler
Von der Fruska Gora in einem schmalen Streifen nach Norden bis nach Hainburg.

P. grandis ssp. polonica var. polonica S. Winkler
Galizien, Podolien, Volhynien, Bessarabien, Moldau.

P. grandis ssp. polonica var. leopoliensis (Zapalowicz) S. Winkler
Galizien.

P. grandis ssp. velezensis var. velezensis S. Winkler
Westvelez bei 1450 bis 1700 m, Ostvelez ab 1350 m.

P. grandis ssp. velezensis var. velebitica S. Winkler
Velebit, Krug Planina, Tusnica Planina, Hergut Planina, Velez Planina, Rtanj, in Höhenlagen von 800 bis 1700 m.

P. grandis ssp. velezensis var. mayeri S. Winkler
Nördlicher Velebit um Senj, bei Manudovac nahe Ostarje zusammen mit *P. grandis* var. *velebitica*.

spiel auf Kalkfels zusammen mit *Saxifraga aizoon, Dianthus carthusianorum, Campanula rotundifolia, Polypodium vulgare, Festuca* sp., *Primula auricula, Allium ochroleucum, Asplenium trichomanes, Arabis arenosa*. In Kalktrockenrasen ist sie vergemeinschaftet mit: *Festuca sulcata, Stipa capillata, Melica ciliata, Poa badensis, Carex humilis, Inula ensifolia, Silene otites, Helianthemum canum, Vincetoxicum hirundinaria, Sempervivum hirtum, Sedum album, Asplenium ruta-muraria, Teucrium montanum, Scabiosa ochroleuca, Genista pilosa* und *G. elata, Arabis hirsuta, Coronilla varia, Campanula sibirica, Allium flavum, Fragaria elatior, Stachys recta, Asperula cynanchica, Teucrium chamaedrys, Thymus* sp., *Erysimum pannonicum*, eingestreut können einzelne Sträucher sein wie *Viburnum lantana, Cornus mas, Prunus mahaleb, Juniperus communis, Spiraea media, Quercus pubescens* oder seltener *Corylus avellana, Sorbus aria, Carpinus betulus*. In anderen, ähnlichen Gemeinschaften kommen hinzu: *Potentilla arenaria, Minuartia fasciculata, Jurinea mollis, Anthyllis vulneraria, Allium montanum, Alyssum montanum, Centaurea canum* ssp. *triumfettii,*

Veronica spicata, Echium vulgare, Stipa stenophylla und *S. pulcherrima, Artemisia campestris, Seseli glaucum, Erygnium campestre, Centaurea scabiosa, Saxifraga tridactylites, Festuca vallesiaca, Linum tenuifolium, Bupleurum falcatum, Verbascum austriacum, Koeleria gracilis, Sanguisorba minor, Cytisus ratisbonensis, Linaria genistifolia, Carlina vulgaris, Cerinthe minor, Verbascum lychnitis, Anthericum ramosum* u.a.

Der Typ wird wie folgt beschrieben: Die in der Regel buschig stehenden Grundblätter entwickeln sich erst nach der Blüte voll. Sie sind 4 bis 12 cm lang gestielt, im Umriß etwa oval, frischgrün und mehr oder weniger schwach mit weißen bzw. gelblichen Haaren bedeckt. Sie sind stark fiedrig zerteilt (zwei- bis sechsfach fiederschnittig) mit einer Zipfelzahl (bei erwachsenen Blättern) von 30 bis 70. Die Spreite ist 4 bis 9 cm lang und 5 bis 10 cm breit. Das Blatt weist meist 2 bis 3 Fiederpaare und eine Endfieder auf. Die Fiedern 1. Ordnung sind meist gegenständig, gestielt oder ungestielt. Die Zipfelbreite liegt zwischen 2 und 11 mm.

Der deutlich weiß bis schmutziggelb behaarte Stengel ist zur Blütezeit 3 bis 6 cm lang. Er verlängert sich nach der Blüte nur wenig, während der zunächst 1 bis 6 cm lange Blütenstiel sich um das sechsfache strecken kann. Das Involukrum ist etwa 2 bis 3 cm lang und wie die Sepalen stark weiß oder gelblich behaart. Die Involukralzipfel laufen spitz aus.

Die Blütezeit reicht von März bis Mai. Die glockigen bis schüsselförmigen Blüten haben einen Durchmesser von 5,5 bis 6,5 cm. Eine Blüte besteht aus 6, innen und außen gleichfarbigen, rein hellblauen (öfters mit Rottönung) Sepalen von annähernd ovaler, spitzer Form.

Die Große Kuhschelle ist eine für den Steingarten und steppenheideähnliche Situationen wertvolle Art. Vor allem in England wird sie oft als 'Budapest Variety' angeboten.

P. halleri (Allioni) Willdenow 1809, Hallers Kuhschelle

Sie ist nahe mit voriger verwandt. Auch ihre Nomenklatur ist nicht unproblematisch. In diesem Buch soll der Arbeit von Karin Krause (1958) gefolgt werden.

Im Gegensatz zu *P. grandis* werden von *P. halleri* zumeist einige der Unterarten kultiviert, vor allem *P. halleri* ssp. *styriaca* und *P. halleri* ssp. *slavica*, seltener in Kultur ist der Typ *P. halleri* ssp. *halleri*.

Die allgemeine Beschreibung: Pflanzen des Typs zur Blütezeit meist niedriger als 10 cm, andere Formen höher, zur Fruchtreife höher (bis 30 cm) werdend. Die mit oder kurz nach den Blüten erscheinenden Grundblätter stehen meist büschelig vom Boden ab. Spreite im Umriß in etwa rundlich oval, frischgrün und je nach Rasse weniger bis sehr dicht mit langen, weißseidigen Haaren besetzt.

Die in der Regel aus 6 Sepalen bestehende, glockige (bis schüsselförmige) Blüte variiert etwas in der Blütenfarbe und -größe.

P. halleri ssp. *slavica*: Durchmesser 7,5 bis 8,5 cm, einheitlich rötlich hellblau, Blütezeit April–Mai, Fruchtreife Mai–Juni.

P. halleri ssp. *taurica*: Durchmesser 4 bis 5,5 cm, einheitlich blauviolett, Blütezeit März–April, Fruchtreife April–Mai.

Bestimmungsschlüssel für P. halleri
(nach K. Krause, für blütenlose Pflanzen)

1 Laubblattspreite meist schmäler als 10 cm.

2 Laubblatthaare meist um 3 mm lang, auf der Spreite relativ spärlich und nur an den Spitzen dicht; Laubblattspreite meist länger als 6 cm, Zipfelzahl im allgemeinen über 45; Stiel des unteren Fieders 1. Ordnung meist kürzer als 2 mm.
P. halleri ssp. *taurica* (Juz.) Krause

2* Laubblattbehaarung dicht und lang, 4 bis 5 mm; falls Laubblattspreite länger als 6 cm, Zipfelzahl im allgemeinen unter 45; Stiel des unteren Fieders 1. Ordnung meist länger als 2 mm.
P. halleri (All.) Willd. ssp. *halleri*

1* Laubblattspreite meist breiter als 10 cm.

3 2. Internodium 1. Ordnung fehlt meist, Fieder im allgemeinen breiter als 15 mm.
P. halleri ssp. *slavica* var. *wahlenbergii* (Szont.) Aich. & Schweg.

3* 2. Internodium 1. Ordnung i.d.R. vorhanden, Fieder meist schmaler als 15 mm.

4 Laubblattzipfel meist über 65, unterstes Internodium 1. Ordnung meist länger als 4 cm, Fiederbreite (6) 11 (24) mm.
P. halleri ssp. *rhodopaea* (Stoj. & Stef.) Krause

4* Laubblattzipfelzahl meist unter 65, unterstes Internodium 1. Ordnung meist kürzer als 4 cm.

5 Endzipfel meist breiter als 4 mm, Stiel der untersten Fieder 1. Ordnung meist länger als 6 mm.
P. halleri ssp. *macedonica* Krause

5* Endzipfelzahl meist schmaler als 4 mm. Stiel der untersten Fieder 1. Ordnung meist kürzer als 6 mm.

6 Blattspreiten im Durchschnitt kürzer als 9 cm, meist weniger als 50 Laubblattzipfel, Fiederbreite (5) 11 (22) mm, Blätter relativ breit (Spreitenindex Breite : Länge = 132).
P. halleri ssp. *styriaca* (Pritz.) Zamels

6* Blattspreiten durchschnittlich mind. 9 cm lang, meist mehr als 50 Laubblattzipfel, Fiederbreite (5) 10 (15) mm, Blätter relativ schmal (Spreitenindex Breite : Länge = 119).
P. halleri ssp. *slavica* (Reuss) Zamels var. *slavica*

P. halleri ssp. *styriaca*: Durchmesser 6,5 bis 7 cm, hellblau mit leichtem Rotton, Blütezeit März–April, Fruchtreife April–Juni.

P. halleri ssp. *halleri*: Durchmesser 5,5 bis 6,5 cm, hellviolett, Blütezeit April–Juni (nach Hegi Juni–August), Fruchtreife Mai–Juli.

Die großen lila Blüten der Pulsatilla halleri ssp. slavica sind noch viel zu selten in den Gärten zu sehen.

Unterteilung von P. halleri
(nach K. Krause 1959)

P. halleri ssp. halleri var. halleri

P. halleri ssp. halleri var. gapensis K. Krause

P. halleri ssp. halleri var. segusiana (Beauv.) Beauv.

P. halleri ssp. halleri var. cognensis K. Krause
alle 4 Varietäten in den Westalpen

P. halleri ssp. styriaca (Pritz.) Zamels
Steiermark

P. halleri ssp. slavica var. slavica (Reuss) Zamels
Westkarpaten und südliches Vorland

P. halleri ssp. slavica var. wahlenbergii (Szontagh) Aich. & Schweg.
Slowakei

P. halleri ssp. macedonica K. Krause
Mazedonien

P. halleri ssp. rhodopaea (Stoj. & Stef.) K. Krause
Bulgarien: Rhodope-Gebirge

P. halleri ssp. taurica (Juz.) K. Krause
Krim

Wegen ihrer attraktiven (frühen) Blüten und ihrer leichten Kultivierbarkeit gehört Hallers Kuhschelle mit zu den gärtnerisch wichtigsten Arten.

P. kostyczewii (Korshinsky) Juzepczuk 1937
Zwischen Steinen und Felsen an Hängen nur im Pamir und im Altai siedelt Kostyczews Kuhschelle.

Sie erreicht eine Wuchshöhe von 12 bis 20 cm. Das Rhizom ist mehrköpfig; die Köpfe stehen an mehr oder weniger langen Rhizomauszweigungen. Grundblätter und Blüten treiben gemeinsam. Die zweifach dreischnittigen Grundblätter mit ganzen linealen, weiterhin zwei- bis dreispaltigen Lappen von etwa 0,5 mm Breite sind 3 bis 6 cm lang gestielt. Stengel, Blattstiel und Blattspreite bedecken kurze weiße Haare. Der zur Blütezeit 5 bis 10 cm lange Schaft verlängert sich nach der Blüte auf etwa 15 cm. Das etwa 2 bis 3 cm lange Involukrum, im unteren Teil mehr oder weniger verwachsen, ist relativ schwach und kurz behaart und hat 10 bis 15 sehr schmale, ganzrandige oder zweifach eingeschnittene Zipfel.

Der zunächst 6 bis 10 cm lange Blütenstiel verlängert sich auf etwa 15 cm. Die großen (Durchmesser 5,5 bis 6 cm), aufrechten Blüten bestehen aus 5 bis 6, mehr oder weniger deutlich behaarten, etwa 3 cm langen und 2 cm breiten, verkehrt eiförmigen, zur Fruchtreife bleibenden Tepalen von rosa Farbe. Die 3 inneren Tepalen sind abgestumpft, die 3 äußeren zugespitzt. Die violett überlaufenen, ei- bis herzförmigen Antheren stehen an purpurnen Filamenten. Der 4 bis 5 cm lange Schwanz des Früchtchens ist sehr stark gelblichweiß behaart. Blütezeit Mai–Juni, Fruchtreife Juni–Juli. Die Art wird kaum kultiviert.

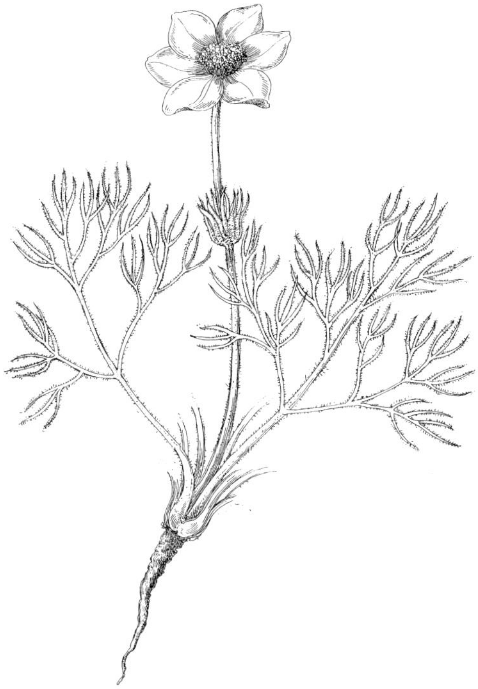

Pulsatilla kostyczewii.

P. millefolium (Hemsley & Wilson) Ulbrich 1925, Tausendblättrige Kuhschelle
Endemisch in westchinesischen Hochgebirgen wächst die Kuhschelle auf trockenen, kalkigen Hügeln in Höhen von 2000 bis 3000 m.

Charakterisch für sie ist die stark fiedrige Unterteilung der Grundblätter, wobei die große Anzahl Fiedern erster Ordnung auffällig ist (Zipfelzahl 250!). Die 2 bis 6 cm lang gestielten Grundblätter stehen meist deutlich vom Boden ab. Die 7 bis 10 cm lange und 2 bis 4 cm breite Spreite ist im Umriß verlängert schmal oval, frischgrün und schwach mit kurzen Haaren besetzt. Sie hat 6 bis 10 (12) Fiederpaare und eine Endfieder. Die Blätter erscheinen während der Blüte.

Der jung 2 bis 6 cm lange, deutlich (schmutzig) weiß behaarte Schaft verlängert sich nach der Blüte. Das (silber)weiß behaarte Involukrum hat eine Länge von 1 bis 2 cm und 10 bis 20 meist schmale und kurze Zipfel. Der zur Blütezeit mehr oder weniger aufrechte bis geneigte, 1 bis 3 cm lange Blütenstiel verlängert sich später auf ein Vielfaches. Die in etwa glockenförmige Blüte (Durchmesser 3,5 bis 4 cm) hat 6 meist schmal ovale, 0,5 bis 1 cm breite, zugespitzte Sepalen, besetzt mit schmutzigweißen bis silbrigen Haaren. Ihre Farbe soll entweder rosa bis purpurn oder weiß bis gelblich sein. Der Fruchtschwanz ist etwa 2,5 bis 3 cm lang, im mittleren Bereich gekniet und drahtig-borstig. Blütezeit März bis Mai, Fruchtreife Mai bis Juni. Kaum in Kultur.

P. montana (Hoppe) Reichenbach 1832, Berg-Kuhschelle
Von ihrer Soziologie her ist die Berg-Kuhschelle eine Art der Trockenrasen, besonders an trockenen, stark besonnten Hängen. Sie ist ein wichtiges Element der inneralpinen Trockenvegetation. Sie greift aber auch in lichte Föhrenwälder über sowie am Südalpenfuß in submediterran getönte, lichte Flaumeichen-Gebüsche. Sie wächst meist auf Kalk, aber auch auf kristallinen Schiefern und Quarzporphyr – von der Ebene bis über 2000 m.

In der Natur wird sie von folgenden Stauden begleitet: *Bromus erectus, Koeleria vallesiana, Festuca vallesiana, Stipa capillata, Helianthemum nummularium, Petrorhagia saxifraga, Veronica spicata, Aster linosyris, Allium sphaerocephalum, Teucrium chamaedrys, Dianthus caryophyllus* agg., *Carex humilis, Festuca ovina* ssp. *duriuscula, Sempervivum tectorum, Sedum rupestre* agg., *Primula veris, Pulmonaria mollissima, Adonis vernalis, Luzula campestris, Fragaria vesca, Potentilla arenaria* agg., *Stachys recta, Achillea clypeolata, Festuca dalmatica* agg., *Scabiosa columbaria* agg., *Acinos alpinus, Thymus pannonicus, Vincetoxicum hirundinaria, Ranunculus illyrica, Geranium sanguineum, Anthyllis vulneraria, Inula hirta, Asperula cynanchica, Inula ensifolia, Jurinea mollis, Filipendula vulgaris, Alyssum montanum, Satureja montana* agg., *Arenaria serpyllifolia, Poa badensis, Sesleria argentea, Veratrum nigrum, Centaurea triumfettii, Allium flavum, Alyssum repens* agg., *Linum flavum, Anthericum liliago, Helianthemum canum, Trinia glauca, Linum perenne, Helleborus odorus, Iris variegata, Digitalis lanata* u.a. Wächst die Berg-Kuhschelle in Busch- und Steppenwäldern, so können folgende Gehölze auftreten: *Quercus pubescens, Fraxinus ornus, Amelanchier ovalis, Cotoneaster tomentosus, Prunus spinosa, Viburnum lantana, Sorbus aria, Crataegus monogyna, Cornus mas, Cotinus coggygria, Rosa canina, Rosa pimpinellifolia, Syringa vulgaris, Cytisus supinus, Cornus sanguinea, Colutea arborescens, Juniperus communis* u.a.

Die Berg-Kuhschelle wird etwa 8 bis 20 (fruchtend bis 35) cm hoch. Die langgestielten Grundblätter sind derb, im Umriß breit eiförmig, (meist) vierfach gefiedert mit schmal linealen, spitzen, 1 bis 3 mm breiten Zipfeln, stark abstehend behaart und bei Be-

Unterteilung von P. montana (nach Rummelspacher 1965)

P. montana ssp. montana var. montana
Westalpen bis Bosnien

P. montana ssp. montana var. gavensis Rummelsp.
Ligurischer Apennin

P. montana ssp. montana var. calyciformis Rummelsp.
Alpensüdrand zwischen Vittorio Veneto und Bassano

P. montana ssp. dacica Rummelsp. **var. dacica**
Siebenbürgen, Dnjestr-Pruth-Sereth-Gebiet, Kleine Walachei

P. montana ssp. dacica var. serbica Rummelsp.
Serbien, entlang der Morava-Niederung

P. montana ssp. dacica var. vojvodinae Rummelsp.
Autonome Region Vojvodina: Fruska Gora

P. montana ssp. bulgarica Rummelsp.
Gegend um Sofia, ostserbische Gebirge

P. montana ssp. balkana (Vel.) Zam. **var. balkana**
Balkangebiet

P. montana ssp. balkana var. getica Rummelsp.
Gebiet der unteren Donau östlich Svistov, Dobrudscha

P. montana ssp. balkana var. lindtneri Rummelsp.
Serbien, von Raska ostwärts bis in die Gegend von Pirot, unter Ausschluß der Morava-Niederung

P. montana ssp. australis (Heuffel) Rummelsp.
Banat, nordöstliche Sumadija und Stromgebiet des Lim

P. montana ssp. slaviankae (F. Zimmerm.) Rummelsp.
Zentral- und Westrhodopen, südwestbulgarische Gebirge, Makedonien bis (?) Prilep

ginn der Blüte 3 bis 6 cm lang. Das Involukrum besteht aus schmal linealen, am Ende oft verbreiterten Zipfeln. Der behaarte Stengel wächst aufrecht mit endständiger, nickender Blüte. Die etwa 4,5 bis 5 cm im Durchmesser messenden Blüten erscheinen von März bis Mai. Sie bestehen aus (meist) 6 dunkelvioletten (selten hellvioletten, rosa oder weißen), außen stark weißzottig, seidig glänzend behaarten Sepalen, die sich anfangs glockig zusammenneigen, sich später aber sternförmig gerade ausbreiten. Von April bis Juni entwickeln sich die mit einem 4 bis 4,5 cm langen, leicht geknieten und behaarten Schwanz versehenen Früchte.

Wenn ihre dunkelvioletten Blüten auch keine Fernwirkung haben mögen, durch ihre silbrige Behaarung sind sie, vor allem im Gegenlicht, eine

Ein erhöhter Platz mit Gegenlicht steigert die Attraktivität der Berg-Kuhschelle (Pulsatilla montana) mit sonst eher kleinen Blüten ohne Fernwirkung.

Bereicherung von Steppenheiden und Steingärten. Sie wächst leicht, blüht reich und kann sich sogar durch Selbstaussaat verbreiten.

P. nuttaliana (A.P. de Candolle) Berchthold & Presl 1820
Nuttalls Kuhschelle wird nicht immer als eigene Art anerkannt. Manche Botaniker ordnen sie *P. patens* zu, mit der sie zweifelsfrei nahe verwandt ist.

Nuttalls Kuhschelle wird gefunden in Illionois, Iowa, Wisconsin, Michigan, Minnesota, Dakota, Mackenzie- und Klondikegebiet, Nebraska, New Mexico, Colorado, Wyoming, Montana, Manitoba, Saskatschewan, Alberta. Sie besiedelt dort trockene, sonnige Abhänge in bis 3500 m Höhe, oft auf sandigem oder kiesigem Untergrund aber auch Flußterrassen.

Ihre Beschreibung lautet wie folgt: Die 6 bis 12 cm lang gestielten Grundblätter sind im Umriß annähernd nierenförmig, frischgrün (zuweilen rötlich getönt) und fast kahl bis deutlich weiß behaart. Die Spreite ist stark unterteilt mit einer Zipfelzahl (erwachsener Pflanzen) von 25 bis 75. Sie hat eine Länge von 3 bis 6 cm und eine Breite von 4 bis 8 cm. End- und Seitenzipfel können deutlich gestielt sein. Die Blätter erscheinen vor und mit den Blüten. Der 6 bis 10 cm lange, weiß-gelblich behaarte Schaft verlängert sich nach der Blüte. Das in etwa 2,5 bis 3,5 cm lange Involukrum ist mehr oder weniger stark (schmutzig) weiß bis gelb behaart. Die Zipfelzahl liegt zwischen 13 und 24. Die Zipfel sind schmal (bis mittelbreit) und oft einfach, bzw. an der Spitze zweizähnig. Der wie der Schaft behaarte, zur Blütezeit aufrechte und 2 bis 4 cm lange Blütenstiel verlängert sich später auf ein Vielfaches.

Der Durchmesser der teller-, seltener glockenförmig ausgebreiteten Blüte beträgt 5 bis 6,5 cm. Die 6 mehr oder weniger deutlich weiß behaarten Sepalen sind lang oval, spitz oder abgestumpft, oft gekerbt und mit gerader Spitze. Die Farbe ist (bläulich-, rötlich-) violett, selten weiß oder nur innen weiß. Die Frucht hat einen 3,5 bis 4,5 cm langen, in der Mitte etwas geknieten Schwanz.

P. patens ssp. *multifida* (von Aichele & Schwegler als Unterart hierher gestellt) unterscheidet sich von *P. nuttalliana* durch vielteilige Grundblätter mit mehr oder weniger lang gestielter (selten sitzender) Endfieder, wobei die (20) 30 bis 80 Zipfel lineal oder schmal lanzettlich und 1 bis 4 mm breit sind. Die Sepalen sind violett, rosafarben oder innen weiß.

Nuttalls Kuhschelle ist in Europa wohl nicht in Kultur.

P. occidentalis (Watson) Freyn 1890, Amerikanische Alpen-Kuhschelle
Eine nordamerikanische Kuhschelle von den Rocky Mountains und den Seealpen bis zur Sierra Nevada, die besonders gerne auf kiesigem Untergrund der alpinen Stufe bis zur obersten Vegetationsgrenze wächst.

Da die Art in den Verwandtschaftskreis der *P. alpina* gehört ähnelt sie dieser, die Grundblätter sind jedoch feiner zerteilt und sie kommt über kristallinen Gesteinen vor.

Grundblätter im Umriß etwa dreieckig, frischgrün, stark fiedrig geteilt und sehr schwach mit kurzen, meist weißen Haaren besetzt. Sie überwintern nicht.

Der zur Blütezeit 4 bis 10 cm lange, zur Fruchtreife sich verlängernde Stengel ist deutlich (schmutzig) weiß behaart. Das Involukrum verlängert sich nach der Blüte auf das Doppelte. Es besteht aus 3 Blättern, von denen eines meist größer ist als die anderen. Der wie der Stengel behaarte, mehr oder weniger aufrechte, zur Blüte 2 bis 4 cm lange Blütenstiel verlängert sich zur Fruchtreife.

Die 3 bis 5 cm großen Blüten sind schüssel- bis tellerförmig ausgebreitet. Ihre Sepalenzahl beträgt meist 6. Diese sind innen weiß (an der Basis bläulich-rötlich), außen weiß und bläulich-rötlich überlaufen, von ovallanzettlicher Gestalt, zugespitzt und mehr oder weniger eingekerbt oder ganzrandig. Die Tepalenspitze ist gerade und oft mit einem kleinen Haar-

»Präriekrokus« nennen die Amerikaner ihre heimische Kuhschelle (Pulsatilla patens am Naturstandort).

Pulsatilla occidentalis.

büschel versehen. Die Tepalen überragen die gelben, meist kleinen, ovalen Antheren um das etwa zweifache. Das Fruchtschwänzchen ist 5 bis 5,5 cm lang, etwas drahtig, stark behaart und schwach gebogen. Blütezeit Juni–Juli, Fruchtreife Juli–August.

Die Amerikanische Alpen-Kuhschelle wird zwar hin und wieder von Gärtnereien angeboten, doch ist sie keine allgemein zu empfehlende Gartenpflanze. Ihre Kultur soll schwieriger sein als die von *P. alpina*.

P. patens (Linné) Miller 1768, Finger-Kuhschelle

Auch *P. patens* bildet einen Artenkomplex mit häufig wechselnder Zuordnung und Bewertung der einzelnen Sippen. Es wird hier die Einteilung von Zamels (1926) wiedergeben. (Dem Verfasser erscheinen die Unterscheidungsmerkmale zu gering, als daß der Status von Unterarten gerechtfertigt sei. Es wäre vielleicht angemessener, die Sippen um eine (varietas) oder zwei (forma) Rangstufen zu erniedrigen.)

P. patens ist eine 7 bis 15 (zur Fruchtreife bis 45) cm hoch werdende Art mit starkem, mehrköpfigem, dunkelbraunem Wurzelstock.

Die nicht überwinternden Grundblätter erscheinen – je nach Herkunft – mit oder kurz nach der Blüte. Die mehr oder weniger senkrecht zum

Unterteilung von P. patens
(nach Zamels 1926)

P. patens (L.) Mill. 1768 **ssp. patens**
Östliches Europa, vereinzelt Siebenbürgen, Ungarn, Tschechische und Slowakische Republik, östliches Deutschland, Schweden, Finnland; heute in Bulgarien, dem ehemaligen Jugoslawien und Österreich fehlend. Sie wächst in der Regel gesellig in sonnigen Trockenrasen und Kiefernwäldern, auf sommerwarmen, trockenen, basenreichen, mehr oder weniger mild-mäßig sauren, humosen, feinerdearmen Sand- oder Kiesböden, gern in Begleitung der Kiefer.

P. patens ssp. uralensis Zamels 1926
Ural, vermittelt zwischen dem Typ und den asiatischen Unterarten.

P. patens ssp. teklae (Zamels) Zamels 1926
Zwischen Dünaburg in Lettland und Wilno in Polen, eine Pflanze lichter Kiefernwälder.

P. patens ssp. multifida (Pritz.) Zamels 1926
Sibirien – um Tomsk, Krasnorjarsk, Hügel um Irkutsk, am Zeafluß, im Amurgebiet, um Jakutsk, Berge am Ochotskischen Meer und im Anadyrgebiet. Sie kommt in lichten Bergwäldern und Steppen vor.

P. patens ssp. flavescens (Zucc.) Zamels 1926
Sibirien – Gobi, Lenagebiet, Steppen am Baikalsee, am Altai und zwischen Omsk und Tobolsk. In ihrer russischen Heimat wächst die Unterart in Trockenrasen-Gesellschaften, in lichten Kiefernwäldern der Ebene und an sonnigen Berghängen – häufig über Urgestein.

P. patens ssp. angustifolia (Turcz.) Zamels 1926
Nördliches Ostsibirien (Jakutsk).

Blattstiel gestellte Spreite ist handförmig drei- bis fünfspaltig mit linealisch-lanzettlichen, fiederteilig eingeschnittenen Segmenten und in der Jugend intensiv weißhaarig zottig, später verkahlend.

Der aufrechte Stengel ist wie das aufrechte, aus schmal linealen Zipfeln bestehende Involukrum stark behaart. Die fast aufrechte Blüte hat anfangs eine glockige Form. Ihre 6 Sepalen sind schmal eiförmig, 3 bis 4 cm lang, zugespitzt und außen behaart. Die Staubblätter mit gelben Staubbeuteln sind mehrmals kürzer als die Sepalen. Früchtchen zahlreich, länglich, wie der bis 5 cm lange Griffel stark behaart.

Die typische Finger-Kuhschelle ist selten im Handel; die anderen Unterarten werden wohl gar nicht kultiviert. Die gelbe Unterart der Finger-Kuhschelle wäre recht attraktiv. Da sie aber nur wenig Samen ansetzt, wird sie kaum angeboten.

P. pratensis (Linné) Miller 1768, Wiesen-Kuhschelle

Ihr Verbreitungsgebiet ist das kontinentale Mittel- und Osteuropa: westlich bis Südost-Norwegen und West-Dänemark, Nordost-Deutschland, mittleres und östliches Österreich, Böhmen und Mähren, Polen, Ungarn, Rumänien und das europäische Rußland.

Die Wiesen-Kuhschelle wächst in Trockenrasen oder lichten Kiefernwäldern, bevorzugt in mehr oder weniger bodensauren, sandigen Festuco-Brometea-Gesellschaften, auch im Py-

Bestimmungsschlüssel für P. patens
(nach Zamels 1926, verändert)

1 Grundblätter wenigfiedrig, Zipfel (7) 17 bis 30 (50), lanzettlich-länglich, (3) 5 bis 12 mm breit, Sepalen violett (selten rosa oder weiß).
P. patens (L.) Mill. ssp. *patens*

1* Grundblätter vielfiedrig, Zipfel (20) 30 bis 80.

2 Grundblattzipfel lanzettlich, 5 bis 12 mm breit. Sepalen gelblichweiß oder schwefelgelb.
P. patens ssp. *uralensis* Zam.

2* Grundblattzipfel lineal oder schmal lanzettlich, 1 bis 4 (10) mm breit.

3 Sepalen schwefel- oder blaßgelb.

4 Zipfel etwa 2 bis 4 mm breit.
P. patens ssp. *flavescens* (Zucc.) Zam.

4* Zipfel etwa 1 mm breit.
P. patens ssp. *angustifolia* (Turcz.) Zam.

3* Sepalen violett.

5 Mittelsegment der Grundblätter sitzend bis kurz gestielt.
P. patens ssp. *teklae* (Zam.) Zam.

5* Mittelsegment der Grundblätter mit einem langen Stiel (selten sitzend).
P. patens ssp. *multifida* (Pritz.) Zam.

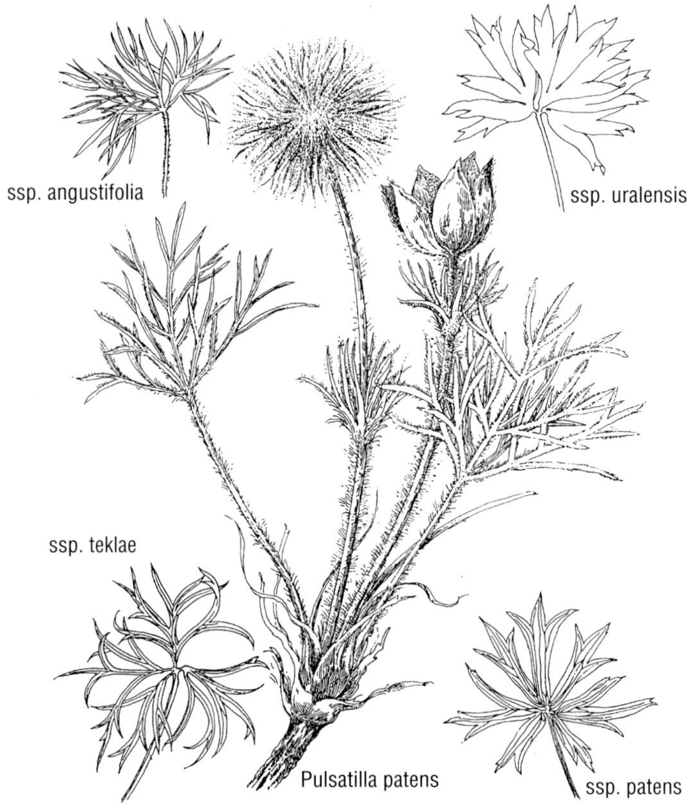

Pulsatilla patens und die Unterarten.

rolo-Pinetum Norddeutschlands, sonst auch auf Kalk. Sie ist eine Art des Flachlandes, selten geht sie bis in die montane Stufe.

Die zur Blütezeit 7 bis 30 cm hohe Pflanze wird zur Fruchtreife bis 50 cm hoch. Der starke, dunkle, absteigende, häufig mehrköpfige Wurzelstock treibt meist nach der Blüte sich entwickelnde, nicht überwinternde, samt den Stielen weißzottig behaarte, drei- bis vierfach gefiederte Grundblätter mit schmal linealen (1 bis 3 mm breiten), zugespitzten Endabschnitten (etwa 150).

Der aufrechte Stengel ist dicht behaart. Er trägt 3, in lineare, behaarte Zipfel (etwa 30) gegliederte, wirtelig gestellte Hochblätter. Die glockenförmigen bis konischen, mehr oder weniger sich zusammenneigenden Blüten von 3 bis 4 cm Durchmesser bestehen aus hell- oder dunkelvioletten, rötlichen, grünlich-gelblichen oder selten weißen Sepalen. Diese sind außen meist dicht und seidig behaart, an der Spitze zurückgerollt, 1,5 bis 2,5 (3) cm lang und weniger als 1,5mal so lang wie die zahlreichen gelben Staubblätter. (Fruchtblätter mit Griffel fast so lang wie die Sepalen.) Das reife Früchtchen mit bis zu 6 cm langem Griffel steht auf aufrechtem Fruchtstiel.

Die Wiesen-Kuhschelle gehört zu einem Formenkreis, der bislang nicht

Die Wiesen-Kuhschelle (Pulsatilla pratensis) wird nur selten im Garten kultiviert und vielfach sind die angebotenen Samen bereits hybridisiert.

Unterteilung von P. pratensis (nach Aichele & Schwegler 1957)

P. pratensis var. (L.) Mill. 1768 **pratensis**
Blüten lila oder hellviolett. Südliches Skandinavien, baltische Staaten, Brandenburg, ehemaliges Ost- und Westpreußen, Polen.

P. pratensis var. nigricans (Störck) Aich. & Schweg. 1957
Blüten lang zylindrisch oder breit glockig-geschlossen, Sepalen (innen) dunkelviolett, so lang wie die Staubblätter, Hochblätter weniger behaart mit 20 bis 30 Zipfeln. Fennoskandien, baltische Staaten, Nord- und Mitteldeutschland, ehemaliges Schlesien, ostwärts bis zum Dnjepr, Walachei, Galizien, Ungarn, Böhmen, Österreich.

P. pratensis var. patula (Pritz.) Aich. & Schweg. 1957
Blüten relativ groß und glockenförmig, halbhängend oder (selten) mehr oder weniger aufrecht, Verhältnis Sepalen zu Staubfäden wie 1 : 1,5, Sepalen an der Spitze kaum zurückgeschlagen, dunkelviolett bis dunkelpurpurn. Böhmen, Österreich, Ungarn, Dnjeprgebiet.

P. pratensis var. flavescens (Haszlinsky) Aich. & Schweg. 1957
Blüten hängend, breit glockig-geschlossen, Sepalen innen gelblich, außen violett, Spitze zurückgebogen. Mittleres Ungarn, Comit. Scabolsk, Debreczen, Zemplin.

Pulsatilla pratensis.

ausreichend untersucht wurde. Und so gibt es auch bei dieser Art unterschiedliche Meinungen über die Gliederung. Akeroyd (in Flora Europaea 1, 2.Aufl., 1993) schreibt: »Die Variation der Blütenfarbe korreliert mit der Verbreitung, aber ist wahrscheinlich nicht ausreichend zur Abtrennung als Unterarten. Pflanzen mit dunkelpurpurnen Blüten treten im Norden auf und wurden als ssp. *nigricans* (Störck) Zamels bezeichnet, jene mit den schmutziggelben Blüten oder der blaß-gräulich-violetten Innenseite treten im Südwesten auf (ssp. *hungarica* Soó), und jene mit den blaßvioletten Blüten (ssp. *pratensis*) treten im dazwischen liegenden Gebiet auf.«

Von den Gärtnereien wird oft nur *P. pratensis* angeboten, gelegentlich auch *P. pratensis* var. *nigricans*, aber nur äußerst selten eine andere Varietät. Wie bei vielen anderen Kuhschellen ergibt das angebotene Saatgut oft keine reinen Wiesen-Kuhschellen.

Die Gartenkultur an geeigneten Gartenplätzen stellt kein Problem dar. Sie ist zwar keine sehr auffallende Pflanze, mit passender Begleitflora aber durchaus attraktiv.

P. regeliana (Maximowicz) Aichele & Schwegler 1937
Trockene Hänge der mittleren montanen Stufe in Tangutien und der Südmongolei besiedelt diese Kuhschellen-Art.

Die im Umriß breit ovalen bis länglich-eiförmigen, zerstreut langhaarigen, stark fiedrig zerteilten (2 bis 4 Fiederpaare mit Endfieder; Zipfelzahl erwachsener Pflanzen 80 bis 150) Grundblätter sind 4 bis 10 cm lang gestielt. Das Spreitenmaß beträgt 5 bis 10 × 5 bis 10 cm. Die Rhachisinternodien sind immer deutlich ausgebildet und lang. Untere Fiederpaare öfters kurz gestielt.

Der zur Blütezeit 5 bis 12 cm lange, (schmutzig) weiß behaarte Stengel verlängert sich zur Fruchtreife. Das flach vom Stengel abstehende, eigenartig geformte Involukrum ist 2 bis 3 cm lang und schwach weiß behaart. Seine Zipfelzahl beträgt 25 bis 40. Der zur Blütezeit 3 bis 8 cm lange und stark geneigte Blütenstiel richtet sich während der Fruchtreife auf und verlängert sich.

Die 6 intensiv blauvioletten, dicht kurz angedrückt-behaarten, ovalen (0,7 cm breiten), stumpfen Sepalen formen eine glockige, 2,5 bis 4 cm große Blüte. Die Spitze und der obere Rand der Sepalen ist stark nach außen gebogen. Die Sepalen sind 1,1- bis 1,5mal so lang wie die gelben, meist rundlichen Antheren. Der Fruchtstand erscheint durch die gleichmäßige Drehung der (4 cm langen) Fruchtschwänze als Kugel. Blütezeit Mai–Juni, Fruchtreife Juni.

Die Art wird höchstens in Botanischen Gärten und Sammlungen gezogen.

P. rubra (Lamarck) Delarbre 1800, Rote Kuhschelle
Grundblätter buschig, seltener flach über dem Boden; 5 bis 10 cm lang gestielt; Spreite im Umriß langoval-oval, deutlich weiß behaart, stark fiedrig zerteilt (Zipfelzahl erwachsener Pflanzen 100 bis 200), 5 bis 10 cm lang und 6 bis 11 cm breit, mit 3 bis 5 Fiederpaaren und einer Endfieder.

Involukrum durchschnittlich 2 bis 3 cm lang, deutlich (schmutzig) weiß behaart, mit einer Zipfelzahl von 17 bis 25 (Zipfel schmal bis mittelbreit und meist schmal lanzettlich-spitz).

Blütenstiel zur Blütezeit aufrecht und 1 bis 4 cm lang, sich vielfach verlängernd. Blüte 4,5 bis 6,5 cm im Durchmesser, glockig bis schüsselförmig, mit 6, außen meist deutlich behaarten, schmal elliptischen, stumpflanzettlich-spitzen Sepalen (0,75 bis 1,5 cm breit; Sepalenspitze gerade und selten ausgerandet); Antheren gelb, meist oval, 2- bis 2,5mal kleiner als die Sepalen. Frucht mit einem 4 bis 5 cm langen und leicht geknieten Schwanz. Blütezeit April bis Mai, Fruchtreife Mai bis Juni.

Echte *P. rubra* werden selten gehandelt. So stellten sich alle bislang vom Verfasser gekauften *P. rubra* var. *rubra* f. *serotina* als nicht echt heraus. Gelegentlich wird Wildsamen angeboten. In den roten Sorten von *P. vulgaris* fließt höchstwahrscheinlich Blut der Roten Kuhschelle, sie wären somit Hybriden.

Varietäten und Formen von P. rubra
Nach Aichele & Schwegler (1957) wäre die Art in 2 Unterarten mit mehreren Varietäten aufzuteilen. Sowohl Akeroyd (1993) als auch die »Flora Iberica« weisen darauf hin, daß die Unterschiede zu gering seien. Sie empfehlen, die Unterarten als Varietät zu führen.

Demnach ergibt sich folgende Benennung:

P. rubra var. rubra (Lam.) comb. nov.: Die Grundblätter erscheinen vor oder seltener mit den Blüten. Die Blüte ist dunkelviolett bis dunkelbraunschwarzrot und bleicht beim Trocknen nicht oder kaum aus.

P. rubra var. rubra f. rubra: Mittelfrankreich (Auvergne, Lyonaise, Limousin). Dies ist der Typ der Varietät. Blüte mittelgroß, intensiv braunrot oder schwach purpurviolett. Pflanze kräftig.

P. rubra var. rubra f. nigella (Camus) comb. nov.: Endemisch vorkommend an der Rhône zwischen Rix und Lhuis. Pflanze niedrig. Blüte klein, intensiv schwarzrotbraun. Nach Aichele & Schwegler (1957) handelt es sich um einen Ökotyp von den steinigen Abhängen des Rhônetales, der seinen etwas kümmerlich erscheinenden Wuchs und die Blütenfarbe auch in Kultur beibehält.

P. rubra var. rubra f. serotina (Coste) comb. nov.: Ebenfalls ein Ökotyp von den kalkigen, verkarsteten Hochflächen der südfranzösischen Causses. Pflanze klein; spätblühend. Blüte klein, satt purpurviolett.

P. rubra var. rubra f. elatior (Aich. & Schweg.) comb.nov.: Vor allem in den Niederungen des westlichen und mittleren Frankreich (von der Garonne bis zur Loire). Pflanze höher. Blätter sich vor den Blüten entfaltend. Blüten groß, purpurviolett (selten violett). Aichele & Schwegler (1957) vermuten, das *P. rubra* var. *rubra* f. *elatior* durch Einkreuzung von *P. vulgaris* s.l. entstanden ist.

P. rubra var. hispanica (F. Zimm.) comb. nov.: Von der Ebene bis ins Gebirge (2000 m), zum Teil an trockenen Berglehnen, auf schiefrigem oder kalkhaltigem Boden, flachwurzelnd; andererseits in diluvialen Anschwemmungen auf trockener, sandiger Erde mit tiefstockendem Wurzelwerk. Pyrenäen, Spanische Gebirge und Bergländer zwischen Ebro und Jucar. Sehr spät blühende Sippen, mit (neben *P. rubra* var. *rubra* f. *nigella*) den dunkelsten Blütenfarben der Art. Pflanze mittelgroß bis klein. Blüte dunkelviolett oder purpurviolett, im Verblühen hell dunkelblau oder violett werdend.

P. taraoi (Makino) Takeda 1910
Es werden 2 Unterarten unterschieden.
P. taraoi ssp. *taraoi*, Kurilen-Kuhschelle: In grasigen Triften der Gebirgsregion auf den Kurilen. Sepalen 10 bis 12, lineal-spatelig oder schmal länglich, stumpf, 2,2 bis 2,7 cm lang und 0,45 bis 0,8 cm breit.
P. taraoi ssp. *nipponica* (Takeda) Aich. & Schweg. 1957, Japan-Kuhschelle: In alpinen Hangwiesen der Gebirgsregionen Zentraljapans. Sepalen 6 bis 7, länglich bis verkehrt eiförmig, spitz, etwa 2 cm lang und etwa 1 cm breit.

Bei der Art stehen die Grundblätter buschig vom Boden ab und haben eine im Umriß annähernd breit ovale Spreite, die schwach und lang behaart und ähnlich *P. alpina* aufgeteilt ist. Die Zipfelzahl beträgt 50 bis 150; die Zipfel sind schmal lineal, ungefähr 5 mm lang und 1 mm breit. Die ersten der nicht überwinternden Grundblätter erscheinen nach der Blüte.

Der deutlich weiß (gelblich) zottig behaarte Stengel ist zur Blüte etwa 4 cm, später bis 10 cm lang. Die Länge des stark behaarten Involukrums beträgt 2 bis 2,5 cm. Die Zipfelzahl liegt häufig über 75; die Zipfel sind schmal. Der Blütenstiel ist zur Blütezeit 2 bis 4 cm lang und aufrecht bis geneigt. Er verlängert sich zur Fruchtreife bis zu 10 cm.

4 bis 6 cm im Durchmesser mißt die glockenförmige Blüte. Die Sepalen sind gelb, mitunter außen etwas rötlich überlaufen und außen sehr stark behaart. Sie überragen die gelben, meist ovalen Staubblätter um das 2- bis 2,5fache. Blütezeit Mai–Juni, Fruchtreife Juli.

Über eine mögliche Kultur scheinen keine Erfahrungen vorzuliegen.

P. turczaninovii Krylov & Sergiewskaja 1930
Auf Steppenwiesen, an Kiefernwaldrändern und auf sandigen, mit Kiefern bestandenen Hügeln in Rußland (West- und Ostsibirien), der Mandschurei und in der Ostmongolei gedeiht Turczaninovs Kuhschelle.

Die 5 bis 35 cm hohe Pflanze besitzt einen sehr kräftigen Wurzelstock. Die mit den Blüten erscheinenden Grundblätter haben einen ovalen Umriß. Sie sind 4 bis 14 cm lang, zweifach fiederschnittig mit 3 Paaren Fiedern 1. Ord-

Pulsatilla turczaninovii, eine Kuhschelle russischer Gebirge.

Die zarten Blüten der Frühlings-Kuhschelle (Pulsatilla vernalis) wirken fast wie Tulpenblüten.

nung an mehr oder weniger langen Stielchen; Fiedern 2. Ordnung geteilt in lange, ziemlich schmale (1 bis 2,5 mm breite) lineale, spitze Lappen.

Die Involukralblätter sind tief (manchmal fast bis zur Basis) handförmig geteilt in fiederschnittige oder -teilige Abschnitte mit ganzen oder an der Spitze 2 bis 3 gezähnten Lappen (Gesamtzahl der Lappen und Zähne 20 bis 40).

Die fast aufrechten, großen Blüten sind halb offen und außen angedrückt weichhaarig. Die Sepalen sind gabelspaltig, 2,5 bis 3,5 cm lang und 8 bis 12 cm breit, flach und blauviolett. Das Früchtchen hat einen 3,5 bis 4 cm langen geschwänzten Griffel.

Als Liebhaberpflanze gehört Turczaninovs Kuhschelle nicht zum Standardsortiment der Staudengärtnereien.

P. vernalis (Linné) Miller 1768, Frühlings-Kuhschelle
Die von Aichele & Schwegler (1957) vorgenommene Einteilung in 4 Varietäten ist wohl nicht gerechtfertigt. Wie die Autoren selber schreiben, stellen *P. vernalis* var. *bidgostiana* (Tieflandsform) und *P. vernalis* var. *alpestris* (Gebirgsform) jeweils ein nur statistisch erfaßbares Populationssystem dar, wobei erstere die Übergangsform zwischen dem Typ und *P. vernalis* var. *alpestris* darstellt. Lediglich *P. vernalis* var. *pyrenaica* läßt sich räumlich und morphologisch gut abgrenzen (Hegi 1965–74). Sie soll hier als Varietät von *P. vernalis* beibehalten werden.

P. vernalis var. *pyrenaica* Aich. & Schweg. 1957 nennt die Pyrenäen und das Kantabrische Gebirge ihre Heimat. Sie ist durch ihr reicher zerteil-

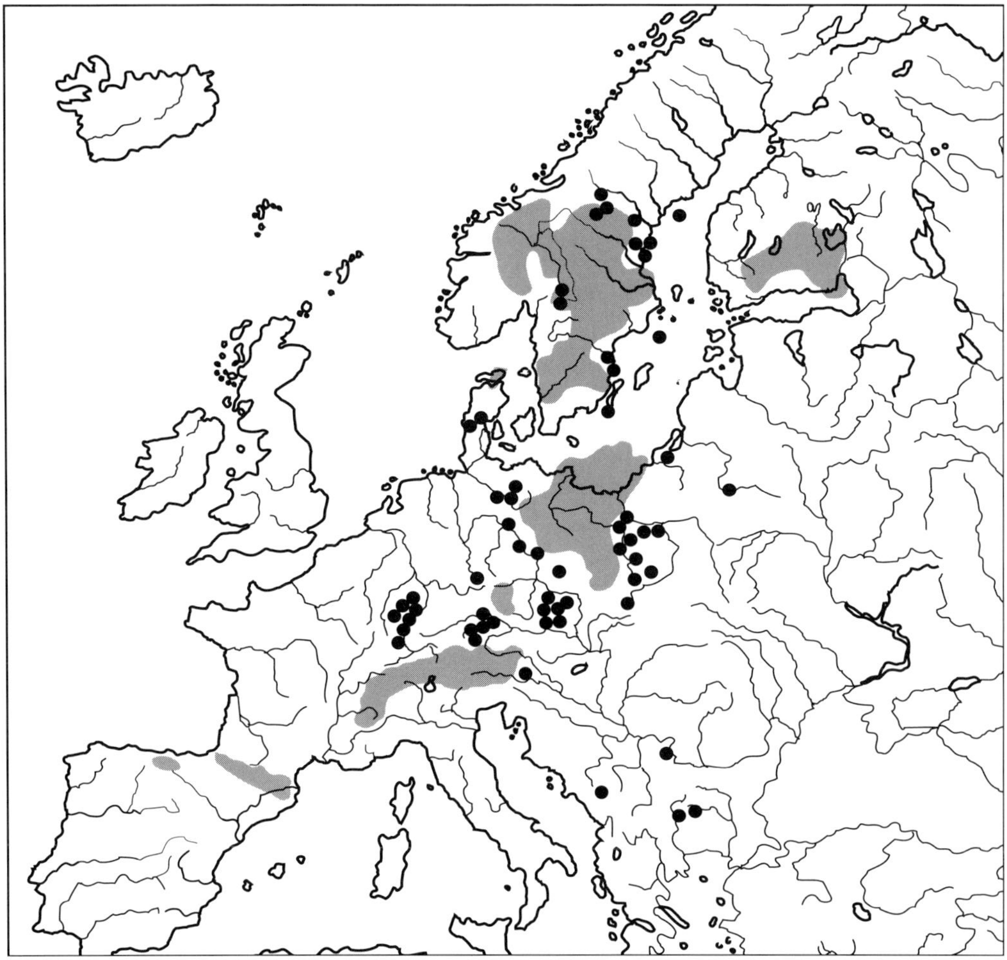

Verbreitungsgebiet von Pulsatilla vernalis.

tes Blatt gut vom Typ zu unterscheiden.

Das Verbreitungsgebiet von *P. vernalis* var. *vernalis* umfaßt (nach Hegi) große Teile Europas, besonders der Gebirge: Zentralfrankreich, Alpen, Riesengebirge, Gesenke, Karpaten, Dinariden, aber auch in Niederungen vom Hauptzentrum Skandinaviens nach Jütland, Nord- und Mitteldeutschland sowie auf der karelischen Landenge, auch im anschließenden russischen Gebiet in Lembolowo.

Die Frühlings-Kuhschelle wächst selten in alpinen Silikat-Magerrasen, auch in Kiefernheiden der tieferen Lagen, auf mäßig frischen, mäßig basenreichen, mehr oder weniger sauren, humosen, steinigen, sandigen oder reinen Lehmböden. Ihre Höhenver-

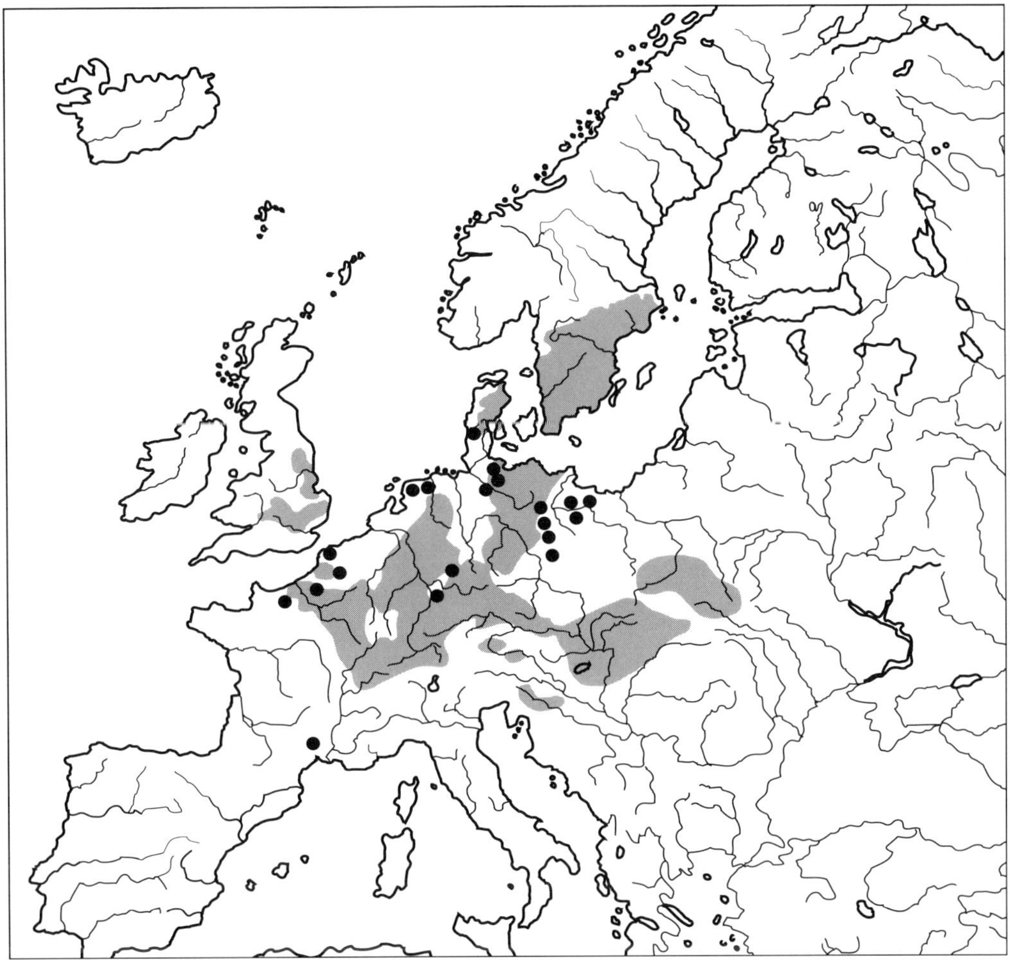

Verbreitungsgebiet von Pulsatilla vulgaris.

breitung im Hauptgebiet liegt zwischen 1500 bis 2600 m, vereinzelt steigt sie bis 3100 m bzw. geht bis auf 200 m herunter.

Beschreibung: Höhe 5 bis 15 cm, zur Fruchtreife bis 35 cm. Wurzelstock stark dunkelbraun. Grundblätter sich nach der Blüte entfaltend, aber überwinternd, 1 bis 15 cm lang gestielt, einfach gefiedert mit 3 bis 5 keilförmigen oder verkehrt eiförmigen, seltener länglichen Fiedern, Abschnitte ganzrandig oder eingeschnitten, derb ledrig, schwach behaart bis fast kahl, mit auf der Oberseite stark eingesenkten Nerven, 1 bis 2 Fiederpaare plus Endfieder, verkehrt eiförmig, Basis keilförmig, tief eingeschnitten-gesägt mit eingeschnittenen, breiten Zipfeln.

Stengel meist aufsteigend bis aufrecht oder wenig hängend. Involukrum in schmal lineale Zipfeln zerschlitzt, dicht bronzegolden behaart.

Blüte anfangs nickend und zuletzt aufrecht; Sepalen 6, sich glockig zusammenneigend, später ausgebreitet, eiförmig, 15 bis 37 mm lang, zugespitzt, innen weiß, außen meist zart violett, rosarot, oder türkisch-blau und gleichfalls dicht bronzegolden behaart, meist zur Fruchtreife bleibend, innere fast doppelt so breit wie die äußeren. Staubblätter zahlreich, grüngelb. Fruchtköpfchen auf sehr verlängertem Stiel aufrecht. Früchtchen zottig länglich, nebst dem verlängerten (bis 4 cm langen Griffel) gelblich behaart. Blütezeit und Fruchtreife je nach Höhenlage März bis Juli.

Ein reizender (Vor-) Frühlingsblüher, der aber nicht immer leicht gedeiht. Kalk verabscheut die Frühlings-Kuhschelle, weshalb ihr am besten ein mit Torf, Sand und Nadelstreu verbessertes Pflanzbett bereitet wird. Außerdem darf sie nicht so trocken gehalten werden wie andere Arten. Offensichtlich hat sie ein weniger ausgeprägtes Wurzelsystem, weshalb sie Verpflanzen besser verträgt als andere Kuhschellen. Vielleicht liegt darin auch der Grund für die ihr nachgesagte Kurzlebigkeit. Samen, aus dem sie sich leicht ziehen läßt, wird gelegentlich angeboten, hin und wieder auch Pflanzen.

P. vulgaris Miller 1768, Gemeine Kuhschelle

Den sehr variablen Vulgaris-Komplex unterteilen Aichele & Schwegler (1957) in mehrere Varietäten, deren Status aber keineswegs sicher ist. Trotzdem sollen sie hier genannt werden.

Die Gemeine Kuhschelle ist eine Pflanze der Magerrasen, die aber auch in lichte Kiefernwälder geht. Sie wächst auf warmen, trockenen, basenreichen (nicht immer kalkhaltigen), mild-mäßig sauren, humosen, Stein-, Sand- und Lößböden. Sie gilt als Tiefwurzler (bis über 1 m).

Beschreibung: Wurzelstock älterer Pflanzen mehrköpfig, absteigend, dunkelbraun bis schwarz. Grundblätter rosettig, breit stengelumfassend, mit meist schräg aufwärts gerichtetem Blattstiel (4 bis 10 cm lang), Spreite etwa 4 bis 10 cm breit, meist schon zur Blütezeit sichtbar mit 3 bis 5 (6) Fiedern 1. Ordnung mit (75) 100 bis 150 (200) linealen und meist weniger als 0,3 mm dicken, zuerst deutlich behaarten, später verkahlenden Blattzipfeln.

Stengel 5 bis 13 cm zur Blüte, bis 40 (50) cm zur Fruchtreife. Involukrum silberweiß, selten gelblich behaart, mit 18 bis 25 schmal linealen Zipfeln. Blütenstengel 1 bis 2 cm und aufrecht, sich stark verlängernd.

Blüten einzeln, bei gutem Wetter aufrecht, bei schlechtem zu Boden gedrückt oder (bei längerem Stengel) nickend, anfangs glockig, später ausgebreitet, meist dunkel- (selten hell-) violett, mitunter auch weiß oder rosa; Sepalen oval, mit nicht oder wenig nach oben gebogener Spitze, meist 10 bis 20 mm breit und 35 (50) mm lang, außen (gelblich) weiß behaart, 2- bis 3,5mal so lang wie die Staubblätter mit ovalen gelben Antheren. Blütezeit März bis April (mitunter Nachblüte im Sommer und Herbst), Fruchtreife April bis Juni.

Sorten von P. vulgaris

Sie ist zweifelsohne die am meisten kultivierte Kuhschelle, von der es auch ei-

Auch im Wendland ist Pulsatilla vulgaris selten geworden.

Pulsatilla vulgaris 'Rödde Klokke' in einem Teppich aus Antennaria plantaginifolia und vor einem großen Horst des Atlasschwingels (Festuca mairei).

Varietäten von P. vulgaris

P. vulgaris var. vulgaris
Schweden, Nord- und Mitteldeutschland.

P. vulgaris var. brevericola F. Zimm. 1965
Nordwest-Deutschland (nordöstliches Harzvorland, nordwestdeutsche Heide; Kieselsippe). Pflanzen zierlich mit 1 bis 2 mm breiten Blattzipfeln.

P. vulgaris var. touringiana Camus 1887
Mittel- und Nordfrankreich, England. Grundblätter vor der Blüte erscheinend, Blattzipfel sehr schmal (1 mm breit), Stengel 1 (4), Blüten violett oder kräftig violett.

P. vulgaris var. gotlandica (K. Joh.) Aich. & Schweg. 1957
Insel Gotland. Grundblätter vor der Blüte erscheinend, Blattzipfel 3 mm breit, Stengel 1 (4), Blüten violett.

P. vulgaris var. germanica (Blocki) Aich. & Schweg.1957
West- und Mittel-Deutschland, Rheingebiet, Schweiz, Frankreich bis zur Côte d'Or. Grundblätter mit den Blüten erscheinend, Blattzipfel mehr oder weniger breit (2 bis 5 mm).

P. vulgaris var. costeana Aich. & Schweg. 1957
Südfrankreich (Les Causses). Grundblätter mehr oder weniger nach den Blüten erscheinend, Blattzipfel mehr oder weniger breit, Blüten groß, glockig. Zeigt Annäherungen an *P. grandis*.

P. vulgaris var. oenipontana (Dalla Torre & Sarntheim) Aich. & Schweg. 1957
Gebiet um Innsbruck, Oberösterreich, Niederbayern. Grundblätter mit den Blättern erscheinend, Blattzipfel mehr oder weniger breit (4 bis 8 mm). Übergangsform zur *P. grandis*.

nige Farbauslesen im Handel gibt. 'Mrs van der Elst', die erste rosafarbene Sorte, scheinbar nicht mehr in Kultur; 'Lachsglocke', Blüten lachsrosa, fällt nicht echt aus Samen; 'Weißer Schwan' und 'Alba', Blüten weiß; 'Mallenderi', Blüten tief purpurfarben, 'Rosea' und 'Barton's Pink', Blüten rosafarben; 'Röde Klokke', Blüte tief purpurrot; 'Eva Constance', niedrig, Blüten tief scharlachrot, später als andere Sorten und 'Rubra', Blüte rotviolett (beide Sorten möglicherweise Hybriden mit *P. rubra* und *P. montana*). 'Crispa' hat geschlitzte Sepalen (kann bei allen Farbvarianten auftreten).

Ihre Kultur im Garten bereitet keine Probleme, sofern sie als Wildstaude mit speziellen Boden- und Standortansprüchen akzeptiert wird.

P. wallichiana (Royle) Ulbrich 1925
In Nordpakistan und im Westhimalaja wächst auf Felsen der hochalpinen Stufe (zwischen 4000 bis 5000 m) Wallichs Kuhschelle.

Die Grundblätter stehen meist buschig vom Boden ab. Sie sind 5 bis 10 cm lang gestielt, im Umriß annähernd oval, frischgrün, vor allem unten kurz weißhaarig und schwach fiedrig zerteilt (mit 2 bis 3 Fiederpaaren plus

Endfieder). Die Zipfelzahl ausgewachsener Blätter beträgt 50 bis 150 (200). Die Spreite ist 4 bis 10 cm lang und 4 bis 8 cm breit. Die Rhachisinternodien sind meist deutlich erkennbar und (v.a. die unterste) lang. Die nicht überwinternden Blätter erscheinen mit den Blüten.

Der (schmutzig) weiß behaarte Stengel ist zur Blüte 5 bis 10 cm lang; er verlängert sich zur Fruchtreife. Das Involukrum hat eine Länge von 1,5 bis 3,5 cm. Es ist deutlich behaart. Seine Zipfelzahl liegt zwischen 10 und 20. Zur Blütezeit ist der Blütenstiel geneigt (bis fast aufrecht) und 0,5 bis 4 cm lang; zur Fruchtreife richtet er sich auf und verlängert sich um ein Vielfaches.

Die 3 bis 5 cm großen Blüten sind glockig ausgebreitet. Diese sind weißlich bis gelblich, oft blauviolett überlaufen, dicht angedrückt bis abstehend weiß behaart, oval bis breit elliptisch, stumpflich bis zugespitzt und 0,5 bis 1 cm breit. Die Spitze ist meist deutlich nach außen gebogen. Die Sepalen überragen die gelben, meist rundlichen Antheren nur wenig (1,5-[bis 2-] fach). Filamente und Antheren sind meist violett überlaufen. Der Fruchtschwanz ist etwa 2,5 bis 3 cm lang und mehr oder weniger drahtig. Er ist zwischen 1/2 und 3/4 seiner Länge stark gekniet. Die Blütezeit liegt im Juni–Juli, die Fruchtreife erfolgt im Juli–August.

Anemonen und Verwandte und ihre Verwendung in Garten und Park

Zartes Grün, verhaltenes Cremeweiß und ein blasses Blau sind die Anfangstöne dieser „Frühlingssinfonie", hier Erythronium 'White Beauty', Viola sororia 'Freckles', Epimedium pubigerum, Anemone blanda 'White Splendour'.

Von den rund 150 in diesem Buch genannten Arten, Unterarten und Varietäten werden nur wenige gärtnerisch kultiviert. Wiederum ein Teil davon hat spezielle Ansprüche oder nur wenig Zierwert, so daß die Zahl der Arten von allgemeinem Gartenwert nicht allzu groß ist.

Diese gartenwürdigen Arten haben aber durchaus ganz verschiedene Lebensraumansprüche. Nachfolgend sollen einige Vergemeinschaftungsbeispiele helfen, Anemone und Co. im eigenen Garten leichter heimisch zu machen. Der Gartenspaziergang soll, gemäß dem Hansenschen Kennziffernsystem, im Wald, oder genauer gesagt, im Lebensbereich Gehölz beginnen.

Durch den grünen Hintergrund scheinen die Türkenbundblüten (Lilium martagon 'Album') und die Blütenstände des Sichelhasenohrs (Bupleurum falcatum) über dem Carex montana-Teppich zu schweben.

Zwischen Gehölzen

Eine heitere Frühlingssinfonie

Je nach Gartengröße bilden Bäume und Großsträucher unterschiedlicher Größe (oder auch nur Großsträucher) ein Kronendach. Felsenbirne *(Amelanchier)*, Feuerahorn (*Acer ginnala*), Kornelkirsche (*Cornus mas*), Schneeglöckchenbaum (*Halesia*) und Haselnuß (*Corylus avellana*) sind Beispiele für passende Großsträucher. Dieses winterkahle Gezweig ergibt im Frühjahr einen lichten Schatten, so daß allerlei Geophytenvolk sich darunter tummeln kann.

Scilla mischtschenkoana in hellblau (nicht ganz so wüchsig wie andere Blausterne) und *Crocus chrysanthus* 'Cream Beauty' in cremegelb mit bronzegrünem Schlund eröffnen Ende Februar das Konzert in sanften Tönen. *Hepatica transsylvanica* und etwas später *H. nobilis* stimmen in blauen (selten weißen) Tönen mit ein. Die noch viel zu wenig bekannte Zwergnarzissen-Hybride 'W.P. Millner' mit gelblichweißen Blüten und der späte *Crocus versicolor* 'Picturatus' (silberweiß, violett gestreift) setzen verhalten im März die Sinfonie fort. Wegerich-Seggen (die immergrüne *Carex plantaginea* oder die sommergrüne *C. siderostica*) schieben jetzt ihre braunen Blütenstände über ihr frischgrünes Laubwerk.

Ein erster Höhepunkt erlebt der April, wenn Herzblattschale (*Plagiorhegma dubia*) und *Anemone nemorosa* 'Robinsoniana' (oder 'Allenii') ihre Blütensterne im gleichen zarten Frühlingshimmelblau über einen dunkelgrünen, mit weißen Blütensternen geschmückten Laubteppich der Immergrünsorte *Vinca minor* 'Gertrude Jekyll' ausbreiten. Weiß und blau verbindet das Schecken-Veilchen (*Viola sororia* 'Freckles') in seiner Blüte miteinander. Die Forellenlilie (*Erythronium* 'White Beauty') in weiß und hellgelb mit apart marmoriertem Laubwerk bringt einen neuen Farbton. Und für kräftige Baßtöne sorgt die Fünfblättrige Zahnwurz (*Cardamine pentaphyllos*, früher *Dentaria pentaphyllos*) mit ihren tief violetten Blüten. Einen ganz neuen Farbklang erzeugt die Frühlingsplatterbse (*Lathyrus vernus* 'Alboroseus') in rosa und weiß. Dazu kommt als heiterer Hintergrund sehr viel helles Blattgrün.

Cardamine, Vinca und *Viola* beginnen ihr Blütenkonzert allerdings meist erst Anfang Mai, genauso wie der Zwerg-Geißbart (*Aruncus aethusifolius*) in weiß und die Schneemarbel (*Luzula nivea*) mit ihrem weißen Blütenstand und den silbrigweiß behaarten Blättern (besonders intensiv bei der Sorte 'Schneehäschen'). Blattzierend zeigen sich auch die verschiedenen Funkien, die als Zugabe über die Sommermonate mit ihren Blüten den Ton angeben. Von der Riesenfülle an Hostasorten und -arten seien hier ausgesucht: *Hosta*-Hybride 'Snow Flakes' (Höhe 25 cm, Juni–Juli, weiß), *H. clausa* (Höhe 40 cm, Juni, violett) und *H. lancifolia* (Höhe 40 cm, Juli–August, blauviolett).

Unter dem mehr oder weniger geschlossenen Laubdach der Gehölze verstummt im Hochsommer für kurze Zeit der Blütenchor. Dies ist die rechte Zeit für Blattschönheit. Denn neben Funkien und Marbel sind es verschiedene Farne, die ihr Blattwerk zur Schau stellen. In zartem, flauschigem Grün präsentiert sich der Filigran-Flaumfarn (*Polystichum setiferum* 'Plumosum Densum', Höhe 40 cm), lackglänzend mittelgrün hingegen der Japanische Glanzschildfarn (*Polystichum polyblepharum*, Höhe 45 cm). Für Höhe sorgt der aufrecht wachsende Schmale Goldschuppenfarn (*Dryopteris affinis* 'Pinderi', Höhe 80 cm). Eher die Horizontale betont der Regenbogen- oder Brokatfarn (*Athyrium niponicum* 'Pictum' = *A. niponicum* 'Metallicum'), Höhe 35 cm, dessen graugrüne Wedel mit Silber und Purpur überzogen sind.

Den Jahresabschluß bildet als Solist der Oktober-Steinbrech (*Saxifraga cortusifolia* var. *fortunei*, Höhe 25 cm), der mit seinen reinweißen Zauberblüten erste Schneegefühle weckt. Sein rötlichbraunes Laub ist leider genauso empfindlich wie die Blüten, so daß er nur an frühfrostsicherem Platz seinen Auftritt sicher beenden kann.

Variationen desselben Themas ... in Purpur, Weiß, Gelb und Himmelblau

Ähnlich der vorgenannten *Scilla* kann auch *Puschkinia scilloides* var. *libanotica* den Frühlingsreigen in zartem Himmelblau eröffnen. Allerdings ist die Puschkinie weniger zurückhaltend. Sie erzeugt reichlich Samen und bildet so relativ rasch große Bestände. Nur wenig früher, manchmal schon Ende Februar, blüht das Schneeglöckchen (*Galanthus nivalis*), das sich ebenfalls reich versamen kann und so große Schneeflecken im Vorfrühlingsgarten bildet.

Aufregend wird dieses noch verhaltene Frühlingslied, wenn Mitte/Ende März die Purpurrote Nieswurz (*Helleborus*-Hybride 'Early Purple', früher hieß sie 'Atrorubens') ihre purpurnen Blüten öffnet. Gleichzeitig stimmen die Wildform der Kissenprimel (*Primula vulgaris*, früher *P. acaulis*) in hellgelb und die Wildosterglocke (*Narcissus pseudonarcissus*, fälschlich *N. lobularis* genannt) in cremeweiß mit hellgelber Krone in den Blütenreigen mit ein. Die Hintergrundmusik liefern Haarschöpfe der Bergsegge (*Carex montana*), die im April ihre hellgrünen Blattspitzen zusammen mit den schwarzbraunen Ähren aus den lohbraunen Vorjahreshorsten schieben. Die Pauken zu dem Harfenspiel der Seggen spielen Bergenien (in nicht zu wüchsigen Sorten, zum Beispiel 'Beethoven' oder 'Brahms'). Auch hier spielen wieder die Leberblümchen mit, ebenso wie Buschwindröschen, allerdings in der Wildform oder in weißer, eventuell sogar gefüllter Sorte.

Für Farbflecken sorgt das Labrador-Veilchen (*Viola labradorica*), dessen junge Blätter sich purpurfarbig entfalten (später vergrünend). Im April schmückt es sich zusätzlich mit lilablauen Blüten. Dauernd purpurfarbene Blätter hat die (noch wenig bekannte) Süße Wolfsmilch (*Euphorbia dulcis* 'Chamaeleon') – im April zusätzlich mit grüngelben Blüten dekoriert. Aber Vorsicht, sie spart nicht mit – gleichfalls roten – Sämlingen. Wer panaschiertes Blattwerk mag, kann einen Salomonsiegel (*Polygonatum falcatum* 'Variegatum' oder *P. odoratum* var. *thunbergii* 'Variegatum') mit grünen, gelbgerandeten Blättern dazusetzen.

Im Mai erheben sich blaue Akeleienglocken (*Aquilegia olympica* oder *A.*-Alpina-Hybride 'Superba') über den Staudenteppich. Den goldgelben Farbkontrast liefert die braunlaubige Form des heimischen, in Wäldern wachsenden Wolligen Hahnenfußes (*Ranunculus lanuginosus* 'Braunlaub', Wuchshöhe bis 80 cm). Bei gleicher Höhe übernehmen ab Mitte Juni die weiße Form der heimischen Türkenbundlilie (*Lilium martagon* 'Album') und das leider noch selten kultivierte Sichel-Hasenohr (*Bupleurum falcatum* ssp. *falcatum*) – eine gleichfalls heimische Staude trockener Gebüschsäume und Wiesen – mit ihren grüngelben, kleinen, aber in Massen erscheinenden Blüten die Solostimmen. Wem das weiß-gelbe Blühen nicht aufregend genug ist, der kann das kräftige blauviolett der Waldglockenblume (*Campanula latifolia* 'Macrantha') mitsingen lassen.

Mittelhohe Trichterfarne – etwa *Polystichum setiferum*-Sorten – bringen einen weiteren Blattschmuck-Aspekt in die Pflanzung.

Waldastern, wie *Aster divaricatus* in weiß (Höhe 50 cm) oder die kaum kultivierte *A. maackii* in lilablau (Höhe 60 cm) sorgen für den August/Septemberflor. Die niedrigsten und nicht zu starkwachsenden Herbstanemonensorten würden die Herbststimmen übernehmen.

. . . in blauen, weißen und rosa Tönen

Dieses Musikstück wird von einem Orchester aus wüchsigen Stauden für nährstoffreiche, lehmige Böden gespielt. Wir wollen in den letzten Satz hören, der beherrscht wird von auf-

Erythronium dens-canis 'Schneeflocke' und ihr rosa Gegenstück – hier vor Hepatica transsylvanica 'Buis' – sind viel zu wenig verwendete Frühlingsblüher.

Iris variegata var. pontica bestimmt hier den Maiaspekt. Links Samenstände von Pulsatilla regeliana, dahinter Lilium bulbiferum und vorne in blau Dracocephalum ruyschianum.

strebenden Eisenhüten (*Aconitum napellus* 'Bergfürst', Höhe 150 cm, Juli–August, dunkelblau; *A. carmichaelii* 'Wilson' (= *A. wilsonii*), Höhe 150 cm, August–September, amethystblau und *A. carmichaelii* 'Arendsii' (= *A.* × *arendsii*), Höhe 100 cm, September–Oktober, blauviolett), Silberkerzen (*Cimicifuga japonica* 'Acerina', Höhe 80 cm, August–September, reinweiß und *C. simplex* in Sorten, Höhe 130 bis 150 cm, Oktober, weiß) und Herbstanemonen in Sorten wie *A. hupehensis* 'Septembercharme' oder *A. hupehensis* 'Rosenschale' und *A. hupehensis* var. *japonica* 'Prinz Heinrich'.

Ist der Boden genügend humos und feucht, dann können Astilben verschiedenster Art, Farne und die Schneemarbel (*Luzula nivea*) die hohen Stauden umspielen. Waldstorchschnabel (*Geranium versicolor* mit weißen, rosa geaderten Blüten oder *G. nodosum* mit lilarosen Blüten und lackglänzenden Blättern) sorgen für einen dezenten Sommerflor von Mai bis August.

Ein Frühlingslied aus den Bergen

Weißer als Schnee sind die Blüten der Christrose (*Helleborus niger*). Je nach Witterung können sie bereits im Januar erstrahlen. Die Allerheiligen-Christrose (*H. niger* 'Praecox') schafft es sogar schon im November. Allerdings ist diese Sorte oft nicht echt zu erhalten. Der Preis spricht für die Echtheit, denn die echte ist ein teurer Gartenschatz. Für unser Frühlingslied pflanzen wir allerdings *H. niger* ssp. *macranthus* mit besonders großen, im Abblühen rosa werdenden Blüten. Welche andere Pflanzen könnten als Begleiter besser dazupassen als Leberblümchen, und zwar besonders die dunkelblauen.

Die Gemeinschaft wird aber erst komplett durch das Schneegestöber des weißblühenden Hundszahnes (*Erythronium dens-canis* 'Snow Flake'). Er blüht nicht nur überreich – an ungestörtem Platz vermehrt er sich durch Selbstaussaat –, vielmehr schmückt er sich mit graugrünen, purpur überzogenen und silbrig gefleckten Blättern. Ebenso schöne Blätter hat die reinrosablühende Sorte 'Pink Perfection'. Der zartrosablühende, aber kaum gehandelte Lerchensporn aus dem Mazedonischen Alpengebiet (*Corydalis wettsteinii*) wäre ein weiterer geophytischer Mitsinger.

Für den Aprilflor sorgt das weißblühende, schwachwüchsige Waldgedenkemein (*Omphalodes verna* 'Alba') und mit neuer Farbe Gelb die frühblühende Auslese von *Anemone ranunculoides* 'Avon' oder in schwefelgelb *A.* × *lipsiensis* oder *A.* × *lipsiensis* 'Pallida'.

Dürfen die pflanzlichen Chorknaben ihr Lied im lichten Schatten von Bergkiefern (*Pinus mugo*) vortragen, dann kann eine weiß-, blau- oder rosablühende Alpen-Waldrebe (*Clematis alpina* oder Sorten) ihr Zaubergespinst darüber breiten. Dazu blüht ab Mai (bis Juni) am Boden der bis 50 cm hoch werdende, weiße Nesselkönig (*Lamium orvala* 'Alba') und die gleichhohe weiße Auslese des Nordischen Eisenhutes (*Aconitum septentrionale* 'Ivorine').

Daß es an Grün nicht mangelt, dafür sorgen die Fingersegge (*Carex digitata*, 20 cm hoch, selbstaussäend ohne lästig zu werden) und Zwerg-Frauenfarne (*Athyrium filix-femina* 'Minutissima' oder *A. filix-femina* 'Bornholmensis').

Auch Wildstauden-Pflanzungen können ein bestimmtes Farbthema bekommen, so wie hier rosa bis purpurrot und weiß.

Morgentau und Spinnweben verwandeln den alten Baumstumpf in der Steppenheide in ein Märchenbild.

Efeublättrige Alpenveilchen (*Cyclamen hederifolium* und *C. hederifolium* 'Album' oder andere Farbauslesen) sind die Überraschung des Hoch- und Spätsommers.

Gehölzränder

Der Gartenspaziergang geht weiter an den Gehölzrand, und zwar zunächst an den schattigen und dann an den sonnigen.

Hohe Bergstauden geben sich die Ehre

Dieses Pflanzengemälde braucht eine gewisse Fläche, um richtig zur Wirkung zu kommen. Außerdem täte ihm ein gewisse Neigung des Geländes gut. Dann könnten die großen und kleinen Steine und Felsblöcke besonders wirkungsvoll arrangiert werden. Die Krönung des ganzen wäre ein die Szene durchfließender kleiner Bach.

Unabdingbar für das Wohlbefinden der Pflanzen ist ein frischer bis feuchter, nährstoffreicher, leicht saurer bis schwach alkalischer, sandig-lehmiger oder lehmiger Boden.

Den ersten Akt bestreiten die Zwiebel- und Knollen-Akteure. Als erster betritt der Märzenbecher (*Leucojum vernum*) zusammen mit dem Vorfrühlings-Blaustern (*Scilla mischtschenkoana*) die Bühne. Ihnen folgen die Osterglocke (*Narcissus pseudonarcissus*) in cremeweiß mit hellgelber Krone und *Crocus vernus* 'Haarlem Gem' in amethystviolett. Ab April öffnen sich im Traufbereich des lockeren Gehölzhintergrundes die Blütensterne der *Anemone × lipsiensis* (oder von *A. × lipsiensis* 'Pallida') sowie die hängenden gelben Blüten der Forellenlilie (*Erythronium tuolumnense*) und als erste Staude spiegelt das Spanische Lungenkraut (*Pulmonaria saccharata* 'Frühlingshimmel') den Frühlingshimmel wieder.

Auf der gehölzfreien Mittelbühne hat ab Anfang Mai die ultramarinblaue Präriekerze (*Camassia quamash*, Höhe 35 cm) ihren Auftritt. Die Stauden lassen sich nun nicht mehr länger zurückhalten. Weiße Wolken aus Bach-Anemone (*Anemone rivularis*, Höhe 95 cm), Berg-Flockenblume (*Centaurea montana* 'Alba', Höhe 50 cm, Rückschnitt der verblühten Stengel bringt Nachblüte im August) und des absolut horstigen, frostunempfindlichen Spiräen-Knöterichs (*Polygonum sericeum*, Höhe 100 cm) durchziehen das Bild. Damit dieses Bild nicht farblos und fade wird, dafür sorgen in Rosa das nordamerikanische *Allium unifolium* (Höhe 30 cm) und die Gargano-Nessel (*Lamium garganicum*, Höhe 30 cm).

Im Juni erreicht das Schauspiel seinen ersten Höhepunkt mit dem Auftritt von Sterndolde (*Astrantia major* 'Rosensinfonie', Höhe 60 cm, Juni–August, rosarot), Türkenbund (*Lilium martagon*, Höhe 100 cm, Juni–Juli, violettrot), Großblättriger Wucherblume (*Tanacetum* (früher *Chrysanthemum*) *macrophyllum*, Höhe 110 cm, Juni–Juli, weiß), Frühsommer-Phlox (*Phlox*-Arendsii-Hybride 'Hilda', Höhe 50 cm, Juni–Juli, hellavendel mit lilarosa Auge), Waldglockenblume (*Campanula latifolia* var. *macrantha*, Höhe 80 cm, Juni–Juli, tiefviolett), Eisenhut (*Aconitum napellus* 'Bergfürst', Höhe 130 cm, Juni–August, dunkelblau) und im Halbschatten der Gehölze dem

Waldstorchschnabel (*Geranium versicolor*, Höhe 30 cm, Juni–September, rosa-weiß). Auch die Schneemarbel (*Luzula nivea* oder *L. nivea* 'Schneehäschen') findet einen Platz. Aus der Gehölzkulisse melden sich der Kaskadenstrauch (*Holodiscus discolor* var. *ariifolius*, Höhe 280 cm, Juni–Juli) mit seinem cremeweißen Blütengeschäume und *Rosa moyesii* (Höhe 300 cm, sparriger Wuchs) mit ihren blutroten Blüten und im Herbst den leuchtend roten, flaschenförmigen Hagebutten zu Wort.

Ab Juli verteilt die *Astilbe*-Arendsii-Hybride 'Cattleya' (Höhe 100 cm) ihre rosa Blütenschleier, das gleiche tut der Geißbart (*Aruncus sinensis* 'Zweiweltenkind'), allerdings in doppelter Größe und in Cremeweiß. Von gleicher Farbe sind die himmelsstürmenden Kerzen (Wuchshöhe 180 cm) der Juli-Silberkerze (*Cimicifuga racemosa*). *Agastache foeniculum* (Höhe 110 cm, Juni–Juli, violett) ist eine noch wenig bekannte, aromatische Staude aus der Lippenblütler-Familie.

Den August/September-Dreiklang bringen Eisenhut (*Aconitum carmichaelii* 'Wilsonii', 130 cm hoch, amethystviolett), Herbstanemone (*Anemone hupehensis* f. *alba* oder *A. vitifolia*, Höhe 70 cm, weiß) und Glocken-Knöterich (*Polygonum campanulatum* 'Rosenrot', Höhe 90 cm, rosarot).

Für reichlich beruhigendes Grün sorgen – vor allem im Halbschatten der Gehölze – Schattensegge (*Carex umbrosa*, Höhe 20 cm, wintergrün) und Waldsegge (*Carex sylvatica*, Laubbusch etwa 30 cm, Blüten bis 50 cm hoch, letztere nach der Blüte unbedingt abschneiden) sowie der Weiche Schildfarn (*Polystichum setiferum*, 60 cm hoch) und der Aufrechte Goldschuppenfarn (*Dryopteris affinis* 'Pinderi', Höhe 80 cm). Dauerhafte dunkelgrüne Akzente in der Gehölzkulisse setzen die aufrechten und halbhohen Bergkiefern (*Pinus mugo* und *P. mugo* 'Mughus'). Eventuell findet (finden) dort auch eine (oder zwei) Straucheberesche(n) (*Sorbus koehneana* mit weißen Beeren oder *S. vilmorinii* mit rosaweißen Beeren, beide mit brillianter Herbstfärbung) einen Platz.

Erweiterung des Themas durch einen Bachlauf

An fließendem Wasser wird ebengenannte Pflanzengemeinschaft ergänzt durch folgende Stauden und Blumenzwiebel, die den Bach begleiten, also feucht oder sogar naß stehen wollen.

Die Schachbrettblume (*Fritillaria meleagris*, Höhe 25 cm, purpur- bis rosafarben) und Himalaja-Sumpfdotterblume (*Caltha palustris* var. *alba*, Höhe 20 cm, weiß) sind die ersten der Bachszene. Kriechender Günsel (*Ajuga reptans* 'Riesmöve') beginnt nur wenig später seine weißen Blütenkerzen über seinem kaum 5 cm hohen, frischgrünen Laubteppich zu entzünden. Reizend dazu passen die kleinen, hängenden Glöckchen der weißen Bach-Nelkenwurz (*Geum rivale* 'Bachelfe', Höhe 35 cm). Die purpurrote Sumpf-Gladiole (*Gladiolus palustris*, Höhe 45 cm, Mai–Juni), die duftende, fast gleichfarbige Prachtnelke (*Dianthus superbus* 'Rainbow', Höhe 30 cm) und einzelne Horste des violettblauen Storchschnabels (*Geranium sylvaticum* 'Silva', Höhe 40 cm, Mai–Juni) bringen Farbe mit ins Spiel. Mit einer Fülle weißer Glöckchen läutet das Sommertürchen (*Leucojum aestivum* 'Gravetye', 45 cm hoch, weiß) den Sommer ein. Die aufrechten Schwertblätter der Arktischen Schwertlilie (*Iris setosa*, Höhe 35 cm, Juni, purpurviolett) stehen in Kontrast zur Gestalt der Trollblume (*Trollius* 'Alabaster', Höhe 50 cm, Juni–Juli, rahmweiß) und der *Primula florindae* (Höhe 65 cm, Juni–Juli, schwefelgelb, duftend). Den sommerlichen Abschluß bildet die Zwergform des Gefingerten Mädesüß (*Filipendula palmata* 'Digitata Nana', Höhe 25 cm, Juli–August, tiefrosa).

Wenn das Wuchern der Kanadischen Wiesenanemone (*Anemone canadensis*) in Zaum gehalten werden kann, beispielsweise durch Einpflanzen in unten offene Gefäße, dann darf sie in diesem Schauspiel mitwirken.

Ein »Pannonisches Kiefernwald-Melodrama«

Dieses Stück eignet sich nur für mittelgroße bis große Gartenbühnen. Die Akteure verlangen einen mäßig trockenen bis mäßig frischen, mäßig nährstoffreichen, durchlässigen, lehmig-steinigen Boden bei lichtschattiger Lage (eher einem sonnigen Gehölzrand entsprechend).

In Orginalbesetzung wird dieses Stück mit Schwarzkiefern (*Pinus nigra*) und Waldkiefern (*P. sylvestris*) gespielt, so daß sich ein sehr lichter Steppenwald ergibt. Wo die Bühne nicht groß genug dafür ist, können auch Strauch- oder Zwergformen der genannten Kiefern den Wald andeuten.

Es treten jedoch weitere Gehölze auf. So die Mannaesche (*Fraxinus ornus*), ein kleiner, bis 10 m hoher Baum mit duftenden Blütenbüscheln im Juni. Als Goldregen sollte *Laburnum* × *watereri* 'Vossii' (bis 7 m hoch, goldgelbe Blüten im Juni) gewählt werden. Buchsbaum (*Buxus*) in allen seinen Arten und Sorten sowie der heimische Wacholder (*Juniperus communis*) und seine Sorten tragen dafür Sorge, daß das Auge auch im Winter nicht auf Grün zu verzichten braucht. Gewöhnlicher Liguster (*Ligustrum vulgare*) gehört ebenfalls zur Originalbesetzung. Wegen seiner Wüchsigkeit eignet er sich auf der Gartenbühne höchstens als Hintergrundkulisse. Zum Mitspielen passen besser die Zwergform (*L. vulgare* 'Lodense') und der Japanische Liguster (*L. obtusifolium* var. *regelianum*, Höhe etwa 2 m, im Juni–Juli auffallende, weiße Blütenrispen). Ebenfalls weiß blüht die Gemeine Felsenbirne (*Amelanchier ovalis*, Höhe um 4 m, im April–Mai erscheinen die weißen Blüten zusammen mit den silbrigfilzigen Blättern, später bei den Vögeln sehr beliebte blauschwarze Beeren). Sie ist jedoch nicht ganz so leicht zu bekommen wie *A. lamarckii* oder *A. laevis*, die sich aber beide nicht eignen, weil sie andere Bodenansprüche haben und zu groß werden. Gut verwendet werden kann die Zwergform (*A. ovalis* 'Pumila'), die nur 1,3 m hoch wird. Aus der Rosenfamilie kommt noch die Schwarze Felsenmispel (*Cotoneaster nebrodensis*, syn. *C. tomentosus*, Höhe bis 1,5 m, blaßrosa Blüten, rote Früchte) hinzu.

Aus der Fülle der Stauden, die die Gehölze umwimmeln, sollen nur einige der möglichen genannt sein.

Das Blütenjahr beginnt die Palmwedel-Nieswurz (*Helleborus foetidus*) und ihre attraktiveren Auslesen 'Altenberg Selektion' und 'Wester Fliske'. Zu einer anderen Jahreszeit als den Spätwinter würden ihre gelblichgrünen Blüten völlig untergehen. Im Februar aber, wo auch das Zwiebelvolk noch nicht richtig erwacht ist, sind die grünen Blüten eine willkommene Beigabe zum schmückenden, immergrünen Laubwerk. Da die Blütenhülle auch im April noch vorhanden ist, ergeben sich reizende Farbkombinationen mit *Anemone blanda* in den Sorten 'Blue Shades' (blau) und 'White Splendour' (weiß). Im April mischen sich goldgelbe Goldkrokusse (*Crocus flavus*) und Turkestan-Tulpen (*Tulipa turkestanica*) in weiß hinzu. Besonders gut passen die grünen Nieswurz-Blüten zu dem Enzianblau vom Sardischen Schneestolz (*Chionodoxa sardensis*) und dem Schmalblättrigen Lungenkraut (*Pulmonaria angustifolia*). Der duftende Himmelschlüssel (*Primula veris*, schwefelgelb) und etwas später eine Wildtulpe (*Tulipa kolpakowskiana*, goldgelb, außen orange getönt) bringen komplementäres Gelb ins Spiel. Eine frühe Wild-Pfingstrose (*Paeonia mascula*, Höhe 80 cm, April bis Mai, purpurrot) und eine späte (*Paeonia peregrina*, Höhe 90 cm, Mai bis Juni, tief karminrot) sorgen für rote Töne.

Im Mai beginnen auch die beiden Anemonen *Anemone trifolia* und *A. sylvestris* sowie das Duftende Salomonssiegel (*Polygonatum odoratum*) in weiß zu blühen.

Den Blütenhöhepunkt bietet der Monat Juni, wenn stahlblauer Drachenkopf (*Dracocephalum ruyschianum*, Höhe 30 cm, Juni–August), weiße, duftende Montpellier-Nelke (*Dianthus monspessulanus* ssp. *monspessulanus*, Höhe 30 cm, Juni–Juli), weißer Blutstorchschnabel (*Geranium sanguineum* 'Album', Höhe 30 cm, Juni–Juli), goldgelbes Ochsenauge (*Buphthalmum salicifolium*, Höhe 50 cm, Juni–September), weißer Färbermeister (*Asperula tinctoria*, Höhe 35 cm, Juni–Juli), weißer Diptam (*Dictamnus albus* 'Albiflorus', Höhe 80 cm, Juni), orangerote Feuerlilie (*Lilium bulbiferum*, Höhe 80 cm, Juni), blauer Hainsalbei (*Salvia nemorosa* 'Viola Klose', Höhe 45 cm, Juni–August) und Immenblatt (*Melittis melissophyllum*, Höhe 50 cm, Juni, reinweiß, rosa und weiß oder mehr rötlich) ihre Blüten öffnen. Exotische Reize vermittelt *Acanthus longifolius* (Höhe 100 cm, Juli, weißrosa Blüten mit purpurbraunen Kelchblättern, wüchsig). Kaum bekannt ist die dankbare Straußmargerite (*Tanacetum* (früher *Chrysanthemum*) *corymbosum*, Höhe 80 cm, Juli) mit ihren weißen Zungen- und gelben Scheibenblüten. Goldgelbe Korbblüten läßt der Rauhe Alant (*Inula hirta*, Höhe 35 cm, Juli–August, seltener im Handel, kann ersetzt werden durch *Inula ensifolia*) erstrahlen.

Für den Spätsommerflor sorgen der weiße Wilde Majoran (*Origanum vulgare* 'Jurahexe', Höhe 50 cm) und die Wildform der Kalkaster (*Aster amellus*, Höhe 45 cm, lilablau; wenn nicht erhältlich, kleinblütige, blaue Sorten wie 'Sonora' oder 'Butzemann' wählen). Dem Herbstkrokus (*Crocus pulchellus*, Höhe 12 cm, September–Oktober, lavendelblau) gebührt die letzte Rolle.

Ein heiter-beschwingter Elfentanz an sonnigem Waldrand

Die Bodenbedingungen für diese Aufführung gleichen der vorigen, jedoch scheint die Sonne hier mit voller Kraft auf die Darsteller nieder.

Besonders die zahlreichen Vertreter aus der Lippenblütler-Familie locken viele Schmetterlinge und allerlei Insektenvolk herbei.

Die Hintergrundkulisse bilden ein Perückenstrauch (*Cotinus obovatus* 'Flame', Höhe 3 bis 4 m, scharlachrotes Herbstlaub), silberblättrige Ölweiden (*Elaeagnus multiflora*, Höhe und Breite 3,5 m, im Mai wenig auffallende, aber stark duftende Blüten, eßbare, dunkel rotbraune Früchte), ein oder zwei Italienische Waldreben (*Clematis viticella*, bis 4 m hoch kletternd, Juni–Juli), die ihre purpurnen Blüten in das silbrige Ölweiden-Gezweig legen darf, und einige edle Wildrosen, wie *Rosa × andersonii* (Höhe und Breite 2 m, Juni–Juli, reinrosa, zarter Duft, scharlachrote Hagebutten), *Rosa × dupontii* (Höhe und Breite 2,3 m, Juni–Juli, weiß, duftend), *Rosa*-Gallica-Hybride 'Complicata', Höhe 1,8 m, Breite 2,6 m, Juni–Juli, leuchtend rosa, Hagebutten). Die Lücken füllt der etwa 1,2 m hohe Zwergliguster (*Ligustrum vulgare* 'Lodense').

Je nach Winterverlauf kann das Schneeglöckchen, *Galanthus elwesii*, bereits im Januar den Tanz einläuten. Im Februar und März beginnt der Auftritt des violettpurpurnen *Crocus tommasinianus* 'Ruby Giant', dem alsbald *Anemone blanda* 'Charmer' in dunkelrosa und der Schneestolz *Chionodoxa luciliae* in lavendelblau mit weißer Mitte folgen.

Im April geben sich die Zweiblütige Tulpe (*Tulipa biflora*, Höhe 12 cm, weiß mit gelber Mitte) und die Berg-Kuhschelle (*Pulsatilla montana*) mit ihrem silbrigen Pelz ein Stelldichein, dem sich etwas später niedrige Bartiris (*Iris*-Barbata-Nana-Hybride 'Cherry Garden', Höhe 35 cm, weinrot und *I.*-Barbata-Nana-Hybride 'Soft Air', Höhe 30 cm, hellgelb) hinzugesellen.

Den Mai beginnt die mittelhohe Bartiris (*Iris*-Barbata-Media-Hybride 'Gypsy Jump', Höhe 60 cm) mit mittelblauem Dom und tiefvioletten Hochblättern. Ihr folgen Blauzungenlauch (*Allium karataviense*, Höhe 20 cm, altrosafarben), Kugelblume (*Globularia punctata*, Höhe 25 cm, blau), Türkenmohn (*Papaver orientale* 'Fatima', Höhe 60 cm, zartrosa mit dunklerem Rand und schwarzen Schlundflecken) und Behaarter Bartfaden (*Penstemon hirsutus*, Höhe 45 cm, weiß-lila, nicht sehr langlebig, aussäen lassen).

Die Hauptakteure des Sommers sind *Anemone multifida* 'Major' in weiß, Sonnenröschen (*Helianthemum* 'Boughton Primrose', Höhe 25 cm) in primelgelb, Schöne Flockenblume (*Centaurea bella*, Höhe 20 cm) in rosa mit silbrigem Laub, Sarmantische Glockenblume (*Campanula sarmatica*, Höhe 45 cm) in hellblau mit grauem Laub, die kompakte Form der Katzenminze (*Nepeta ×faassenii*, Höhe 30 cm) in mittelblau mit grauem Laub, niedriges Schleierkraut (*Gypsophila* 'Rosenschleier', Höhe 30 cm) in zartrosa, Kroatische Felsenlippe (*Micromeria croatica*, Höhe 20 cm) in rosa, Ästige Graslilie (*Anthericum ramosum*, Höhe 50 cm) in weiß, Karthäusernelke (*Dianthus carthusianorum*, Höhe 45 cm) in rosarot und schließlich die Zwergform des Blutstorchschnabels (*Geranium sanguineum* 'Nanum', Höhe 15 cm) in karminrot.

Viele, zarte Blüten von schleierartiger Wirkung dominieren auch im Hoch- und Spätsommer. Das Stein-Windröschen (*Anemone rupicola*) hebt seine weißen Blütenschalen in den

Sommerhimmel. Eine bizarr-stachelige Schönheit kommt aus den Pyrenäen: die Pyrenäen-Edeldistel (*Erygnium bourgatii*, Höhe 50 cm, Juli–August, blau, Blätter weißgezeichnet). Massen kleiner, porzellanblauer Blüten produziert die Bergminze (*Calamintha nepeta*, Höhe 30 cm), und das unermüdlich von Juli bis Oktober. Auch Wilder Majoran und Lavendel dürfen nicht fehlen: *Origanum vulgare* 'Heiderose' (Höhe 20 cm, Juli–September, rosa) und *Lavandula angustifolia* 'Dwarf Blue'(Höhe 30 cm, Juli–August, dunkelblau, graulaubig).

Die Monate August und September verbringen gemeinsam die Bergaster (*Aster amellus* 'Kobold', Höhe 40 cm, violettblau) und zwei Fetthennen (*Sedum spectabile* 'Nordlicht', Höhe 40 cm, rosarot; 'Stardust', Höhe 30 cm, weiß).

Das blühende Gartenjahr beschließen der Herbstkrokus (*Crocus pulchellus* 'Zephyr', Höhe 9 cm) mit weißen, perlgrau überhauchten Blüten und die niedrige Fetthenne (*Sedum*-Cauticolum-Hybride 'Robustum', Höhe 25 cm) mit magentaroten Blüten über blaugrünem Laub.

Was wäre dieses Tanzfest ohne Gräser? Für den richtigen Untergrund sorgt die spannhoch werdende Vogelfuß-Segge (*Carex ornithopoda*). Genauso hoch werden die Blattschöpfe des Zittergrases (*Briza media*), aus denen aber von Mai bis August lohbraune, bis 40 cm hohe Blütenstengel entsteigen. Einzelne bis 50 cm hohe *Andropogon scoparius* (bester Herbst- und Wintereindruck!) gliedern die Gesellschaft.

Freiflächen

Vom sonnigen, warmen Gehölzrand auf kalkhaltigen Lehmböden genügen nur wenige Schritte, um auf den Kalkmagerrasen zu gelangen. Dort wachsen ähnliche Pflanzen wie am oben beschriebenen sonnigen Gehölzrand. Doch ist Freifläche keineswegs identisch mit Wärme, Kalk und Lehm. Freiflächen kann auch kalkfrei und sandig bedeuten: die Heide. Freifläche kann auch nährstoffreich, frischfeucht und lehmig heißen: die Fettwiese. Und schließlich sind auch die Sumpfwiese und die Teich- und Bachufer ohne Gehölzbewuchs zu den Freiflächen zu zählen.

Und so wollen wir über die verschiedenen Freiflächen-Standorte unseren Gartenspaziergang fortsetzen.

Steppenlied hoch auf dem Dache

Natürlich kann dies Lied auch auf dem Boden gesungen werden, wenn dieser mäßig trocken, mager, basenreich, steinig und lehmig ist. Doch eignet sich die Pflanzenkomposition gut für flachgründige Dachstandorte.

Der Pflanzplatz Dach schützt die Zwiebelpflanzen besser vor Mäusefraß. Und Krokus, Tulpen und Iris gehören unbedingt mit dazu. Sie sind nämlich die ersten Fühlingsboten: Ankarakrokus (*Crocus ancyrensis*, Höhe 5 cm, Februar–März, leuchtend gelb), Netziris (*Iris reticulata* 'Harmony', Höhe 10 cm, (Februar) März, himmelblau mit gelbem Strich), Turkestantulpe (*Tulipa turkestanica*, Höhe 25 cm, März–April, weiß), Sardischer Krokus (*Crocus minimus*, Höhe 7 cm, März–April, hellviolett, außen weiß mit purpurner Fiederung). Wenn die beiden Letztgenannten blühen, dann sind die ersten Stauden ebenfalls bereits aufgestanden. Adonisröschen (*Adonis vernalis*, Höhe 25 cm, (März) April) und die Polster des Frühlings-Fingerkrautes (*Potentilla neumanniana*, Höhe 6 cm) schmücken die Steppe mit lauter kleinen Sonnen, die Slawische Kuhschelle (*Pulsatilla halleri* ssp. *slavica*) und einige Wochen später die Gewöhnliche Kuhschelle (*Pulsatilla vulgaris*) legen lauter kleine Fetzen Frühlingshimmel dazwischen.

Die blau-gelbe Spannung bleibt erhalten: Breitblättrige Traubenhyazinthe (*Muscari latifolium*, Höhe 25 cm, April bis Mai) und Gamander-Ehrenpreis (*Veronica austriacum* ssp. *teucrium* 'Kapitän', Höhe 25 cm, Mai bis Juni) tönen blau, Steinkraut (*Alyssum saxatile* 'Compactum', Höhe 30 cm, April bis Mai, dottergelb) und Urumitulpe (*Tulipa urumiensis*, Höhe 15 cm, April bis Mai, goldgelb, außen bräunlich schattiert) gelb.

Weiße Wolkenschleier legt ein niedriges Schleierkraut (*Gypsophila* × *monstrosa*, Höhe 25 cm, Mai bis Juni) auf den Staudenteppich. Goldgelb schäumt der Kriechende Ginster (*Cytisus decumbens*, Höhe 25 cm, Breite 55 cm, Mai bis Juni).

Was wäre eine Steppe ohne Lauch? Bei diesem Stück singt in reinem Gelb *Allium moly* (Höhe 25 cm, Juni) mit. Der Hauptgesang des Sommers (Juni–August) aber kommt von Schafgarbe (*Achillea* 'Schwellenburg', Höhe 35 cm, zitronengelb), Sonnenröschen in ziegelrot (*Helianthemum* 'Fire Dragon') und goldgelb (*H.* 'Sterntaler'), Dalmatiner Glockenblume in lila (*Campanula poscharskyana*) und weiß (*C. poscharskyana* 'E. H. Frost') und Narbonne-Lein (*Linum narbonense*, Höhe 40 cm, enzianblau).

Silbergrüne Hügel, die sich von Juli bis August mit tiefblauen Blüten schmücken, formt Lavendel (*Lavandula angustifolia* 'Munstead'). Der Schwertblättrige Alant (*Inula ensifolia*) hebt seine goldgelben Sonnen von Juli bis September in den Sommerhimmel: die Sorte 'Compacta' wird 30 cm groß, 'Goldammer' erreicht nur die halbe Höhe.

Einen ganz anderen (Farb-)ton bringt die niedrige Fetthenne (*Sedum*-Cauticolum-Hybride 'Vera Jameson', Höhe 20 cm) ins Spiel: rosarot.

So wie das Jahr mit Zwiebelpflanzen begonnen hat, so endet es mit ihnen. *Crocus speciosus* (September–Oktober) in dunkelblau und *Crocus medius* (Oktober–November) in lilapurpurfarben beenden das Blütenjahr.

Keine Steppe ohne Gräser! Vor allem nicht ohne Federgräser. Der Wind hat richtig seine Freude mit ihnen. Schon der kleinste Windhauch genügt, um das Mädchenhaargras (*Stipa pennata*, Höhe 30/50 cm, Juni–Juli) mit Blatt, Halm und Blüte zum Tanzen zu bringen. Silberweiß glitzern die Grannen im Sonnenlicht – ebenso bei dem Reiherfedergras (*Stipa pulcherrima* f. *nudicostata*, früher fälschlich *S. barbata*, Höhe 40/80 cm, Juli–August). Die Erdsegge (*Carex humilis*, Höhe 15 cm) breitet einen wintergrünen Teppich darunter.

Kleines Sandkasten-Zwischenspiel

Dieses Stück paßt gut für kleinere Gartenflächen; die Akteure sind Pflanzen, die auf mäßig trockenen, eher mageren, neutralen, sandigen Böden in vollster Sonnenlage nicht versagen.

Zaghaft beginnt der Frühling mit dem schneeweißen Blühen des *Crocus biflorus* ssp. *weldenii* 'Fairy'. Mitunter schon Ende März beginnt die Finger-Kuhschelle (*Pulsatilla patens*) ihre blauvioletten Blüten zu entfalten. Ist sie im Abblühen, übernimmt die Wiesen-Kuhschelle (*Pulsatilla pratensis*) in violett die Kuhschellen-Rolle. Mit ihr setzt nun im April ein vielstimmiger Chor ein. Einen weißen Teppich, durchsetzt mit einigen blauen Tupfern breitet die *Anemone caroliniana* aus. Ebenfalls aus Nordamerika kommt der Polsterphlox (*Phlox subulata* 'G. F. Wilson', Höhe 15 cm, April bis Mai, hellblau), der in seiner Heimat in trockenen Triften wächst und so gut in diese Gemeinschaft paßt. Heimisch hingegen sind das Sand-Fingerkraut (*Potentilla arenaria*, Höhe 10 cm, April bis Mai, hellgelb, silbergraulaubig), der weißblühende Sandthymian (*Thymus serpyllum* 'Albus', Höhe 6 cm, Juni–Juli), der Niederliegende Ehrenpreis in Edelsorte (*Veronica prostrata* 'Rosea', Höhe 10 cm, Mai–Juni, leuchtend rosa) und die Sand-Grasnelke (*Armeria elongata*, Höhe 10/35 cm, Mai bis Juli, rosa).

Im Mai und Juni blühen außerdem ein wenig bekannter Storchschnabel mit einem fürchterlichen Namen und zudem meist falsch benannt, *Geranium orientalitibeticum* (falsch: *G. stapfianum* 'Roseum', Höhe 20 cm, rosa, Blätter dekorativ gezeichnet) und das Kleinblütige Katzenpfötchen (*Antennaria parviflora*), das einen nur 3 cm hohen Silberteppich spinnt, aus dem die 15 cm hohen Blütenstengel mit weißen Blüten entsteigen. Als Himmelsstürmer stehen die Exemplare der Phoenizischen Königskerze (*Verbascum phoeniceum*, Höhe 60 cm, Mai bis Juni, violett) im niedrigen Staudenteppich.

Warum soll nicht auch ein Gehölz mitspielen? Schließlich wird *Cytisus × kewensis* nur 45 cm hoch (bei etwa 1 m Breite). Der Ginster ist im Mai ein hellgelber Blütenhügel.

Im Juli haben vier neue Stauden ihren Auftritt. *Anemone cylindrica* hat nur eine Statistenrolle inne, die anderen hingegen verstehen sich in Schale zu werfen: Sandkraut (*Arenaria procera* ssp. *glabra*, Höhe 22 cm, weiß), Sand-Edeldistel (*Eryngium planum* 'Blauer Zwerg', Höhe 50 cm, Juni–August, tiefblau) und *Chrysopsis villosa* var. *rutteri* (Höhe 20 cm, Juni–September, gelb).

Hoch- und Spätsommer (Juli–August) gehört dem Gelben Lauch (*Allium flavum*, Höhe 30 cm, schwefelgelb), der Sandnelke (*Dianthus arenarius*, Höhe 8/15 cm, weiß, duftend), dem Strohblümchen (*Helichrysum* 'Schwefellicht', Höhe 10/25 cm, schwefelgelb, silbergraulaubig), der Silberteppich-Veronika (*Veronica spicata* ssp. *incana* 'Silberteppich', Höhe 5/25 cm, dunkelblau) und der Prachtscharte (*Liatris spicata* 'Kobold', Höhe 40 cm, violett).

Gräser übernehmen zwar ebenfalls nur Statistenrollen, doch ist ihr Mitwirken unverzichtbar. Die nichtblühende Form des Schafschwingels (*Festuca ovina* 'Solling', Höhe 25 cm, Blätter blau) und das außergewöhnliche Moskitogras (*Bouteloua gracilis*, Höhe 20/40 cm, Juli–September) mit seinen waagrecht vom Halm abstehenden und in ihrer Gesamtheit an einen Mückenschwarm erinnernden Ähren.

Heiteres Feuchtwiesen-Geflüster

Die hier vorgestellten Pflanzen können einfach »nur« eine feuchtwiesenähnliche Gemeinschaft bilden, es kann aber auch ein Bach die Bühne durchfließen oder die Pflanzenschar reiht sich um das Ufer eines Stillgewässers.

Auf jeden Fall verlangen die Pflanzen einen feuchten (aber nicht nassen), nährstoff- und basenreichen, lehmigen Boden, der Standort kann sonnig, aber auch licht- bis halbschattig (sonniger Gehölzrand) sein.

Den Gehölzrahmen können verschiedene Sträucher und Großsträucher bilden. Einige dieser Zuschauer dürfen den Rahmen verlassen und in der Stauden-Gesprächsrunde mitreden. Während die grünblättrige Fasanenspiere (*Physocarpus opulifolius*) zu wenig redegewandt ist und deshalb Bestandteil der Gehölzkulisse bleiben muß, dürfen ihre buntlaubigen Geschwister Solorollen übernehmen. *Physocarpus opulifolius* 'Diabolo' (Höhe 2 m) ist ein liebenswertes Teufelchen mit purpurfarbenem Laub, während sich mit *P. opulifolius* 'Dart's Gold' (gelblaubig, im Laufe des Sommers vergrünend) ein Sonnenstrauch vorstellt. Die eigentliche Solostimme unter den Gehölzen gebührt dem Pensylvania-Streifenahorn (*Acer pensylvanicum*, Höhe 8 bis 10 m), der sich im Herbst in ein gelbes Sonnengewand hüllt und das ganze Jahr seine grüne, von weißen Streifen durchzogene Rinde präsentiert. Die einzelnen, vor dem Gehölzrahmen gepflanzten Apfelbeeren (*Aronia melanocarpa*, Höhe 1 m, *A. melanocarpa* var. *grandifolia*, Höhe 2,3 m) fallen mit ihren kleinen weißen Blüten im Mai und Juni kaum auf. Die schwarzen Beeren im Spätsommer entdecken selbst die Vögel oft erst spät. Im Herbst jedoch stimmt der lockerwüchsige Strauch ein prächtiges Farbenspektakel an, orange bis feuerrot werden die Blätter.

Das Geflüster beginnt im März (manchmal auch schon früher) zaghaft mit dem Märzenbecher (*Leucojum vernum*) und bleibt noch ohne Antwort. Einen ersten Dialog halten die Alpenveilchen-Narzisse (*Narcissus*-Cyclamineus-Hybride 'Jack Snipe', Höhe 30 cm, März–April, cremeweiß mit primelgelber Krone) und das Zweiblättrige Blausternchen (*Scilla bifolia*, Höhe 15 cm, März, blau). Die purpur bis rosa blühende Schachbrettblume (*Fritillaria meleagris*, Höhe 25 cm) findet im April schon viele Gesprächspartner, so etwa die weiße Sumpfdotterblume (*Caltha palustris* var. *alba*, Höhe 20 cm, April bis Mai), die von fernen Himalajabächen erzählt, dem heimischen Kriechenden Günsel (*Ajuga reptans* 'Jungle Beauty', Höhe 10/30 cm, April–Juni, blau), der bronzegrüne Blatteppiche webt, der jungfräulichen Bachnelkenwurz (*Geum rivale* 'Bachelfe', Höhe 30 cm, April–Juni, weiß) und dem imposanten Schildblatt (*Peltiphyllum peltatum*, Höhe 80 cm, April bis Mai, rosa), das von noch ganz anderer Weltgegend, den westlichen USA, zu berichten weiß.

Wenn das Sommertürchen (*Leucojum aestivum* 'Gravetye Giant', Höhe 40 cm, Mai bis Juni) blüht, träumt der Frühling schon vom Sommer.

Aus dem Geflüster wird lautes Tönen, denn die bislang farbliche Zurückhaltung erhält nun einen Paukenschlag durch die Himalaja-Wolfsmilch (*Euphorbia griffithii* 'Fireglow' oder *E. griffithii* 'Dixter', Höhe 80 cm), die ihre gelbgrünen Blüten mit leuchtend orangeroten Hochblättern schmückt. Im Herbst legt sie ein buntes Kleid an. Ihr zu Füßen legt der Wildphlox (*Phlox divaricata*, Höhe 40 cm) lilablaue Blütenwolken. Gleiches tut die Jakobsleiter (*Polemonium foliosissimum*, Höhe 60 cm, Mai bis August) mit ihren zartlila Blütenkerzen.

Die Sibirische Wieseniris (*Iris sibirica* 'My Love', Höhe 70 cm, Mai bis Juni, mittelblau) schmilzt in Liebe für die Trollblume (*Trollius* 'Lemon Queen', Höhe 60 cm, hellzitronengelb). Die Akeleiblättrige Wiesenraute (*Thalictrum aquilegifolium* 'Album', Höhe 120 cm, weiß) ist über allen erhaben.

Rahmweiße Trollblumen (*Trollius* 'Alabaster', Höhe 70 cm, Juni–Juli), lichtblauer Bergwiesen-Storchschnabel (*Geranium sylvaticum* 'Mayflower', Höhe 60 cm, Juni–Juli) und schwefelgelbe, duftende Primel (*Primula florindae*, Höhe 50 cm, Juni–Juli) sind im Gespräch vertieft. Sie merken nicht, daß sie die Kanada-Anemone (*Anemone canadensis*) längst unterwandert hat.

Stolz erhebt der Eisenhut (*Aconitum napellus* 'Bergfürst', Höhe 150 cm; Juli–August) seine dunkelblauen Kerzen in die Höhe. Als ein ihm ebenbürtiger Gesprächspartner steht eine Ligularie (*Ligularia stenocephala*, Höhe 130 cm, Juli–August) mit ihrem goldenen Blütenszepter zur Seite. Das Purpur-Mädesüß in purpur und weiß (*Filipendula purpurea* und *F. purpurea* 'Alba', Höhe 60 cm) umschmeichelt die beiden.

Als freundlicher Dauerredner entpuppt sich *Lobelia siphilitica* (Höhe 80 cm, August–Oktober, kräftig blau), begleitet von dem nicht weniger redseligen Kerzenknöterich (*Polygonum amplexicaule* 'Atropurpureum', Höhe 90 cm, August–Oktober, rubinrot).

Im Zwiegepräch mit den ersten Herbstnebeln liegen die weißen Schleierwolken der Doldenblütigen Aster (*Aster umbellatus*, Höhe 130 cm, September–Oktober, cremeweiß) und die weißen Blütensterne mit gelber Mitte der Spätherbst-Margerite (*Leucanthemella serotina* (früher *Chrysanthemum serotinum*) 'Herbststern', Höhe 150 cm, (September) Oktober).

Aparte, grüne Grasgestalten sind die Palmwedel-Segge (*Carex muskingumensis*, Höhe 65 cm) und die Morgenstern-Segge (*Carex grayi*, Höhe 60 cm), die hier nicht fehlen dürfen. Ein leuchtender Farbfleck hingegen ist die grünlichgelbblättrige Auslese der Steifen Segge (*Carex elata* 'Bowles Golden', Höhe 60 cm).

Anemonen und Verwandte und ihre Kultur

Da sich die Ansprüche vieler Arten gleichen oder zumindest ähneln, sollen, um Wiederholungen zu vermeiden, die Kulturbedingungen in diesem Kapitel zusammengefaßt behandelt werden. Arten mit speziellen Ansprüchen sowie nicht oder selten kultivierte bleiben hier unberücksichtigt. Ihre speziellen Ansprüche werden bei den betreffenden Arten aufgeführt.

Als wichtiger Hinweis für die Gartenkultur dienen die bei den einzelnen Arten genannten pflanzensoziologischen Angaben. Diese Informationen können aber nur als Orientierung gelten, denn nicht jede Pflanzenart wächst aufgrund der Klima- und Konkurrenzbedingungen am Naturstandort an ihrem Optimalstandort. Durch den im Garten meist geringeren Druck der Nachbarpflanzen sowie die Pflege des Menschen können einige Arten dort unter ganz anderen Bedingungen als in der Natur viel besser gedeihen.

Boden- und Standortansprüche

Die Waldarten

Hierher gehören alle *Anemone*-Arten der Subsektion Sylvia (*A. altaica, A. amurensis, A. coerulea, A. debilis, A.* × *lipsiensis, A. deltoidea, A. keiskeana, A. nemorosa, A. nikoensis, A. pseudoaltaica, A. quinquefolia, A. raddeana, A. ranunculoides, A. reflexa, A. trifolia, A. udensis, A. umbrosa, A. yezoensis*) sowie *A. apennina* (lichtschattig), *A. baicalensis, A. blanda* (lichtschattig), *A. elongata, A. flaccida, A. prattii, A. stolonifera*, alle *Hepatica*-Arten sowie *Anemonopsis macrophylla*.

Nicht nur in ihren Ansprüchen hinsichtlich Boden und Standort gleichen sich die Arten; die meisten der *Anemone*-Arten haben die gleiche Lebensform gewählt: sie sind Rhizompflanzen. Mit ihrem Rhizom kriechen sie im Mull oder seltener Moder von Wäldern umher. Sie nutzen die lichtreiche Frühjahrszeit (vor dem Laubaustrieb der Gehölze) und spätestens im Juli haben sie sich in ihre unterirdischen Speicherorgane zurückgezogen. Anders die horstigen Anemonen, die Leberblümchen und die Scheinanemone. Sie sind das ganze Jahr als grüne Pflanze zu sehen.

Im Garten sollten wir die hier genannten Arten entsprechend ihrem natürlichen Vorkommen verwenden. Dies bedeutet, einige Arten wachsen unter sommergrünen Laubgehölzen (sie erhalten also im Frühjahr relativ viel Licht und sogar Sonne), andere gedeihen auch unter lichtkronigen immergrünen Nadelbäumen.

Das Feuchteoptimum des Bodens mag ebenfalls von Art zu Art etwas schwanken. Es läßt sich im Garten (unter zumeist geringeren Konkurrenzbedingungen) jedoch auf ein »besonders im Frühjahr frisch-feucht« zusammenfassen. Die meisten der Arten gedeihen im Humus über lehmigen Böden, der fast immer basenreich, jedoch nicht immer kalkhaltig ist. *A. apennina, A. trifolia* sowie *Hepatica* bevorzugen kalkhaltige Böden.

Da Leberblümchen nicht einziehen, dürfen sie nicht zu schattig stehen und entsprechend auch nicht von später sich entwickelnden größeren Schattenstauden überdeckt werden.

Leberblümchen versagen an heißen Standorten, ebenso wie *Anemonopsis*, der zusätzlich Bodentrockenheit nicht bekommt. Auch sollte der Standplatz im Garten geschützt liegen, denn Spätfröste können den Jungtrieb zerstören.

Die teuren und oft schwachwüchsigen *Hepatica*-Sorten werden sicherer im Topf im Kalthaus kultiviert, vielleicht ebenso die amerikanischen Arten, die im Garten ebenfalls nicht sehr wüchsig sind. Da sie unserem heimischen Leberblümchen sehr gleichen, aber nur selten und dann meist teurer zu beschaffen sind, lohnt sich ihre Kultur nur für Sammler und Liebhaber. *H. nobilis* var. *acuta* verlangt einen pH-Wert von 6,5 bis 7, während *H. nobilis* var. *obtusa* von Natur aus einen etwas niedrigeren pH-Wert verträgt.

Die Gehölzrandarten

Einige der Waldarten (beispielsweise *A. apennina, A. altaica, A. baicalensis, A. debilis*) gedeihen auch bei mehr Licht; sie finden sich dann zumeist an schattigen Gehölzrändern. Dort gedeihen auch die Herbstanemonen (*A. hupehensis, A. tomentosa, A. vitifolia*) und *A. virginiana*. Die Herbstanemonen verlangen einen frischen, humusreichen, kalkarmen bis neutralen, lehmigen Boden. Sie vertragen durchaus Sonne, wenn diese durch lichtes Gezweig gemildert wird, bzw. wenn es sich um Morgensonne handelt. Die Nachbarschaft von Laubgehölzen wirkt sich für die Herbstanemonen, wie auch für *A. blanda*, in der kalten Jahreszeit positiv aus, sofern das abgefallene Laub liegen bleiben und somit einen Winterschutz bilden darf.

A. blanda bevorzugt in kälteren Gegenden eher sonnige Gehölzränder, an denen sie mehr Wärme empfangen kann. Von Natur aus dort zuhause ist *A. sylvestris*. Nach Hegi (1965–1975) siedelt das Große Windröschen auf sommerwarmen, mäßig trockenen, meist kalkreichen, mehr oder weniger milden, humosen, lockeren, tiefgründigen, sandigen oder reinen Löß- oder Lößlehmböden, auch Kalksandböden.

Auch *A. rivularis* läßt sich halbschattigen Gehölzsäumen zuordnen, jedoch auf frisch-feuchten und kühlen, humosen Böden.

Die nicht sehr gartenwirksame *A. virginiana* wächst licht- bis halbschattig auf frischen, lehmigen Böden.

Die Steppen- und Freiflächenarten

Die meisten *Pulsatilla* sowie die gesamte Series Oriba der Gattung *Anemone* (*A. biflora, A. coronaria, A. eranthoides, A. × fulgens, A. gortschakovii, A. hortensis, A. kusnetzovii,*

A. palmata, A. pavonina, A. petiolulosa, A. tschernajewii, A. seravshanica) sowie *A. caroliniana, A. cylindrica, A. multifida, A. riparia und A. rivularis* wachsen bevorzugt ohne Laubdach von Bäumen und Sträuchern über sich. In nicht zu warmer und trockener Lage können Herbstanemonen gleichfalls in offener Rabatte zusammen mit anderen Prachtstauden wie Astilben und Eisenhut gedeihen.

Die oft sich als Kuckuck unter falschen Namen in die Gärten einschleichende *A. cylindrica* sowie die ähnliche, aber wohl kaum kultivierte *A. riparia* stellen keine besonderen Ansprüche an den Boden. Sie vertragen Trockenheit. Mit ihren kleinen und oft grünen Blüten besitzen sie keinen Zierwert. Nur wenig auffälliger ist *A. multifida*, die gleichfalls häufig unter falschem Namen in die Gärten wandert. Der Boden sollte vielleicht etwas frischer sein; der Standort kann ein großer Steingarten oder eine ähnliche Situation mit oder ohne Steinen sein.

Für die Oriba-Arten gilt, daß sie am Naturstandort gut an sommerliche Dürre angepaßt sind. Sie überdauern die oft regenlose Sommerzeit in ihrer Knolle. Für die Gartenkultur unter mitteleuropäischen Bedingungen bedeutet dies, einen im Sommer nässegeschützten Standort und zusätzlich einen gut entwässernden Boden. Das Substrat/der Boden für die Oriba-Arten der zentralasiatischen Steppengebiete muß trocken, humusarm, gut durchlässig und steinig/sandig sein. Außerdem benötigen sie viel Wärme zum Ausreifen. Und im Winter müssen die Knollen vor dem in unseren Breiten häufigen Auftauen-und-Gefrieren bewahrt werden. Diese Bedingungen kann in der Regel nur ein Zwiebelkasten oder Topfkultur im Kalthaus bieten. Die Arten können somit also nur als Sammler- und Liebhaberpflanzen angesehen werden.

Die gängigen *Pulsatilla*-Arten (besonders *P. vulgaris* mit ihren Sorten, *P. halleri* agg., *P. grandis* agg., *P. montana*) hingegen bereiten im Garten normalerweise keine Schwierigkeiten. Voraussetzungen für problemlose Kultur sind allerdings volle Sonne und ein nicht zu nährstoffreicher, durchlässiger, eher warmer, kalkhaltiger lehmiger Boden. Einige asiatische, allerdings nur selten für Liebhaber zugängliche Arten, können von schwierigerer Kultur sein. Die Kuhschellen der Hochgebirge haben meist speziellere Ansprüche; sie werden deshalb in der nächsten Gruppe besprochen. Kuhschellen vertragen es nicht, verpflanzt zu werden. Nur selten erholen sie sich von einer solchen Maßnahme. Ihr Standort will also mit Bedacht ausgewählt werden. Eine dauernde Topfkultur bzw. ein zu spätes Auspflanzen aus einem Topf mögen sie gleichfalls nicht. Andere als die oben genannten 4 Arten werden selten von Gärtnereien angeboten. Dies mag daran liegen, daß sie meist kleinere Blüten besitzen und somit weniger zieren.

Die alpinen Arten

Unter dieser Rubrik sollen alle Arten der subalpinen und alpinen Stufe der Gattungen *Anemone* und *Pulsatilla* genannt werden, die im Garten am besten in einem Alpinum kultiviert werden. Dort lassen sich deren Ansprüche am leichtesten erfüllen und kontrollieren.

P. vernalis kommt zwar auch (in Unterarten) im Flachland vor, sie wächst aber häufiger in höheren Lagen. Nach Hegi (1965–1975) gedeiht sie auf mäßig frischen, mäßig basenreichen, mehr oder weniger sauren, humosen, steinigen, sandigen oder reinen Lehmböden. Sie wurzelt weniger tief als ihre Steppengeschwister und darf daher nicht zu trocken stehen. Die Frühlings-Kuhschelle soll nicht sehr langlebig sein. Es wäre daher ideal, wenn sie sich durch Selbstaussaat erhalten könnte.

P. alpina mit ihren verschiedenen Unterarten läßt sich nicht ganz einfach kultivieren. Während die weißblühende *P. alpina* ssp. *alpina* auf sommerwarmen, frischen, nährstoff- und basenreichen, kalkhaltigen, neutral-milden, humosen, lockeren (bewegten), steinigen oder reinen Ton- und Lehmböden siedelt, findet sich die gelbblühende *P. alpina* ssp. *apiifolia* auf mäßig frischen, basenreichen, kalkarmen, sauren, modrigen, humosen Lehmböden. Die nicht im Handel befindliche *P. alba* wächst auf ähnlichen Böden (kalkarm, stark humos) wie letztere. Im entsprechend vorbereiteten Alpinum eines Liebhabers können die Alpen-Kuhschellen durchaus ein zuhause finden.

P. halleri wächst mit ihren meisten Unterarten in der kollin-montanen bis alpinen Stufe. Sie kann also auch in ein Alpinum gepflanzt werden. Da Hallers Kuhschelle jedoch recht groß werden kann, dürfen die Nachbarpflanzen nicht zu zierlich und somit das Alpinum nicht zu klein sein.

Die niedrigen, kleinblütigen Unterarten von *P. albana* sowie *P. bungeana* können ebenfalls in die Gemeinschaft eines Steingartens integriert werden. Beide Kuhschellen stellen keine besonderen Bodenansprüche.

Die Feuchtwiesen- und Sumpfarten

Neben *Anemone davidii* müssen vor allem *A. canadensis* und ihre Schwester *A. dichotoma* genannt werden. *A. rivularis* paßt ebenfalls in diesen Lebensbereich. Andere Arten sind kaum in Kultur.

A. canadensis und *A. dichotoma* wachsen auf frischen bis mäßig nassen, nährstoffreichen, lehmigen Böden. Wo sich die hohen Mädesüß-Arten, Sibirische Iris und Akeleiblättrige Wiesenraute wohl fühlen, da gedeiht auch die wüchsige Kanada-Anemone.

Der Epithet »rivularis« bedeutet Bach, was darauf hindeutet, daß *A. rivularis* (auch) entlang von Bächen gedeiht. Sie verträgt somit einen sehr feuchten Boden, der mit Torf oder Lauberde angereichert sein sollte.

A. davidii kriecht mit ihren Rhizomen in feuchten, torfigen Böden umher.

Vermehrung

Generative Vermehrung

Eine generative Vermehrung setzt natürlich Fertilität voraus. Viele Sorten und gefüllte Formen aber sind steril; sie können nur vegetativ vermehrt werden.

Natürlich können die Arten ausgesät werden. Stehen allerdings mehrere Arten zusammen, so ist eine Bastardierung wahrscheinlich. Auch Sorten, die Samen ansetzen, werden nicht echt fallen, sondern zumeist aufspalten.

Die Aussaat von Ranunculaceen-Samen sollte möglichst sofort nach der

Reife erfolgen. Viele verlieren rasch ihre Keimfähigkeit, so beispielsweise *Helleborus, Adonis, Pulsatilla.*

Günstig ist Herbstsaat. Die Gefäße werden mäuse- und vogelsicher aufgestellt. Außerdem sind sie vor direkter Sonneneinstrahlung und Schlagregen zu schützen, denn sonst werden die Samenkörner abgeschwemmt und vermischt. Der Samen darf dann ruhig durchfrieren und zuschneien. Denn alle Hahnenfußgewächse sind Kaltkeimer. Sie benötigen einige Wochen Temperaturen um 5 °C, damit die Keimsperren aufgelöst werden. Im darauffolgenden Frühjahr laufen die Samen dann auf.

Werden die Samen erst im Frühjahr gesät, bekommen sie also nicht die nötige mehrwöchige Kühlperiode, dann keimen die Samen erst im nächsten Jahr – oder überhaupt nicht. Denn einmal gequollen, dürfen die Samen nicht mehr trocken werden. Und dies passiert doch recht schnell.

Wird das Saatgut erst im Frühjahr geliefert, dann kann der Samen entweder mit feuchtem Sand vermischt in Plastikbeutel gegeben oder ganz normal ausgesät werden. Plastikbeutel oder Saatgefäße werden für etwa 14 Tage in den Kühlschrank bei 4 bis 5 °C gestellt. Sobald die Keimung erfolgt, werden die Gefäße herausgenommen und im Freien aufgestellt, bzw. der Inhalt der Plastikbeutel wird ausgesät und gleichfalls im Freien aufgestellt. Allerdings sollte die Freilandtemperatur nicht wesentlich niedriger liegen. Bei Frostwetter besser die Gefäße im Frühbeetkasten (oder ähnlichem) zwischenlagern.

Die Keimtemperatur von *Anemone* liegt bei 10 bis 13 °C, von *Anemonopsis* und *Pulsatilla* bei 13 bis 16 °C. Bei Herbstsaat – also mit Kühlphase – dauert die Keimung von *Anemone* 30 bis 90 oder mehr Tage, *Pulsatilla* keimen innerhalb von 14 Tagen.

Das Saatgut von *Anemone* und *Pulsatilla* wird nur gering bedeckt; am besten mit mittelfeinem Sand. *Anemonopsis* ist Lichtkeimer; außerdem benötigt sie kalkfreies Substrat.

Nach der Keimung die Saatgefäße weiterhin vor direkter Sonne schützen und gleichmäßig feucht halten. Später werden die Jungpflanzen entweder einzeln in Töpfe pikiert oder eventuell größere Jungpflanzen an ihren endgültigen Standort gepflanzt. Die knollenbildenden *Anemonen*, die wie alle Geophyten im Spätfrühjahr einziehen, werden besser erst im darauffolgenden Jahr in Töpfe pikiert. Erst wenn die Knollen eine gewisse Größe erreicht haben, ist ein Auspflanzen sinnvoll. Sonst können sie leicht verloren gehen.

Vegetative Vermehrung

Als vegetative Vermehrungsmethoden kommen in erster Linie Teilung, bei einigen Arten auch Wurzelschnittlinge in Frage.

Alle ausläuferbildenden Anemonen können problemlos geteilt werden, dies gilt auch für die rhizombildenden Arten, wie den Buschwindröschen. Eine Teilung der horstbildenden Arten wird nicht immer Erfolg haben, denn oft stehen die Triebköpfe so dicht beieinander, daß sie sich nicht trennen lassen. Der knollige Wurzelstock von *Anemone blanda* läßt sich, wenn groß genug, mit einem scharfen Messer zerschneiden. Die Schnittstellen sind mit Holzkohlepulver oder ähnlichem zu desinfizieren.

Wer schon einmal versucht hat, Herbstanemonen zu verpflanzen, der weiß, daß am alten Standort die Herbstanemonen immer wieder erneut erscheinen. Und die Herbstanemonen sind es auch, die sich durch Wurzelschnittlinge vermehren lassen. Die Schnittlinge werden waagrecht in ein mit feuchtem Sand gefülltes Gefäß gelegt, dieses mit einer Glasscheibe abgedeckt und schattig aufgestellt. Bald werden sich neue Pflanzen bilden.

Die meisten *Pulsatilla*-Arten wurzeln tief. Ein Verpflanzen nehmen sie deshalb sehr übel; meist erholen sie sich von dieser Prozedur nicht. Aus diesem Grund ist ein Teilen älterer Pflanzen nicht möglich. Auch einige Anemonenarten vertragen ein Ausgraben und Wiedereinpflanzen schlecht. Leberblümchen hingegen bilden im Alter große Klumpen, die sich gut teilen lassen.

Kranke Pflanzen

. . . der Gattung Anemone

Eine Virose verursacht an allen Pflanzenteilen Riesenwuchs und Verunstaltungen.

Als pilzliche Erreger befallen der Echte Mehltau (*Erysiphe nitida* (Wallr.) Rabh.) *A. ranunculoides* und der Falsche Mehltau (*Plasmopara pygmaea* (Ung.) Schroet.) *A. apennina, A. nemorosa, A. ranunculoides* und *A. sylvestris*. Auch mehrere Rostpilze treten auf: *Puccinia schelliana* Thuem. auf *A. narcissiflora, Puccinia singularis* Magn. auf *A. nemorosa, Tranzschelia fusca* (Relh.) Dietr. auf *A. apennina, A. coronaria, A. nemorosa, A. ranunculoides* und *Ochropsora sorbi* (Oud.) Dietr. auf *A. nemorosa*. Die Brandpilze *Urocystis anemones* (Pers.) Wint. auf *A. nemorosa, A. ranunculoides, A. sylvestris* und *Urocystis antipolitana* (Magn.) Liro auf *A. coronaria* und Verwandte können ebenfalls vorkommen. Die Sklerotienkrankheit (*Sclerotina tuberosa*) kann die Arten der Hortensis-Gruppe schädigen.

Das Erdbeerälchen (*Asphelenchoides fragariae* Ritz.-Bos.) führt zu eingerollten Blatträndern, wobei die Rollung mehr oder weniger knorpelig verdickt ist. Auch die Schaumzikade (*Philaenus spumarius* L.) kann sich unangenehm bemerkbar machen.

... der Gattung Hepatica

Die Blätter können von *Plasmopara pygmaea* (Ung.) Schroet., dem Falschen Mehltau, und von *Urocystis syncocca* (Kirch.) B. Lindeb., einem Brandpilz, befallen werden; die Blüten von den Rostpilzen *Puccinia actaeae-agropyri* Fisch. und *P. actaeae-elymi* Mayor.

Als tierischer Erreger kann ebenfalls das Erdbeerälchen (*Aphelenchoides fragariae* Ritz.-Bos.) bei *H. nobilis* nach oben eingerollte, bisweilen mehr oder weniger schraubig verdrehte Blattflächen verursachen. Die Blattrolle ist dann eng und mehr oder weniger knorpelig verdickt.

... der Gattung Pulsatilla

Vor allem in der zweiten Sommerhälfte und im Herbst kann *Coleospermum pulsatilla* Lev., ein Rostpilz, die Pflanzen befallen. Der Pilz lebt im Wirtswechsel auf Kiefern.

Als tierische Erreger sind zu nennen:

Diplogater sp.: Ein starkes Auftreten dieser Erdnematode verursacht im Boden Fäulniserscheinungen an Wurzeln und am Rhizom.

Eine Gallmilbe befällt *P. alpina*. Das Befallsbild äußert sich in einer verkürzten Blütenachse, verkümmerten und bleibenden Blütenhülle und sterilen Blüten.

Eine Gallmücke verursacht bei *P. pratensis* die Mißbildung von Fruchtknoten und Frucht.

Die Gallmücke *Dasyneura (Perisia) pulsatillae* befällt *P. pratensis, P. vernalis* und *P. vulgaris*. Durch ihr Auftreten schwillt der Grund der Frucht an und der Fruchtschwanz ist abnorm behaart und gedreht.

Gesunde Pflanzen – Kranke Pflanzen

War es in Pflanzenbüchern vergangener Jahrzehnte üblich, der Aufzählung von »Krankheiten« und »Schädlingen« eine Aufzählung der Gifte folgen zu lassen, so soll dies in diesem Buch nicht geschehen.

Die Natur kennt weder »gut« noch »böse«. »Schädlinge« und »Unkraut« hat erst der Mensch aus einer Position des Nicht-mehr-die-Natur-verstehens geschaffen. Anstatt die Fehler seines Denkens – und in der Folge Tuns – zu erkennen und zu korrigieren, wurden immer stärkere »Chemische Keulen« erfunden. »Schädlinge« und »Krankheiten« sind Warnsignale, die uns erkennen lassen, daß etwas aus dem Gleichgewicht geraten ist. Das Gleichgewicht läßt sich aber nicht durch Einsatz der »Chemischen Keule« wieder herstellen. Der einzige Weg liegt im Erkennen und Beseitigen der Ursachen.

Kranke Pflanzen sind nicht krank, weil es »böses Gezieferc« gibt, das die Pflanzen krank werden läßt. Vielmehr werden Pflanzen krank, wenn sie sich selbst nicht mehr gesund halten können. Der Mensch kann die Pflanze darin behindern oder unterstützen.

Erste Voraussetzung für gesunde Pflanzen ist die Erfüllung ihrer spezifischen Ansprüche. Schon Goethe hat dies erkannt, wenn er schreibt: »Pflanzen sind wie eigensinnige Menschen – man kann alles von ihnen haben, wenn wir sie nach ihrer Art behandeln.«

Eine Pflanze, die nicht unter optimalen Bedingungen wachsen darf, kann nicht gesund sein. Eine Kuhschelle als Pflanze eher nährstoffarmer und trockener Böden wird auf feuchten und nährstoffreichen Böden stark ins Kraut schießen. Ihre Zellen werden weich und schwammig, erst recht wenn noch zusätzlich mit flüssigem Stickstoffdünger gegossen wird. Wie leicht haben es jetzt Läuse und Pilze, die Pflanze zu befallen. Der Fehler liegt nicht bei den Läusen und Pilzen, sondern bei dem Menschen, der die Kuhschelle an den falschen Platz gesetzt hat. Die Natur selbst hilft uns dabei. Denn sie ist bestrebt, entstandene Disharmonien wieder aufzulösen, Disharmonien, die der Mensch durch nichtbewußtes Handeln und Denken verursacht hat.

Ebenso wichtig ist die Bodenpflege. Nur ein aktiver, lebendiger Boden ermöglicht es den Pflanzen, ihre Widerstandskräfte aufzubauen. Ein Boden kann nur dann aktiv und lebendig sein, wenn er »natürlich gepflegt« wird. Dies bedeutet, ihn stets bedeckt zu halten, also zu mulchen oder alles bewachsen zu lassen. Nur so bleibt das Bodenleben bis in die oberste Schicht aktiv; Ausscheidungen der Pflanzen werden schnell abgebaut.

Künstliche Stoffe gehören nicht in den Boden. Manche Kunststoffprodukte können zwar einen Boden lockern oder Wasser speichern; Lebendig machen aber können sie ihn nicht. Kunstdünger kann die Pflanzen zwar mit N, P und K versorgen, was die Pflanze aber sonst an Kräften aus dem Boden erhält, kann er ihnen nicht geben. Die eigentlichen Lebenskräfte kommen ja, »empfangen« vom Ätherleib der Pflanze, aus dem Kosmos.

Als dritte Voraussetzung schließlich kommt die Pflege der Pflanzen selber hinzu. Dies geschieht mit sogenannten Pflanzenhilfsmitteln. Das können selbst hergestellte Jauchen, Brühen, Kaltwasserauszüge, Tees etc. sein oder aber die vom Fachhandel angebotenen »biologischen« Mittel (z.B. »Algifert«, ein naturreines Extrakt aus Meeresalgen und Heilkräutern oder »Silpan«, ein homöopathisches Mittel auf der Basis von organischem Germanium mit verschiedenen Mineralien, Spurenelementen und Heilkräutern). Von wunderbarer Wirkung ist auch die Aromatische Pflanzenpflege auf der Basis von in Wasser gelösten ätherischen Ölen.

Und schließlich, was wäre die Gartenarbeit ohne die Liebe, die wir GärtnerInnen mit einbringen.

Nachträge

Anemone narcissiflora 'Linda Pickering'
Zwergform von nur 15 cm Höhe, die teilweise echt aus Samen kommt. 1992 mit dem „Preliminary Commendations Award" der Alpine Garden Society ausgezeichnet.

Anemonen in Südamerika

Leider erst kurz vor Drucklegung gelangte der Autor in der Bücherei des Königlich Botanischen Gartens Edinburgh an ein Buch von Alicia Lourteig mit dem Titel „Ranunculaceas de Sudamerica Tropical" von 1956. Dort finden sich weitere Informationen über die südamerikanischen Anemonenarten, über die Ulbrich in seiner Monographie von 1906 nur wenig berichten konnte. Auch wenn diese Arten bei uns nicht kultiviert werden, sollen zur Vervollständigung dieses Buches genauere Angaben folgen.

A. assisbrasiliana
Kuhlmann & Porto 1933
Das geographische Verbreitungsgebiet der Art wird mit Brasilien angegeben; unter anderem kommt sie am Serra do Itatiaia vor.

Die zum Teil flaumig behaarte Pflanze mit einem circa 10 cm langen Rhizom wird etwa 35 cm hoch. Die 25 cm langgestielten Blätter sind dreizählig; die Fiederblättchen etwa 6 mm lang gestielt. Die Blattspreite ist verschiedenfarbig mit unterseits hervortretenden Nerven. Die Fiederblätter sind verkehrt eiförmig bis länglich (3,5–8 × 2–5 cm), die seitlichen deutlich asymmetrisch, unregelmäßig gesägt und gezähnt, zugespitzt, selten stumpf, gewimpert. Blütenstiel zierlich, sonst ähnlich den Blattstielen, im oberen Drittel mit einem dreiteiligen Involukrum, dessen Abschnitte sitzend und länglich-verkehrt-eiförmig, ähnlich den Grundblättern. Stengel einblütig oder mit einer zweiten, kleineren Blüte. Die 4 cm großen Blüten tragen weiße, außen rosafarbene, verkehrt eiförmige oder elliptische, am Grund keilförmige Sepalen. Die eiförmig-asymmetrischen Achänen sind kahl und deren Spitze ist gekrümmt.

A. jamesonii Hooker 1844
Die 25 cm hohe, flaumhaarige Pflanze entwickelt circa 17 cm langgestielte Blätter mit einer zwei- oder einfach dreiteiligen Blattspreite, deren Abschnitte wiederum tief fiederschnittig sind. Der zweiblütige Stengel trägt ein dreiblättriges Involukrum von etwa 8 cm Durchmesser mit dreiteiligen, wiederum fiederschnittigen Abschnitten. Die 5 Sepalen sind purpurfarben, eiförmig und länglich, stumpf bis fast zugespitzt und außen mehr oder weniger flaumhaarig. Die Achänen sind flach, kahl, länglich mit einer zurückgekrümmten Spitze.

A. helleborifolia DC. 1841
Die zunächst flaumig behaarte, später verkahlende Staude wird bis 150 cm hoch. Die Grundblätter ähneln tatsächlich denen von *Helleborus*; sie sind ebenso handförmig geteilt mit 5 Abschnitten, wobei die beiden äußeren tief eingeschnitten und asymmetrisch sind. Die Blattspreite ist etwa fünfeckig (17,5 × 17,5 cm). Die 5 (selten 6 oder 4) Sepalen sind weiß, entweder eiförmig, unregelmäßig und stumpf oder deutlich eiförmig und spitz. Die Achänen sind eiförmig-asymmetrisch und kahl.

A. sellowii Pritzel 1841
Alicia Lourteig bezieht *A. glazowiana* in *A. sellowii* ein. Als Heimat nennt sie Südostbrasilien, im Gebirge wie auch an der Küste im Süden von Rio de Janeiro.

Die gleichmäßig weiß- oder aprikosenfarbig-flaumhaarige Staude entspringt einem unregelmäßigen Rhizom. Die bis 55 cm langgestielten Grundblätter sind dreiteilig und im Umriß etwa fünfeckig (5,5–18 × 6–23 cm). Fiederblätter 3 bis 12 mm lang gestielt, gelappt-gezähnt, zugespitzt mit kleiner Spitze, gewimpert, die seitlichen bis zur Mitte zweischnittig, verkehrt eiförmig, am Grund annähernd keilförmig. Der Stengel ist bis 70 cm lang, einblütig oder mit 2 bis 3 Blüten. Involukrum dreiteilig, die Abschnitte zwei- bis dreifach eingeschnitten und unregelmäßig gesägt. Die aufrechten oder halbhängenden Blüten von etwa 7,5 cm Durchmesser bestehen aus 9 bis 12 (bis 16) weißen, außen rosafarbenen Sepalen. Die Achänen sind länglich-asymmetrisch, kahl, mit einer mehr oder weniger gekrümmten Spitze.

Information zu A. x lesseri Wehrh. 1932

In der Bibliothek des Königlich Botanischen Gartens Edinburgh fand sich ein weiteres interessantes Buch; da es allerdings in polnisch geschrieben war, offenbarte es seinen wirklichen Wert erst nach der Übersetzung (durch Thomas Samck, Hamburg). Es geht um Kreuzungsversuche zwischen verschiedenen *Pulsatilla* und *Anemone*-Arten, die Edward Janczewski gegen Ende des letzten Jahrhunderts in Krakow unternommen hat. Die Aufmerksamkeit des Autors weckten die Kreuzungen der *A. sylvestris* mit *A. magellanica* bzw. *A. hundsoniana*. Wobei der Artstatus der beiden letztgenannten heute nicht mehr anerkannt wird; sie werden in *A. multifida* einbezogen. *A. multifida* gekreuzt mit *A. sylvestris* ergibt aber die Hybride, die unter dem Namen *A. × lesseri* geführt wird.

Wehrhahn gab dieser Hybride den Namen, den er 1932 gültig veröffentlicht hat, ein Jahr nach Erscheinen seines umfassenden Staudenbuches „Die Gartenstauden“. Der Artikel von Janczewski wurde 1889 veröffentlicht. Die Hybride war also bereits (mindestens) 43 Jahre vor Wehrhahns Benennung bekannt.

Was heutzutage in deutschen Staudengärtnereien als *A. × lesseri* angeboten wird, hat mehr Ähnlichkeit mit einer rotblühenden *A. multifida*. Der Autor konnte auch keine Unterschiede finden zwischen Pflanzen, die er unter dem Namen *A. × lesseri* (verschiedene Herkünfte) und *A. multifida* f. *sanguinea* erhielt. Es drängt sich deshalb der Verdacht auf, daß viele, vielleicht die meisten *A. × lesseri*, gar keine sind.

Es ist deshalb interessant, was Janczewski über seine Kreuzungen schreibt:

A. svlvestris × A. magellanica und A. magellanica × A. sylvestris

„Die beiden Mischlinge sind sich sehr ähnlich. Der einzige Unterschied, was ich bei parallelen Kreuzungen immer festgestellt habe, liegt darin, daß der erste Mischling höher und stärker ist und größere Blüten hat, was ein kleines Übergewicht der Mutter zeigt. Beide Mischlinge sehen mehr *A. multifida magellanica* als *A. silvestris* ähnlich (sie sehen wie Riesen von *A. multifida magellanica* aus).“

Beschreibung: Blätter breiter als bei *A. multifida magellanica*. Blüten von 3 bis 4,5 cm Durchmesser, aus 2 Reihen 5 bis 10, länglichen (1:2), stumpfen und öfters am Ende eingekerbten Sepalen von cremeweißer (manchmal außen lilafarbig) Farbe. Staubgefäße und Narben ähnlich denen von *A. multifida magellanica* Pollen steril. Der Griffel unten lilafarbig, oben farblos; eine Eigenschaft, die bei den Eltern nicht zu sehen ist, sondern nur bei der verwandten *A. multifida hudsoniana*.

Durch Pollen von wahrscheinlich einem der Eltern soll eine Pflanze keimfähigen Samen angesetzt haben. Dessen Aussaat soll einen fruchtbaren Stamm ergeben haben.

A. sylvestris × A. hudsoniana und A. hudsoniana × A. sylvestris

„Die beiden Mischlinge sehen sich recht ähnlich; bei dem ersten sind die Blüten etwas größer und haben 5 Blütenblätter, bei dem zweiten sind die Blüten etwas kleiner und haben etwas mehr Blütenblätter. Es ist dabei der Einfluß der Mutter zu sehen, jedoch nicht zu deutlich.“

Die Hybride hat von *A. sylvestris* die Fähigkeit zur Ausläuferbildung mitbekommen. (Bei keiner der Herkünfte von *A. × lesseri* konnte der Autor dies beobachten.)

Beschreibung: Blüten mit einem Durchmesser von 3 bis 4 cm und aus 2 Sepalenreihen bestehend; Sepalen aufrecht stehend, 5 bis 8 cm lang, innen rosarot, oft heller marmoriert mit hellerer Basis, außen rotgrau, oben breit und stumpf oder gekerbt. Der Pollen zumeist steril. Der Griffel im unteren Teil rosa, oben farblos. Beide Mischlinge sind völlig steril. (Von *A.* × *lesseri* des Handels wird oft keimfähiger Samen angeboten!)

A. hudsoniana × A. magellanica und A. magellanica × A. hudsoniana

„Die beiden Mischlinge sind identisch und stehen im Aussehen zwischen den Eltern. Die Blütenfarbe ist immmer rot. (!)"

Beschreibung: Blüten von 2 bis 3 cm Durchmesser mit 2, manchmal 3 Sepalenreihen aus 6 bis 10 Sepalen, diese innen intensiv rot mit hellerem Grund, außen rotgrau. Pollen gemischt mit hohem Anteil an sterilen Körnern, die fertilen aber von guter Qualität. Sie können sich selbst, wie die Eltern, befruchten. Griffel im unteren Teil rot. Narben alle fruchtbar und normal.

„Die vollständige Fruchtbarkeit aller Griffel und die teilweise Fruchtbarkeit des Blütenstaubes bezeugt, daß die beiden gekreuzten Pflanzen weder die gleichen noch streng getrennte Rassen sind. Im ersten Fall müßte der ganze Blütenstaub gut sein; im zweiten müßte die Fruchtbarkeit der weiblichen Geschlechtsorgane zumindest reduziert sein.

Es sind also Rassen der gleichen Art, aber physiologisch und morphologisch entfernt stehend; die Mischlinge sind aber nicht zum Tode verurteilt, sondern sie sind imstande, reichlich Nachwuchs zu zeugen."

Wie Janczewski feststellte, sind die Samen der zweiten Generation genauso fruchtbar wie die der ersten. Allerdings ist die zweite Generation weniger gleichmäßig. Der größte Teil glich der ersten Generation, der Rest unterschied sich durch die Blütenfarbe, die cremeweiß, hellgelb oder gelblichrot war. „Die Pflanzen waren kleiner, die Blätter heller und die Behaarung anders. Am kleinsten waren Pflanzen mit der Blütenfarbe zitronengelb, weniger behaart und mit helleren Blättern (ähnlich *A. magellanica*, die jedoch nie gelbe Blüten hat. In Britannien angebotene *A. magellanica* blühen aprikosengelb!) Das ist also der Rückfall zum Typ *magellanica*, von dem die weiß- und gelbblühenden Pflanzen sich sehr wenig unterscheiden, so daß man diesen als *A. multifida magellanica* klassifizieren könnte, wenn man die einzelnen Organe nicht untersuchen würde."

Sowohl Graham Stuart Thomas wie auch Mark Griffiths schreiben (für Britannien gültig), daß *A.* × *lesseri* purpurfarben, gelb, weiß oder rosa blühen soll; der verbreitetste Typ sei der rosarotblühende (G. S. Thomas). In deutscher Literatur wird *A.* × *lesseri* immer als rosarotblühend beschrieben.

Alle diese Informationen können zwar die Frage nach der Echtheit der im Handel befindlichen *A.* × *lesseri* nicht klären; sie geben aber wichtige Hinweise. Es bleibt folgendes festzustellen:

- Anscheinend sind die in Britannien angebotenen Pflanzen nicht identisch mit den Pflanzen deutscher Gärtnereien.
- Ein Teil der angebotenen *A.* × *lesseri* dürfte *A. multifida* f. *sanguinea* sein.

Nach Janczewski müßten echte *A.* × *lesseri* offensichtlich Ausläufer treiben und deren Fertilität müßte stark bis ganz eingeschränkt sein.

Verzeichnisse

Bezugsquellen

Die Fülle der beschriebenen Arten und Sorten mag den Wunsch geweckt haben, sich die eine oder andere in den Garten zu holen. Woher also die Pflanzen beziehen?
Für einige wenige Arten und Sorten ist dies kein Problem, denn fast jede Staudengärtnerei führt diese im Sortiment. Dazu gehören: *Anemone hupehensis* 'Praecox' und *A. h.* 'Septembercharme', *A. h.* var. *japonica* 'Prinz Heinrich', *A.*-Japonica-Hybriden 'Honorine Jobert', 'Königin Charlotte', 'Pamina', 'Rosenschale' und 'Whirlwind', *A.* × *lesseri*, *A. nemorosa*, *A. sylvestris*, *A. tomentosa* 'Robustissima', *Hepatica nobilis* und meist auch *H. transsylvanica*, *Pulsatilla vulgaris* und deren weiße und rote Sorten. Außerdem werden von Blumenzwiebelbetrieben *Anemone blanda* in den Sorten 'Blue Shades', 'Charmer', 'Radar' und 'White Splendour', *A. nemorosa* und *A. n.* 'Robinsoniana' und *A. ranunculoides*, sowie öfters auch *A. apennina* angeboten.
Andere Arten bzw. Sorten werden nur von wenigen Gärtnereien geführt, oft auch nur gelegentlich. Hier wären zu nennen: *Anemone altaica* (oft aber falsch), *A. baldensis* (nicht immer echt), *A. baicalensis* (nicht immer echt), *A. biflora, A. canadensis, A. caroliniana, A. caucasica, A. coronaria, A. cylindrica, A. drummondii* (nicht immer echt), *A. flaccida* (nicht immer echt), *A.* × *fulgens, A. hortensis*, weitere Sorten von *A.*-Japonica-Hybriden (aber nicht alle Sorten echt), *A. levellei* (die aber jetzt mit *A. rivularis* gleichgesetzt wird), *A.* × *lipsiensis, A. mexicana, A. multifida, A. narcissiflora, A. obtusiloba, A. palmata, A. rivularis, A. rupestris, A. rupicola, A. tetrasepala, A. trifolia, A. virginiana, A. vitifolia* (meist falsch), *Hepatica nobilis* in den Sorten 'Alba', 'Buis', 'Rosea', 'Rubra Plena', sowie *H. n.* var. *acuta* und *H. n.* var. *obtusa*, *H.* × *media* 'Ballardii', *H. transsylvanica* 'Alba', *Pulsatilla albana, P. alpina, P. ambigua* (oft aber falsch), *P. grandis, P. halleri* ssp. *slavica, P. montana, P. patens, P. pratensis* var. *nigricans, P. vernalis*.
Welche Staudengärtnerei sich in Ihrer Nähe befindet, das können Sie von folgender Adresse erfahren:
Bund Deutscher Staudengärtner im Zentralverband Gartenbau, Geschäftsstelle: Gießener Str. 47, 35305 Grünberg
Nachfolgend eine Auswahl dem Autor bekannter Betriebe, die mehr als die oben genannten, leicht erhältlichen Arten und Sorten führen – ohne Anspruch auf Vollständigkeit.

Deutschland
Staudengärtnerei Georg Arends
Monschaustr. 76, 42369 Wuppertal
Katalog, Versand

Ithgarten Klaus u. Anne-Dorothee Buchwald
Bahnhofstr. 31, 31863 Coppenbrügge
Katalog, Versand

Alpengarten Pforzheim Joachim Carl
75181 Pforzheim-Würm
Sortenliste, Versand

Blumenzwiebel-Import u. -Großhandel
Horst Gewiehs
Postfach 1270, 27342 Rotenburg (Wümme)
Katalog, Versand

Staudengärtnerei Hans Götz
77761 Schiltach
Katalog, Versand

Staudengärtnerei Heinz Klose
Rosenstr. 10, 34253 Lohfelden
Katalog, Versand

Friesland Staudengarten Uwe Knöpnadel
Husumer Weg 16, 26491 Jever (Rahrdum)
Katalog, Versand

Staudengärtnerei Peter u. Bärbel zur Linden
Linner Kirchweg 2, 49143 Bissendorf (Linne)
Katalog, Versand

Staudengärtnerei Rolf Peine
Aubinger Str. 172, 81243 München
Katalog, Versand

Wolfgang Reich
Carl-Heise-Str. 1, 31061 Alfeld (Leine)
Katalog, Versand

Sortiments- und Versuchsgärtnerei
Werner Simon
Staudenweg 2, 97828 Marktheidenfeld
Katalog, Versand

Botanischer Alpengarten F. Sündermann
88131 Lindau
Katalog, Versand

Baumschulen-Stauden Gertrud Willumeit
Heidelberger Landstr. 170,
64297 Darmstadt-Eberstadt
Katalog, Versand

Staudengärtnerei Günther Wauschkuhn
Mühlenberg 7, 34346 Hannoversch-Münden
Katalog, Versand

Staudengärtnerei Weinreich
Neue Str. 1, 39326 Wolmirstedt
Katalog, Versand

Botanische Raritäten Bernd u. Gabriele Wetzel
Oberkohlfurth, 42349 Wuppertal
Katalog, Versand

Staudengärtnerei Gräfin von Zeppelin
79295 Sulzburg-Laufen
Katalog, Versand

Österreich
Staudenkulturen F. Feldweber
A-4974 Ort im Innkreis
Katalog, Versand

Schweiz
Alpengarten Jac. Eschmann
CH-6032 Emmen
Katalog, Versand

Staudenkulturen H. Frei
Breitestr.5, CH-8461 Wildensbuch
Katalog, Versand

Niederlande
Staudengärtnerei Myosotis,
J. P. G. La Graauw
Van Ruyvenlaan 31, NL-2685 LE Poeldijk
Katalog, Versand

Kwerkerij van Vaste Planten, Piet Outdolf
Broekstrat 17, NL- 6999 DE Hummelo
Katalog und Versand auf Anfrage

Staudengärtnerei Th. Ploeger en Zn. B.V.
Blauwkapelseweg 73, NL- 3731 EB De Bilt
Katalog, kein Versand

Staudengärtnerei J.F. van der Valk
Oosterstreek 79-81, NL- 8388 NC Oosterstreek
Katalog, kein Versand

Sehr viel reichhaltiger ist die Auswahl in Großbritannien. Allerdings versenden nicht alle Gärtnereien. Genaue Informationen liefert das Verzeichnis „The Plantfinder“, beispielsweise zu beziehen von:
Garten- und Pflanzenbücher International
Ingrid Sophie Hörsch
Hagenwiesenstr. 3, 73066 Uhingen
Auch in Deutschland gibt es ein solches Verzeichnis; es nennt 457 Anbieter, auch in Belgien, England, Frankreich, Holland, Irland, Österreich, Schweiz, Slowakei, Tschechien u.a.:
Anne und Walter Ehrhardt
PPP-Index.
Pflanzeneinkaufsführer für Europa.
Verlag Eugen Ulmer, Stuttgart 1995.

Als letztes sei noch auf die Gesellschaft der Staudenfreunde e.V. (Geschäftsstelle: Meisenweg 1, 65795 Hattersheim) hingewiesen. In ihrer jährlich erscheinenden Samenliste (nur für Mitglieder) gibt es manche Rarität, die als Pflanze nicht erhältlich ist.

Verzeichnis der Arten

Die gültigen botanischen Namen sind kursiv gedruckt, die ungültigen in steiler Schrift gesetzt. Fett gedruckte Seitenzahlen verweisen auf die Hauptbeschreibung, Sternchen * auf Abbildungen.

(A. = Anemone; H. = Hepatica; P. = Pulsatilla)

- var. propera (Jord.) Camus und – var. rubra (Lam.) Huth = *P. rubra* (Lam.) Del. var. *rubra*
- var. tenuiloba Turcz. = *P. bungeana* ssp. *tenuiloba* (Turcz.) Aich. & Schweg.
- var. velezensis Beck = *P. halleri* ssp. *rhodopaea* (Stoj. & Stef.) K. Krause
- var. zimmermanniana Aichele = *P. vulgaris* var. *oenipontana* (Dalla Torre & Sarntheim) Aich. & Schweg.
- ssp. grandis (Wenderoth) Zam. = *P. grandis* Wenderoth

P. wallichiana (Royle) Ulbr.

Ranunculus mollendorfii Hance = *A. rivularis* var. *flore-minore* Maxim.

Namen mit schwieriger Zuordnung

A. cernua var. koreana Yabe ex Nakai siehe P. koreana

A. halleri var. polyscapa Beauv.: siehe P. polyscapa

A. koraiensis Nakai wird von Tchang (1989) in „Illustrated Flora of Korea" aufgeführt. Der Abbildung nach handelt es sich um eine Anemone der Series *Hylalectryon*; ob es sich um eine eigene Art handelt, konnte nicht überprüft werden, da der Text in koreanischer Schrift verfaßt ist.

A. minima DC. erwähnt von Gleason (1952): „... wahrscheinlich eine verkümmerte Form von *A. quinquefolia* oder *A. lancifolia*." Auch Torrey & Gray (1969) erwähnen diesen Namen, allerdings als zweifelhafte Art. Ihrer Meinung nach soll es sich um eine Varietät von *A. nemorosa* handeln.

A. pedata Raf. wird von Torrey & Gray (1969) als zweifelhafte Art genannt (Beschreibung nach Rafinesque: Stengel kurz, 1-blütig; Blätter fußförmig 5-teilig, Lappen zerteilt; Sepalen 6). Torrey & Gray halten sie für *A. nemorosa*.

A. spuria Beauv., non Camus: siehe P. refulgens

A. vispensis Beauv.: siehe P. vispensis

A. walteri Pursh wird von Torrey & Gray (1969) als zweifelhafte Art genannt. (Beschreibung nach Pursh: Wurzelstock knollig; Stengel 1-blütig, kahl; Blätter handförmig, auf langen Stielen; Sepalen 5) Torrey & Gray schreiben dazu: „North Carolina, Walter. – Pursh fand kein Exemplar dieser Art in Walters Herbarium, und sie ist allen unseren Botanikern unbekannt."

P. amoena hort.: Bezeichnung für Hybriden von *P. vulgaris*

P. × kissii Mandl: Nach Aichele & Schwegler und Komarov eine Hybride zwischen *P. chinensis* (Bunge) Regel und *P. cernua* (Thunb.) Presl; in der „Flora R. P. Sinicae" als P. chinensis var. kissii (Mandl) S.H.Li & Y. H. Huang geführt.

P. koreana (Yabe) Nakai ex Mori wird von Komarov als Synonym von P. × kissii Mandl, in der „Flora R. P. Sinicae" als Synonym von *P. cernua* (Thunb.) Presl geführt.

P. nivalis Nakai: Als Anmerkung nach *P. ajanensis* erwähnt Komarov, daß I. Shishkin eine Pflanze gesammelt habe, die P. nivalis Nakai nahe stehen soll, die er aber, da nur als sterile Rosette vorhanden, nicht in der „Flora der UdSSR" aufnahm.

P. polyscapa Beauv.: Nach K. Krause (1958) soll es sich um die Hybride *P. montana* × *P. vernalis* handeln.

P. refulgens Beauv.: auch dies soll eine Hybride zwischen *P. montana* und *P. vernalis* sein.

P. vispensis Beauv.: soll ebenfalls eine Hybride zwischen *P. vernalis* und *P. montana* sein.

Verzeichnis der nicht zum Subtribus Anemoninae gehörenden Gattungen und Arten

A. boissieui Lév. & Vaniot = *Semiaquilegia henryi* (Oliv.) Drumm. & Hutch. (= Isopyrum boissieui (Lév. & Vanoit) Ulbr.; Isopyrum henryi Oliv.; Aquilegia henryi (Oliv.) Finet & Gagnep.)

A. thalictroides L. = *Anemonella thalictroides* (L.) Spach (= Syndesmon thalictroides (L.) Hoffmg.; Thalictrum anemoniodes Michx.)

Verzeichnis der Sorten

Die gültigen Namen sind gerade, die ungültigen kursiv gedruckt. Sternchen* hinter den Ziffern verweisen auf Abbildungen, halbfette Ziffern auf Schwerpunkte in den Ausführungen.

In diesem Verzeichnis wurden alle Sorten, soweit bekannt, aufgeführt. Sorten ohne Angaben von Seitenzahlen werden im Buch nicht beschrieben.

Anemone

Hepatica

Pulsatilla

Verzeichnis der Bestimmungsschlüssel, Übersichten und Verbreitungskarten

Literaturverzeichnis

Aichele, D. und Schwegler, H.-W.: Die Taxonomie der Gattung *Pulsatilla*. In: Feddes Repertorium, Band 60/1937; S. 1–230.

Ahlburg, M.; *Hepatica maxima*. In: Gartenpraxis 7/94, Verlag Eugen Ulmer, Stuttgart.

Anonymus: *Anemone japonica* 'Whirlwind'. In: The Gardener's Chronicle, ser. 3. 16/1894: S. 661.

Anonymus: *Anemone japonica*. In: Sempervirens 24, 1895: S. 6–7.

Anonymus: *Anemone japonica* var. Mont Rose. In: The Gardener's Chronicle 28/1900.

Anonymus: *Anemone vitifolia* var. *tomentosa*. In: The Gardener's Chronicle 82/1927: S. 287.

Anonymus: Japanese Anemones. In: The Gardener's Chronicle 106/1939.

Armitage, A. M.: Herbaceous Perennial Plants. 1989.

The Audubon Society Field Guide to North American Wildflowers, 10. Auflage. 1990.

Barkley, T. M. u. a.: Atlas of the Flora of the Great Plains. Iowa State University Press Ames, 1977.

Barr, C. A.: Jewels of the Plains. University of Minnesota Press. Minneapolis 1983.

Beckett, K. A.: *Anemone narcissiflora* L. 'Linda Pickering'. In: Quarterley Bulletin of the Alpine Garden Society, Vol 60, No. 4, Dec. 1992, S. 422/3.

Besant, J. W.: *Anemone vitifolia* var. *tomentosa*. In: The Gardener's Chronicle 98, 1935: S. 423.

Bloom, A.: Herbaceous Anemones. In: The Gardener's Chronicle 151, 1962: S. 487.

Bond, P. und Goldblatt, P.: Plants of the Cape Flora, 1984.

Bowles, E. A.: *Anemone hortensis* und *A. pavonina*. A. History of confusion. In: Journal of the Royal Horticultural Society 73/1948: S. 57–70.

Bowles, E. A. und Stearn, W. T.: The History of the *Anemone japonica*. Journal of the Royal Horticulural Society 72/1947: S. 261–268 und 297–308.

Boynton, K. R.: *Anemone hupehensis*. In: Addisonia 16/1931.

Brickell, C. D.: *Anemone*. In: European Garden Flora, Vol.3.

Britton, N. und Brown, A.: Illustrated Flora of the Northern United States and Canada, Vol. II. Reprint 1970 frt 2. Aufl. von 1913, Dover Publications, Inc., New York.

Bryan, J. E.: Bulbs. Vol. 1. Timber Press, Portland 1989.

Castroviejo, S. u. a.: Flora Iberica, Vol. 1. Real Jardin Botánico Madrid 1986.

Chesters, A. E.: The Vascular Supply of the Bracts of some Species of *Anemone*. In: The Journal of the Linnéan Society of Botany London, Vol. 47/1927: S. 553–582.

Compton, J.: Success with unusual plants. 1987.

Correa, M. N.: Flora Patagonica, Vol. IVa; Coleccion Cientifica del I.N.T.A., Buenos Aires 1984.

Coventry; B. O.: Wild Flowers of Kashmir (SeriesII). Raithby, Lawrence & Co Ltd., London 1927.

Currah, R., Smreciu, A. und Van Dyck, M.: Prairie Wildflowers.

Curtis, W.: The Student's Flora of Tasmania, Vol. 1.

Danesch, E. und Danesch, O.: Zauber und Schönheit der Alpenblumen. Fink, Kümmerly + Frey, Ostfildern 1981.

Debus, V.: Bergflora des Nahuel-Huapi-Nationalparks. In: Gartenpraxis 10/92. Verlag Eugen Ulmer, Stuttgart.

Ellenberg, H.: Vegetation Mitteleuropas mit den Alpen; Verlag Eugen Ulmer, Stuttgart 1982.

Encke, F. u. a.: Pareys Blumengärtnerei, 2. Auflage. Verlag Paul Parey, Berlin und Hamburg.

Encke, F., Buchheim, G. und Seybold, S.: Zander – Handwörterbuch der Pflanzennamen, 14. Auflage. Verlag Eugen Ulmer, Stuttgart 1993.

Ernst, A.: Zwei prächtige neue *Anemone japonica*. In: Möller's Deutsche Gärtner-Zeitung 21/1906: S. 86.

Ernst, A.: *Anemone japonica*-Neuheiten. In: Möller's Deutsche Gärtner-Zeitung 35/1910.
Escher, F.: Schnittblumenkulturen, 5. Auflage. Verlag Eugen Ulmer, Stuttgart 1996.
Finet, E. A. und Gagnepain, F.: Espéces nouvelles de l'Asie orientale. In:Bulletin Société Botanique de France 53/1906; S. 125–127 und 573–576.
Fischer, P. und Kalthoff, F.: Was tut sich bei 'Mona Lisa'? In: Deutscher Gartenbau 25/1987.
Flora Gruzii (Flora of the Georgian SSR), Vol. II. 1973.
Flora Hupehensis, Tomus 1. 1976.
Flora Plantarum Herbaceum Chinae Boreali-Orientalis, Vol. 3. 1975.
Flora Reipublicae Popularis Sinicae, Tomus 28. 1980.
Flora Tsinglingensis, Tomus 1. 1974.
Foerster, K.: „Weiße Riesin" und „Loreley" – die beiden schönsten japanischen Anemonen. In: Möller's Deutsche Gärtner-Zeitung 35/1910.
Foerster, K.: Gartenstauden-Bilderbuch. Verlag der Gartenschönheit, Berlin und Bern 1938.
Foerster, K.: Kataloge von 1929 und 1930.
Foerster, K.: Neuer Glanz des Gartenjahres. Neumann Verlag, Radebeul und Berlin 1954.
Genders, R.: Anemone for Market and Garden. Faber und Faber Ltd., London (ohne Jahr).
Gleason, H. A.: Illustrated Flora of NE US and adjacent Canada, Vol. 2. New York Botanic Garden, 1952.
Griffiths, M.: Index of Garden Plants (The New Royal Horticultural Society Dictionary). The Macmillan Press Ltd., London und Basingstoke 1994.
Grunert, C.: *Anemone japonica* 'Margarete'. In: Die Gartenwelt 34/1930: S. 620.
Grunert, C.: Das Blumenzwiebelbuch. Verlag Eugen Ulmer, Stuttgart 1980.
Hagemann, H.: Neuheit: *Anemone vitifolia* 'Albadura'. In: Der Blumen- und Pflanzenbau, vereinigt mit „Gartenwelt" 41/1937: S. 443.
Hall, T.: *Anemone palmata* L. In: Quarterly Bulletin of the Alpine Garden Society, Vol. 59, No. 4/1991, S. 416.
Handel-Mazzetti, H.: Plantae Sinensis, XXXIII Ranunculaceae. In: Meddelanden Fran Göteborgs Botaniska Trädgard XIII, 1939.
Hansen, R. und Stahl, F.: Die Stauden und ihre Lebensbereiche, 4. Auflage. Verlag Eugen Ulmer, Stuttgart 1990.
Hara, H. und Kurosawa, S.: Differentiation within *Anemone Hepatica* L. of Japan. In: Journal of Japanese Botany 33/1958: S. 265–274.
Hara, H., Stearn, W.T. und Williams, L.H.J.: An Enumeration of the Flowering Plants of Nepal. Trustees of British Museum, London 1978.
Hartl, H. und Peer, T.: Die Pflanzenwelt der Hohen Tauern. Universitätsverlag Carinthia, Klagenfurt (ohne Jahr).
Haskin, C.: Wild Flowers of the Pacific Coast. Dover Publishing, New York 1977.
Hegele, A.: Eine neue Riesen-Anemone. In: Deutscher Gartenbau 11/1982.
Hegi, G.: Illustrierte Flora von Mitteleuropa, Bd.III, Teil.3, 2. Auflage. Verlag Paul Parey, Berlin, Hamburg 1965–1974.
Heimburger, M.: Cytotaxonomic studies in the genus *Anemone*. In: Canadian Journal of Botany 37/1959: S. 587–612.
Hensen, K. J. W.: De in Nederland gekwekte Japanese Anemonen. Beplantingen en Boomkwekerji 24/1968: S. 127–134.
Hensen, K. J. W.: Voortgezet onderzoek von het sortiment Japanese Anemonen. 1976.
Herold, R.: Empfehlenswerte japanische Anemonen. In: Möller's Deutsche Gärtner-Zeitung 35/1910: S. 412–414.
Heydenreich, K.: *Anemone hupehensis*. In: Gartenwelt 36: S. 118.
Heywood, V. H.: Flowering Plants of the World. Croom Helm, London 1985.
Hitchcock, u. a.: Vascular Plants of the Pacific Northwest. 1969.
Hooker, J. D.: The Flora of British India. C. Reeve & Co., London 1875.
Horovitz, A. und Zohary, D.: Spontaneous variegation for perianth colour in wild *Anemone coronaria*. In: Heredity 21; S. 513–515, Department of Botany. The Hebrew University, Jerusalem (Israel) 1965.
Hulten, E.: Flora of the Aleutian Islands. 1959.
Ito, K.: Alpine plants of Hokkaido 1989.
Jäger, E., Schubert, R. und Werner, K.: Rothmaler – Exkursionsflora, Bd. 2, 12. Auflage 1984, Bd. 3, 6. Aufl. 1988. Volk und Wissen, Volkseigener Verlag Berlin.

Jäger, H.: Die schönsten Pflanzen des Blumen- und Landschaftsgartens, der Gewächshäuser und Wohnungen. Verlagsbuchhandlung von Cohen und Risch, Hannover 1873.

Jakábová, K.: Steingartenpflanzen. VEB Deutscher Landwirtschaftsverlag, Berlin 1987.

Janczewski, E.: Mieszance Zawilcow (Les Hybrides du Genre Anemone L., II.). Drukarnia Universytetu Jagiellonskiego, Krakow 1889.

Jelitto, L., Schacht, W. und Feßler, A.: Die Freiland-Schmuckstauden, 3. Auflage. Verlag Eugen Ulmer, Stuttgart 1985.

Jelitto, L.: Fortschritte in *Anemone japonica*. In: Der Blumen- und Pflanzenbau, vereinigt mit „Die Gartenwelt“ 39/1935: S. 562–563.

Jingwei, Z.: The Alpine Plants of China. Science Press, Beijing 1982.

Jones, S. B. und Foote, L. E.: Gardening with Native Wild Flowers. Timber Press, Portland 1990.

Justice, W. S.und Bell, C. R.: Wild Flowers of North Carolina. University of North Carolina Press, Chapl Hill 1968.

Kaiser, O.: Bergblumen in Kärnten. Kärntner Druck- und Verlagsgesellschaft m.b.H., Klagenfurt 1985.

Knapp, R.: Die Vegetation von Nord- und Mittelamerika und der Hawaii-Inseln. Gustav Fischer Verlag, Stuttgart 1965.

Komarov, V. L.: Flora of the USSR, Vol. VII. Izdatel'stvo Akademii Nauk SSSR Moskva-Leningrad 1937, Israel Program for Scientific Translations, Jerusalem 1970.

Kranich, E.-M.: Anomalien der Küchenschelle (*Pulsatilla* Mill.). Flora 146/1958: S. 254–301.

Krause, K.: Zur taxonomischen Gliederung, Verbreitung und Genetik der *Pulsatilla halleri* (All.) Willd. In: Botanische Jahrbücher Bd. 78/1958: S. 1–68.

Kühn, K.: Die neue *Anemone japonica* 'Königin Charlotte von Württemberg'. In: Möller's Deutsche Gärtner-Zeitung 13, 1898: S. 185.

Lauener, L. A.: Notes on *Anemone obtusiloba* and its Allies. In: Notes from the Royal Botanic Garden Edinburgh 23/1959.

Lemoine, E.: *Anemone japonica* 'Coupe d'Argent'. In: Le Jardin 9, 1895.

Lemoine, E.: The Japanese Anemone and its Varieties. In: The Garden 47/1895: S. 221.

Lippert, W.: Fotoatlas der Alpenblumen, Gräfe und Unzer GmbH, München 1981.

Litzelmann, E.: Pflanzenwanderungen im Klimawechsel der Eiszeit. Verlag Hohenlohesche Buchhandlung Ferdinand Rau, Oehringen 1938.

Losch, H.: Über die Variation der Anzahl der Sepalen und der Hüllblätter bei *Anemone nemorosa* L. und über den Verlauf der Variation während einer Blütenperiode nebst einigen teratologischen Beobachtungen. 1916.

Lourteig, A.: Ranunculaceas de Sudamerica Tropical. Seperatas de las Memorias de la Societad de Ciencas Naturales La Salle, No. 43 und No. 44, Band 16, 1956.

Luzzatto, G.: *Anemone hortensis* L. – *A. pavonina* Lam. – *A. fulgens* Gay e *A. regina*. Risso (Estratto dall'Archivio Botanico diretto dal Prof. A. Béguinot, Vol. VIII (1932), Fasc. 3–4, pag. 256–274) Forli Tipografia, Valbonesi 1932.

Marticorena, C. und Quezada, M.: Catalogo de la flora vascúlar de Chile. In: Gayana, Vol. 42, Nr. 1–2; Universidad de Concepcion (Chile) 1985.

Martyn, T.: Miller's Gardener's Dictionary, Vol. 1. 1807.

McKendrick, M.: Autumn Flowering Anemones. In: The Plantsman, Vol. 12, Part 3, 1990.

Mehta, A.: 100 Himalayan Flowers. The Vendome Press, New York 1991.

Milne-Redhead, E. und Turrill, W. B.: Variation in *Anemone nemorosa*. In: Journal of Botany, British and foreign 70/1932; S. 325–328.

Mohlenbrock, R. H.: Spring Wild Flowers of Illinois. Illinois Deparment of Conservation, West Springfield (ohne Jahr).

Moore, D. M.: Flora of Tierra del Fuego. Anthony Nelson England & Missouri Botanic Garden USA, 1982.

Moyle, J. B. und Moyle, E. W.: Northland Wild Flowers. University of Minnesota Press, Minneapolis 1977.

Myers, M. D.: A Review of the Genus *Hepatica*. In: Bulletin of the Alpine Garden Society 58/1990.

Myers, M. D.: *Hepatica* the forgotten Genus. In: The Garden, Vol., 2/94.

Nakai, T.: Japanese *Hepatica*, Part 1 & 2. In: Journal of Japanese Botany 13, 1937; S. 227–243.
Nasir, E. und Ali, S. I.: Flora of West Pakistan. 1972.
Niehaus, T. und Ripper, Ch.: Pacific States Wildflowers. Houghton Mifflin Company, Boston 1976.
Oberdorfer, E.: Pflanzensoziologische Exkursionsflora, 7. Auflage. Verlag Eugen Ulmer, Stuttgart 1994.
Ohwi, J.: Flora of Japan. Smithsonian Institution, Washington D.C. 1984.
Paxton, J.: Floricultural Notices. In: Paxton's Magazine of Botany 15/1849: S. 239.
Philip, C.: The Plant Finder, 7. Auflage. Headmain Limited, Whitbourne 1993.
Philips, R. und Rix, M.: Kosmosbuch der Zwiebel- und Knollenpflanzen. Franckh'sche Verlagshandlung W. Keller & Co., Stuttgart 1983.
Philips, R. und Rix, M.: Perennials, Vol. 1 und 2. Pan Books Limited, London 1991.
Pignatti, S.: Flora d'Italia, Band 1. Edagricola, Bologna 1982.
Polumin, O.: Pflanzen Europas. BLV Verlagsgesellschaft, München, Bern, Wien 1974.
Polunin, O. und Stainton, A.: Flowers of the Himalaya. Oxford University Press, Dehli Reprint 1985.
Polunin, O. und Smythies, B. E.: Flowers of South-West Europe. 1973.
Polunin, O.: Flowers of Greece and the Balkans. Oxford University Press, Oxford & New York 1988.
Reisigl, H.: Blumenwelt der Alpen. Gemeinschaftssonderausgabe Pinguin Verlag, Innsbruck und Prisma Verlag, Gütersloh 1978.
Reisigl, H. und Keller, R.: Alpenpflanzen im Lebensraum. Gustav Fischer Verlag, Stuttgart, New York 1987.
Reveal, J. L., Jarvis, E. J., Barrie, F. R. und Dutton, B. E.: On the Typification of Seven Namens in *Anemone* (Ranunculaceae) Proposed by Linnaeus. In: Bartonia Nr. 57/1992: 28–31.
„Rotes Buch" der Sowjetunion. 1985.
Rothmaler, W.: Die Formen der *Anemone intermedia* Winkler (*Anemone nemorosa* × *A. ranunculoides*). Verh. Bot. Ver. Prov. Brandenburg 72/1930: S. 162–164.
Rudolph, J.: Les Anémones du Japon. In: Revue Horticole 7/1905: S. 542–544.
Rummelspacher, J.: Beitrag zur Kenntnis der *Pulsatilla montana* (Hoppe) Reichenbach. In: Feddes Repertorium 71/1965: S. 1–49.
Schacht, D.: Botanische Wanderung in Nepal. In: Gartenpraxis 5/76, Verlag Eugen Ulmer, Stuttgart.
Schauenberg, P. und Paris, F.: BLV Bestimmungsbuch Heilpflanzen. BLV Verlagsgesellschaft mbH, München, Bern, Wien 1981.
Schmeil-Fitschen: Flora von Deutschland, Verlag Quelle & Meyer, Heidelberg 1976.
Scoggan, H. J.: Flora of Canada, Part 1 und 3. National Museum of Sciences, National Museums of Canada, 1978.
Seyffert, W.: Stauden. VEB Deutscher Landwirtschaftsverlag, Berlin 1983.
Shimizu, T.: The new alpine Flora of Japan in colour, Vol. II. 1983.
Sitte, P., Ziegler, H., Ehrendorfer, F. und Bresinsky, A.: Straßburger – Lehrbuch der Botanik, 33. Auflage. Gustav Fischer Verlag, Stuttgart, Jena, New York 1991.
Steward, A. N.: The *Hepatica transsylvanica* Group of Eastern Europe und Asia. In: Rhodora 29/1927: S. 53–54.
Steyermark, J. A. und Steyermark, C. S.: *Hepatica* in North America. In: Rhodora 62/1960: S.223–232.
Suzuki, M.: Alpine Plants in Eastern Japan. 1982.
Tamura, M.: Ranunculaceae of North-Western Nepal, Collected by K. Nishioka and O. Namikawa in 1958. 1968.
Tangermann, E. und Simon, H.: BDB-Handbuch Wildstauden für Wiesen und andere Freiflächen, Eigenverlag Fördergesellschaft „Grün ist Leben" Baumschulen mbH, Pinneberg 1989.
Tangermann, E. und Simon, H.: BDB-Handbuch Wildstauden für Schattenflächen und Säume; Eigenverlag Fördergesellschaft „Grün ist Leben" Baumschulen mbH, Pinneberg 1992.
Taylor, G. M.: Old Fashioned Flowers. Garden Book Club, 1947.
Taylor, R. J. und Douglas, G. W.: Mountain Wild Flowers of the Pacific Northwest; Binford & Mort, Portland 1975.
Tchang, B.L.: Illustrated Flora of Korea. 1989.

Thomas, G. S.: Perennial Garden Plants, 3. Auflage. J. M. Dent & Sons Ltd., London 1990.
Torrey, J. und Gray, A.: A Flora of North America, Vol. 1. Hafner Publishing, New York, London 1969.
Trehane, P.: Index Hortensis, Vol. 1. Quarterjack Publishing Wimborn (GB) 1989.
Tutin, T. G. u. a.: Flora Europaea, Vol. 1, 2. Auflage. Cambridge University Press, Cambridge 1993.
Uhink, G. W.: Zwei neue großblumige Herbst-Anemonen. In: Möller's Deutsche Gärtner-Zeitung 34, 1919: S. 210.
Uhink, G. W.: Meine *Anemone japonica*-Varietäten. In: Möller's Deutsche Gärtner-Zeitung, 1920: S. 263.
Uhlworm, O. und Kohl, F. G.: Über Bastardierungsexperimente zwischen einigen *Hepatica*-Arten. In: Botanisches Centralblatt 42, 1900.
Ulbrich, E.: Über neue Ranunculaceen Ostasiens. In: Beiblatt zu den botanischen Jahrbüchern Nr. 80/1905.
Ulbrich, E.: Über die systematische Gliederung und geographische Verbreitung der Gattung *Anemone* L. In: Engler; Botanisches Jahrbuch 37/1906; S. 172–334.
Van der Spuy, U.: Wild Flowers of South Africa for the Garden. Johannisburg 1971.
Vance, F. R., Jowesy, J. R. und McLean, J. S.: Wildflowers of the Northern Great Plains, 2. Auflage. University of Minnesota Press, Minneapolis 1984.
Voelter-Hedke, L.: Das Problem der Artgrenzen der *Pulsatilla vulgaris*. In: Feddes Repertorium 57/1955: S. 101–155.
Ward-Harris, J.: More than meets the eye. The Life and Lore of the Western Wildflowers. Oxford University Press, Toronto 1983.
Walters, S. M. u.a.: The European Garden Flora, Vol. III. 1989.
Weberbauer, A.: Die Pflanzenwelt der peruanischen Anden. In: A. Engler & O. Drude, Die Vegetation der Erde; Verlag von Wilhelm Engelmann, Leipzig 1911.
Wehrhahn, H. R.: Gartenstauden. Verlag Paul Parey, Berlin, 1931.
Wengel, T.: Blütenstauden im Hochgebirge. VEB Deutscher Landwirtschaftsverlag, Berlin 1985.
Wengel, T.: Kostbarkeiten aus dem Pamir-Alai. In: Gartenpraxis 1/93, Verlag Eugen Ulmer, Stuttgart.
Williams, J. u. a.: Rocky Mountains Alpines. Timber Press, Portland 1986.
Winkler, S.: Systematische Untersuchungen über den Formenkreis *Pulsatilla grandis* Wenderoth. Zur Taxonomie der Gattung *Pulsatilla* Miller II. In: Botanische Jahrbücher 81/1962: S. 213–251.
Ying, Tsun-shen u. a.: The Endemic Genera of Seed Plants of China. Science Press, Peking 1993.
Young, I. und Young, M.: *Pulsatilla halleri* (All.) Willd. subsp. *slavica* (G. Reus) Zamels, F. C. C. In: Quarterly Bulletin of the Alpine Garden Society, Vol. 59, No. 4, Dec. 1991, S. 371/372.
Zamels, A.: Beiträge zur Kenntnis des Formenkreises *Pulsatilla patens* (L.) Mill. In: Acta Horti Botanica Universitatis Latviensis 1/1926: S. 81–106.
Zichmanis, Z. und Hodgins, J.: Flowers of the Wild – Ontario an the Great Lake Region. Oxford University Press, Toronto 1982.
Zimmermann, W.: Unsere Küchenschelle (*Pulsatilla*). In: Veröffentlichungen der Landesstelle für Naturschutz und Landschaftspflege in Württemberg-Hohenzollern, 1952.
Zimmermann, W.: Zur Taxonomie der Gattung *Pulsatilla* Miller I. Über *Pulsatilla* in Südeuropa. In: Feddes Repertorium 61/1958: S. 94–100.
Zimmermann, W. und Hauser-Herterich, R.: Zur Morphologie und Anatomie von *Pulsatilla*. In: Zeitschrift für Botanik 49/1961: S. 489–514.
Zuccoli, T.: Flora Arctica. 1973.

Bildquellen

Die Zeichnungen fertigte Diplom Graphik-Designer Dieter Heidenreich, Berlin, nach Vorlagen des Autors.

Marlene Ahlburg, Röttgesbüttel: Abb. Seite 103 oben

Lothar Bierlein, Nürnberg: Abb. Seite 7, 45 oben, 48 oben, 116, 133 rechts

Michael Breckwoldt, Hamburg: Rückseite

Ellen Fischer, Weisenheim: Abb. Seite 25 links

Josef Holzbecher, Brno (Tschechien): Abb. Seite 133 links

Hans Reinhard, Heiligkreuzsteinach: Titelfoto, Abb. Seite 17, 32

Christoph Ruby, Hof: Abb. Seite 103 Mitte und unten

Alle übrigen Aufnahmen stammen vom Autor.

Wenn Ihnen der Sinn nach mehr steht . . .

Die Hosta haben es als Schattenstauden längst zu großem Ansehen gebracht. Dieses Buch von Fritz Köhlein ist die erste deutschsprachige Monographie über diese wichtige Staudengattung, deren Schmuckwert auf den unterschiedlich gefärbten, gefleckten oder gestreiften Blättern beruht. Sie bilden oft füllige Horste, wobei die Blattfarben der Sorten das gesamte Grünspektrum zwischen Blaugrün und Gelb abdecken. Das Buch beschreibt nicht nur die Hosta-Arten und -Sorten und ihre Kultur im Garten. Es befaßt sich auch mit der Verwendung von Hosta in unterschiedlichen Gartenbereichen. Für schattige und halbschattige, ja selbst für sonnige Standorte gibt es zahlreiche Züchtungen dieser exzellenten Schattenstaude mit dem ostasiatischen Stammbaum.

Hosta – Funkien. Von Fritz Köhlein. 182 Seiten, 69 Farbfotos, 30 Zeichnungen. ISBN 3-8001-6513-9.

Giganten und Zwerge finden sich in der umfangreichen Pflanzengattung Allium. Neben so profanen Gewächsen wie der Speisezwiebel oder dem Knoblauch zählen dazu auch allerhand interessante Zierpflanzen. Die kleineren Arten finden in naturnahen Gartenteilen Verwendung, während sich die imposanten Stände des Riesenlauchs im Sommer über dem Prachtstaudenbeet erheben. Die Blütenstände warten mit sehr unterschiedlichen Formen und einem breiten Farbspektrum auf. Farbtöne von Weiß, Rosa, Hellblau bis zum dunkelsten Violett sind vertreten. Die Autorin erzählt auch von der geschichtlichen und kulturellen Bedeutung der Zwiebeln und gibt nicht zuletzt auch Anregungen, wie man Zierlauche im Garten wirkungsvoll einfügt und pflegt.

Allium – Zierlauch. Von Dilys Davies. Aus d. Englischen von Marion Zerbst. 167 Seiten, 48 Farbf., 45 Zeichn. ISBN 3-8001-6439-6.